60 天还仓籽粒

挑杆子籽粒

广德绿籽粒

冀绿 9 号籽粒

德州白小豆籽粒

齐河花小豆籽粒

滕县白小豆籽粒

嘉祥红小豆籽粒

青小豆籽粒

保康小豆籽粒

兴山小豆籽粒

中豇 3 号籽粒

青豌豆籽粒

白豌豆籽粒

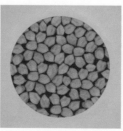

迪西（Desi）鹰嘴豆

卡布里（Kabuli）鹰嘴豆

中绿 4 号植株

中绿 11 号植株

德州白小豆植株

齐河花小豆植株

中豇 2 号植株

中豇 3 号植株

豌豆植株

鹰嘴豆植株

绿豆花

小豆花

豇豆花

豌豆花

鹰嘴豆花

绿豆荚

小豆荚

豇豆荚

豌豆荚

鹰嘴豆荚

绿豆白粉病

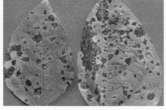

绿豆叶斑病

绿豆病毒病

绿豆根腐病

绿豆轮纹病

豇豆锈病

蚜虫

棉铃虫

甜菜夜蛾

斜纹夜蛾

黑杆潜叶蝇

绿豆红蜘蛛

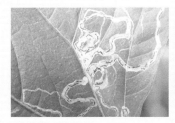

美洲斑潜蝇

造桥虫

点蜂缘蝽

朱砂叶螨

绿豆象

小地老虎

山东省现代农业产业技术体系
山东省农业良种工程项目 资助

食用豆优良品种及高产栽培技术

◎ 高凤菊 主编

中国农业科学技术出版社

图书在版编目（CIP）数据

食用豆优良品种及高产栽培技术 / 高凤菊主编 . —北京：中国
农业科学技术出版社，2016.12
ISBN 978 - 7 - 5116 - 2767 - 4

Ⅰ.①食…　Ⅱ.①高…　Ⅲ.①豆类作物 – 栽培技术　Ⅳ.①S52

中国版本图书馆 CIP 数据核字（2016）第 231758 号

责任编辑	崔改泵
责任校对	贾海霞

出 版 者	中国农业科学技术出版社
	北京市中关村南大街 12 号　邮编：100081
电　　话	（010）82109194（编辑室）　　（010）82109702（发行部）
	（010）82109709（读者服务部）
传　　真	（010）82106650
网　　址	http://www.castp.cn
经 销 者	各地新华书店
印 刷 者	北京富泰印刷有限责任公司
开　　本	710mm×1 000mm　1/16
印　　张	16　彩插　4 面
字　　数	271 千字
版　　次	2016 年 12 月第 1 版　2016 年 12 月第 1 次印刷
定　　价	38.00 元

前　言

食用豆类是当今人类栽培的三大类食用作物（禾谷类、食用豆类、薯类）之一，在粮食作物中的数量仅次于禾谷类，是人类食用蛋白质的第二来源。目前，人类栽培的主要食用豆有 15 个属 26 个种，世界上有 160 多个国家和地区种植，总产量 7 000 万吨左右。中国是世界第三大食用豆生产国，总产量占世界食用豆生产总量的 7%。目前，我国栽培并已收集、繁种入库的主要食用豆有 11 个属 17 个种，共有 2.5 万余份，分布于包括台湾省在内的 31 个省（区、市），种植面积超过 666.7 万公顷。我国也是世界第二大食用豆出口国，占世界出口总额的 12%。目前，我国食用豆生产量 400 万~600 万吨，人均年消费 3.27 千克，预测到 2020 年需求量为 1 000 万吨以上，远远不能满足人民消费增长的需要。因此，通过优良品种和高产栽培技术，提高我国食用豆的产量和品质，越来越迫切。

食用豆具有生育期短、适播期长、抗旱耐瘠、适应性广等特点，还有粮食、蔬菜、饲料、医药和肥料等多种用途，富含蛋白质、维生素、多种矿物质和人体必需的各种氨基酸，是典型的高蛋白、低脂肪、富纤维的健康食品。长期以来，食用豆在我国的食物构成和种植业结构中占有特殊地位，对提高国民身体素质起着重要作用，消费需求量呈稳步增长的态势。在农业生产中已由往日的救荒接茬作物，逐步成为当前农业种植结构调整和经济欠发达地区人民脱贫致富的重要作物。因此，及时调整优化种植结构，促进产业升级，真正使食用豆产业成为我国农业和经济发展中最具竞争发展潜力的特色产业。

目前，我国的食用豆生产存在规模小、条件差、机械化程度低、品种多乱杂现象。农民零星分散种植，多为农家种，自留种比例高，致使品种混杂，种性退化，严重影响产量品质。长期以来，食用豆生产边缘化，研究及推广投入不足，队伍不稳定，无法系统深入研究。随着国家食用豆现代农业产业技术体系和山东省现代农业产业技术体系杂粮创新团队的启动，提供了稳定的经费支持，稳定了人员队伍，提高了研究水平，鉴定和审定了一批优良的品种，并集成了配套高产栽培技术。本书作者及编写成员参加了山东省现代农业产业技术体系杂粮创新团队，在食用豆栽培育种和种质资源方面做了一定的工作。笔者希望通过优良品种和高产栽培技术的推广普及，实现良种良法配套，农机农艺结合，充分挖掘生产潜力，提高产量水平，提升我国食用豆的综合生产能力和国际竞争力，促进食用豆产业的健康可持续发展。

全书由3章组成。主要介绍绿豆、小豆、豌豆、豇豆、鹰嘴豆近十年审定或鉴定的主要栽培品种及高产栽培技术。

读者对象主要是从事食用豆作物种植、研究和推广的人员及种植户，同时也可供种业管理部门、农业院校、科研单位等领域的科技人员参考。

在成书过程中，笔者引用了散见于国内外报刊上的部分文献资料，因体例所限，难以一一列举，在此谨对原作者表示谢意。在本书编写过程中，德州市农业科学研究院的贺洪军同志给予了大量帮助，在此表示衷心感谢。

由于笔者水平有限，书中难免有疏漏之处。各地农业科技工作者须因地制宜，选择适合本地的优良品种和高产栽培技术，以促进本地区食用豆的规模生产和可持续发展。不当或错误之处，敬请同行专家和读者指正。

编　者

2016 年 7 月

目　　录

第一章 概　　述

食用豆（Food legumes）是指以收获籽粒供食用的豆类作物的统称，同时包括食用其干、鲜籽粒和嫩荚为主的各种豆类作物。均属豆科（Leguminosae），蝶形花亚科（Papilionoideae），多为草本植物（木豆为木本植物），一年生或越年生作物。外国将大豆和花生也划为食用豆类，而我国习惯将大豆和花生划为油料作物，因此，我国的食用豆类是指除大豆和花生以外、以食用籽粒为主的各种豆类作物，俗称"杂豆"。

食用豆类是当今人类栽培的三大类食用作物（禾谷类、食用豆类、薯类）之一，在粮食作物中的数量仅次于禾谷类，是人类食用蛋白质的第二来源。目前，人类栽培的主要食用豆有 15 个属 26 个种。我国是世界上食用豆的主要生产国之一，品种资源丰富，种类繁多，栽培历史悠久，遍及全国各地。目前，我国栽培并已收集、繁种入库的主要食用豆有 11 个属 17 个种，共有 2.5 万余份。分布于包括台湾省在内的 31 个省（区、市），我国每年种植食用豆的面积超过 666.7 万公顷，多种豆类种植面积居世界前列。

我国的食用豆主要有蚕豆（*Viciafaba* L.）、豌豆（*Pisum sativum* L.）、绿豆（*Vigna radiata* L.）、小豆（*Vigna angularis*）、豇豆 [*Vigna unguiculata* (Linn.) Walp.]、鹰嘴豆（*Cicer arietinum*）、饭豆（*Phaseolus lgaris* Linn.）、普通菜豆（Common bean）、多花菜豆（Multiflora bean）、小扁豆（Lentil）、黑吉豆（Black gram）、利马豆（Lima bean）、扁豆（Hyacinth）、四棱豆（winged bean）、藜豆（Chinesevelvet bean）、刀豆（Sword bean）、木豆（Pigeonpea）共 17 个种。其中，蚕豆、豌豆、小扁豆、鹰嘴豆为长日照作物，又称喜凉（或冷季）豆类作物，通常在秋季或早春播种；其他豆种均为短日照作物，也称喜温（或暖季）豆类作物，一般春播，豇豆、绿豆、小豆、饭豆和黑吉豆可以夏播。

食用豆具有粮食、蔬菜、饲料、医药和肥料等多种用途，籽粒中富含蛋白质、多种维生素和矿物质以及人体必需的各种氨基酸，营养价值很高。在我国的食物构成和种植业结构中占有特殊地位，对提高国民身体素质起着重要作用。长期以来，食用豆在中国粮食组成和人类生活中占有重要的地位，已经成为当前农业种植结构调整和经济欠发达地区人民获取优质蛋白质的主要来源，以及脱贫致富的重要作物。一些豆类除供直接食用外，还可以作为食品工业、饲料工业和家庭副业的原料。食用豆类作物根部可产生根瘤，有共生固氮作用，是良好的养地作物，有些食用豆类还具有医药保健及出口创汇价值。因此，食用豆类作物是经济效益、社会效益和生态效益均高的作物。

第一节　食用豆的经济价值与栽培意义

目前，食用豆产业已经成为我国农业的重要组成部分，虽然在我国粮食生产中所占的比重较小，但由于其具有极强的生产适应性、独特的营养价值、良好的保健功效、有效的固氮养地功能等特征，在解决偏远地区粮食安全、保障农民增收致富、改善居民膳食结构、促进农业可持续发展、保护农业多样性等方面具有不可替代的重要意义。

随着国内经济水平的增长，城乡人民的物质生活水平不断改善和提高，食用豆类以其丰富的营养和独特的医疗保健功能，消费需求量呈现稳步增长的态势。作为优化居民饮食结构和改善食物营养结构的重要食品，在农业生产和人民日常生活中占有越来越重要的地位。食用豆的市场需求日趋旺盛，其经济价值也越来越大，在农业生产中的地位已由往日的救荒作物、接茬作物逐步成长为比较重要的经济作物，有力推动了食用豆产业规模的不断壮大。

一、食用豆的营养价值与医疗保健作用

目前，我国种植的食用豆主要有绿豆、小豆、蚕豆、豌豆、豇豆、鹰嘴豆和普通菜豆等20多种，产量在400万～600万吨。随着人们生活水平的提高、保健意识的增强、膳食结构的调整，加大了对食用豆的市场需求量，并且稳定增长。同时，食用豆富含蛋白质、糖类、多种维生素和矿物质，极有利于人体吸收，在许多发展中国家，特别是低收入人群，食用豆是重要的蛋白质和能量来源。

食用豆是典型的高蛋白、低脂肪、富纤维食物，营养价值非常高。食用豆含有丰富的蛋白质、不饱和脂肪、多种矿物质和维生素。常见的食用豆中，籽粒蛋白质含量高达20%以上，其中四棱豆可达30%~40%，显著高于其他植物蛋白资源，比禾谷类高1~3倍，比薯类高9~14倍。食用豆中的蛋白质不仅含量高，而且质量好，属于全价蛋白质，氨基酸齐全，含有人体必需的8种氨基酸。常见食用豆中脂肪的含量较低，是禾谷类粮食的1/3左右，一般在0.5%~3.6%，主要含亚油酸、亚麻酸、油酸及软脂酸等不饱和脂肪酸，且含量高，品质好。食用豆中碳水化合物含量一般在55%~70%（其中淀粉占40%~60%），粗纤维含量达8%~10%，纤维素含量一般是禾谷类粮食的3倍左右，大部分存在于种皮中，还有一定含量的低聚糖，主要含有水苏糖（stachyose）、棉籽糖（raffinose）和蔗糖（sucrose）等。且食用豆中膳食纤维的可溶性部分与不可溶性部分比例较均衡，可明显降低人体的血清胆固醇，降低冠心病、糖尿病及肠癌的患病几率。此外，食用豆类还含有硫胺素、核黄素、尼克酸、维生素C、维生素E等多种维生素及钙、磷、铁、钾、锌等多种矿物质，而且含有核酸、胡萝卜素、膳食纤维等，并被视为维生素 B_1 的重要来源。比禾谷类和薯类作物的营养价值高得多。由于其特殊的营养成分，食用豆成为我国居民传统饮食的重要组成部分和改善居民营养结构的重要食物。

食用豆不但营养丰富，而且具备药食同源的特性，随着人们的健康需要和膳食结构的改善，作为药食同源的新型食品资源，在现代保健食品中占有重要地位。食用豆类具有药用价值，很多国家和地区都有利用食用豆类防病治病的传统。现代医学研究表明，食用豆类的根、茎、叶、花、种皮及籽粒等中均含有药用成分，具有食疗价值。如蚕豆花，性味甘平，可治咳血、高血压等病，蚕豆荚中含有甘油酸，可用于止血，外用可治烫伤；普通菜豆可治糖尿病、风湿病等；绿豆具有清热解毒、降压、明目和保肝之功效；红小豆对福氏痢疾杆菌及伤寒菌有明显的抑制作用；豆芽是一种较理想的保健蔬菜，所含的天门冬氨酸有抗疲劳作用，其中的叶绿素能分解亚硝胺，可预防癌症的发生。目前，由于过量食用动物蛋白质和脂肪，已经引起了血管硬化、高血压及冠心病等，而食用豆类植物蛋白质和不饱和脂肪酸，对人体无副作用。现代医学有文献报道，菜豆、刀豆和豌豆中含有的植物凝集素，具有凝集肿瘤细胞作用，可用于肿瘤诊断及治疗。

食用豆籽粒富含蛋白质及较多的碳水化合物、脂肪、钙、磷和多种维生素，嫩豆荚籽粒味道鲜美，除供作新鲜蔬菜外，还可供制作罐头和脱水食品的原料。食用豆中含有丰富的维生素 C，是较好的抗癌食品，有极高的医用价值，是人体必需氨基酸的主要来源，在食品加工、医用、药用、培肥地力和提高人民身体素质等方面具有重要的作用。另外，食用豆中还含有多种对人体健康有益的生理活性物质，如单宁、原花色素和黄酮类等多酚类物质，都具有抗氧化活性，能够帮助降低毛细血管脆性，保护血管健康，改善微循环以及减少癌症风险。

随着人们保健意识的增强，食用豆的营养价值和药用价值深受人们青睐。因此，根据市场需求，深入挖掘食用豆的营养保健内涵，大力发展食用豆生产，才能使食用豆产业真正成为我国农业和经济发展中最具竞争发展潜力的特色产业。当前，我国农业已进入新的历史发展阶段，调整优化种植结构，促进产业升级，提高农业效益，增加农民收入，改善生态环境，已经成为新阶段农业和农村经济发展的重要任务。随着农产品市场的国际化进程加快，农业产业结构调整的问题也日趋突出。而在农业产业结构调整过程中，食用豆作物生产受到明显重视，这一产业的竞争力已初步显现。因此，在实施农业产业结构调整中，各地要因地制宜发展食用豆产业，并作为发展特色农业，特别是成为搞活农村经济、加速农民脱贫致富步伐的突破口和切入点。

二、食用豆的经济与生态价值

我们祖先很早就认识到了食用豆独特的营养价值和功效，较早地开始了食用豆的生产与消费，使得食用豆生产成为我国古代传统农业的重要组成部分，也使我国成为世界上著名盛产食用豆的国家和主要食用豆消费大国。我国传统的膳食讲究平衡，很早就提出了"五谷宜为养，失豆则不良；五畜适为益，过则害非浅；五菜常为充，新鲜绿黄红；五果当为助，力求少而数"的膳食原则。随着历史的变迁，食用豆逐渐成为我国居民传统饮食的重要组成部分，是我国居民营养安全的重要保证。

20 世纪 90 年代初期到现在，由于人们的温饱逐步得到解决，居民收入不断增长，市场体制逐步建立，生活水平不断提高，由重点追求吃饱逐步转向吃好，从而更加关注营养均衡和饮食健康。由于食用豆丰富的营养物质和独特的保健功效，成为人们日益追求的重要消费品，食用豆的主要作用也由原来解决温饱为主转变为解决营养结构和营养安全问题。食用豆在居民消费中的地位发生重要变化，由作为口粮的重要组成部分转变为主要作为饮食的营养品和补充品。并由此推动了食品工业对食用豆的需求，加上由于畜牧业发展拉动饲料工业发展，饲料用食用豆也呈现上升趋势。人们直接消费需求上升、食品工业需求扩大、饲料用豆增加，导致食用豆消费量由以前的下降态势逐步转变为缓慢增长态势，年均增长速度超过10%。

随着人们生活水平的不断增长和对健康饮食的不断追求，食用豆在我国的消费量进一步呈现稳定上升态势。目前，全国人均消费食用豆比例偏低，2011年，我国食用豆的国内消费量约为440万吨，人均年消费量仅有3.27千克，而日本人均达到9.9千克；如果再扣除约占消费量30%的加工量，人均只有6.26克/天。从1992—2011年的20年间食用豆的消费量变化看，我国食用豆年消费量年均递增6.3%。如果按照现在日本人均年消费食用豆9.9千克的标准，我国年消费食用豆将达到1 400万吨。目前，我国食用豆年生产量仅有400万～600万吨，远远不能满足居民消费增长的需要。

目前，随着城乡居民收入水平明显提高，消费方式显著变化，消费结构加速升级，对食物的消费观念不再仅限于"吃得饱"，而是逐步向"吃得好""吃得营养""吃得健康"转变。食用豆作为人类膳食中最安全、最经济、最有效的食药同源食品，随着人们对食用豆保健功能认识的不断深入，随着我国居民生活水平的提高和科学饮食理念的倡导，居民更加关注健康饮食，更加注重膳食结构的调整，食用豆消费需求将不断增加甚至是快速增加，食用豆消费具有广阔的市场空间。因此，必须采用有效措施，加快食用豆产业发展，提升食用豆综合生产能力，扩大食用豆产量，以满足人们日益增长的消费需要。

食用豆由于具有营养丰富和独特的医疗保健功效，因而其经济价值很高，同时还是培肥地力的重要资源。食用豆的根系具有与根瘤菌共生、利用光合产物通过根瘤菌进行固氮、再合成蛋白质的特性。与其他作物相比，食用豆可降低氮肥的使用量，能减少环境污染和能源消耗，保持良好的土壤结构。如豌豆根瘤菌固氮量为5～5.5千克/亩（1亩≈666.7平方米。全书同），绿豆为5～7.5千克/亩，豇豆为5～15千克/亩等。如果用食用豆做绿肥，可明显增加土壤氮素和有机质含量。食用豆类作物与禾本科作物混种、间套作，可大大提高禾本科作物的产量，在100多种作物的间套作模式中，与食用豆类间作的占 70% 以上，这对促进农田生态系统的良性循环具有重要作用。

同时，由于食用豆适应性强，生育期短，常作为垦荒地先锋作物或减灾补种作物。如在土壤贫瘠的条件下，食用豆分布面积都较大；在发生自然灾害的条件下，根据灾害的具体情况，可以适时种植食用豆类作物，这对于抵御自然灾害、提高生产效益有特殊作用。

三、食用豆的栽培意义

食用豆是人类重要的食物资源，也是中国传统的出口创汇农产品，更是中国种植业结构调整和山区农民脱贫致富的重要作物。随着人们健康意识的增强，对食用豆营养价值的认知越来越深入，食用豆在国内外市场的需求量不断增加，越来越成为人们关注的农产品。中国是世界第三大食用豆生产国，也是全球第二大食用豆出口国，占全球出口总额的 12%，因此，食用豆在中国山区粮食生产和国际市场上均具有一定的竞争优势和发展潜力。目前，我国主要的食用豆包括绿豆、小豆、菜豆、蚕豆、豇豆、豌豆、鹰嘴豆等，其中，蚕豆产量约占世界的 1/2，绿豆和小豆产量约占 1/3，芸豆和白豌豆在国际市场上也占有较大份额。

在我国食用豆有悠久的种植历史，丰富的品种资源，适宜的种植条件，独特的营养价值和养护耕地功能。食用豆作为我国的传统优势产业，是我国居民食物结构中的重要组成部分，也是我国农业生产结构中不可或缺的重要组成部分。因此，食用豆对改善我国居民营养结构和满足多样化需求、促进种植结构调整和保护农业多样性、养护耕地和促进农业可持续发展、解决老少边穷地区居民口粮和增收致富等方面具有不可替代的重要作用。但近 20 多年以来，随着我国对大宗粮食生产的日益重视和强化，食用豆产业发展呈现停滞不前甚至有所萎缩的局面，食用豆出口竞争优势逐年下降，食用豆进口量呈现快速上升趋势。

1. 促进种植业结构调整

目前，在小麦、玉米、大豆、油料等大宗作物面临较大的市场压力的形势下，食用豆不仅是不可缺少的搭配作物，而且是种植业结构调整的首选作物，在种植业结构调整中具有明显的优势。食用豆生育期较短，植株较矮，适应范围广，抗逆性强，耐旱耐瘠耐荫蔽，栽培管理简便易行。既能与玉米、谷子、小麦等多种农作物间作套种，又能单作，是高海拔冷凉山地、山区、丘陵、旱薄地的主要种植作物，是我国多数地区灾年不可替代的抗灾救荒理想作物，也是种植业资源合理配置中的特色作物，是耕作制度不可缺少的好茬口。无论是在粮食主产区，还是在农业生产条件较差的地区，食用豆种植有利于农业结构合理化，有利于养护耕地和保护农业多样性，可促进农业可持续发展。

根据农业部制定的《2016 年全国杂粮生产指导意见》，为充分发挥食用豆在"镰刀弯"地区玉米结构调整、轮作倒茬、土壤培肥等方面的优势，有效利用南方冬季光热资源，推进稳粮增收、提质增效和可持续发展，依据自然生态条件和生产特点，对全国五大杂粮区（主要包括东北杂粮区、华北杂粮区、西北杂粮区、青藏杂粮区、西南杂粮区）的区域范围、自然条件、生产情况、发展对策（重点作物、关键技术、耕作模式）给予了详细的指导意见。

我国是农业文明古国，历来讲究豆类作物与非豆类作物间、套、轮、复、混作，高、矮、疏、密搭配种植，具有积极种植和多种途径利用食用豆类的悠久历史。多年来，食用豆一直在改善种植结构、发展间套作高效农业和旱作农业等方面发挥着重要作用。在一些干旱贫瘠土地上，大宗粮食作物难以生长，而食用豆具有适应干旱、冷凉环境的能力，产品具有蛋白质含量高、纤维含量高，粮、菜、饲兼用的诸多特点，是种植业结构调整中重要的间、套、轮作和养地作物，也是城乡居民营养膳食结构改善中的重要食品，一直在中国可持续农业发展和中国居民食物结构中产生着重要影响。因此，食用豆是种植业调结构、转方式的重要替代作物，是改善膳食结构、促进营养健康的重要口粮品种，也是老少边穷地区促进扶贫开发、提高农民收益的重要经济作物。

2. 促进农业可持续发展

食用豆类植株的根具有根瘤，其中的根瘤菌可以固定空气中的氮素，供食用豆类作物利用，并增加土壤中的氮素肥源，因此，食用豆类有"天然氮肥工厂"的美誉。在各种轮作制度中，食用豆类都是重要组成环节，对促进整个农业生产意义重大。根瘤菌固氮，可满足食用豆类作物所需氮素的 2/3，这样不但可以培肥地力，而且还可以有效减少农田面源污染，有利于促进农业生产可持续发展。根瘤菌固氮能力最强的时期是与其共生的豆类作物的开花期。例如，蚕豆自身固氮能满足其生长发育需求肥料的 2/3，一季豌豆可固氮 60 ~ 112.5 千克/公顷。而且这种生物氮稳定，生物价高，作物易吸收利用。另外，食用豆收获后，将其植株当作绿肥翻压入土，茎叶腐解后可以充分地发挥肥效。食用豆的根系吸肥力强，能吸收土壤深层养分，也是轮作中的优良农作物，是非常好的绿色肥料。因此，食用豆是轮作换茬的好茬口，在种植业资源合理配置中是不可缺少的特色作物。此外，食用豆还是补种、填闲和救荒的优良作物，是轮作倒茬、培养肥力、保护环境、维护农业多样性、促进农业可持续发展的重要作物。

食用豆类适应性广，抗逆性强，生育期短，播种适期长，并且具有生物固氮、肥田养地、改良土壤结构等作用，是与非豆类作物间套轮作倒茬的最佳选择。我国栽培的20多种食用豆类作物，蚕豆、豌豆适于高寒地区与非豆科作物轮作倒茬，以及南方冬季稻茬填闲种植；鹰嘴豆、小扁豆和羽扇豆适于特干旱贫瘠土壤冷季栽培，改良土壤，培肥地力；绿豆、小豆、普通菜豆、豇豆、饭豆、多花菜豆、利马豆、藊豆，适于温带和暖温带夏季与非豆类作物轮作倒茬或间作套种；四棱豆、黎豆、刀豆，适于夏季与非豆类作物轮作倒茬或间作套种；木豆适于长江流域以及南方各省区荒山荒坡地区水土治理、开荒、酸性低肥力红壤改良，以及与其他热带作物轮作倒茬或间作套种等。食用豆类可以为非豆科作物提供最佳的全方位间、套、轮、复、混作搭配，是科学的种植业制度中不能缺少的环节。由于食用豆作物大多具有较高的固氮能力、良好的营养价值、较强的适应性等特征，因此，大力发展食用豆产业，对改善居民食物平衡、优化农业种植结构、保护生态环境、促进农业可持续发展、维护农业多样性等方面具有重要意义。

3. 促进畜牧业健康发展

众所周知，发展畜牧业，首先必须有充足而优质的饲草料，这是畜牧业发展的基础，而饲料工业的重点是蛋白饲料的开发利用。特别是一些平原地区，如山东、河北等畜牧大省，传统的饲草资源越来越少。食用豆类不仅是粮草兼用的最佳作物，也是畜牧业的优质饲料来源，营养价值高于一般禾本科牧草。

食用豆的籽粒、秕碎粒、荚壳、茎叶蛋白质含量均较高，粗脂肪含量丰富，茎叶柔软，易消化，饲料单位高，且比其他饲料作物耐瘠、耐阴和耐旱，生长快、生长期短，在岗丘薄地、林果隙地、田边地头都可种植，也可用作大田补缺、套种、复播，能在较短的时间内获得较多的饲草料资源，来发展畜牧业，增加肉、奶、蛋，提高食物构成中动物性食物的份额。

例如，食用豆类作物的嫩茎叶蛋白质含量可达18%～15%，比谷类高1～2倍，是畜牧业的优质饲料。其中，豌豆的嫩茎含氮0.5%，可消化蛋白质21.2%，钾0.3%，磷0.1%，产草量很高，是家畜的优质饲料。因此，在中国耕地资源不断减少的背景下，发展食用豆产业，可以在尽量不减少粮食产量的前提下，多供应优质饲草，为畜牧业发展提供有力保障。

食用豆作为畜禽的重要营养来源，生产成本低，经济效益显著。生产食用豆类蛋白质所需成本，仅相当于生产同量猪肉蛋白质成本的2.9%～5.3%、牛肉的10.1%～18.1%、鸡蛋的6.1%～13.3%、鸡肉的4.1%～7.3%。近年来，食用豆的饲料消费量整体呈增长态势，在食用豆总消费中的比例呈上升态势。1961年，我国食用豆饲料消费所占比例仅为1.7%，到2009年已经升至42.6%。目前，食用豆已经成为促进畜牧业发展的重要蛋白饲料来源，是促进农牧渔业均衡发展的重要作物。因此，加快食用豆的种植推广，必将促进畜牧业的健康发展。

4. 充分利用土地，提高复种指数

种植食用豆有利于提高土地利用率。食用豆生育期短，适应范围广，具有耐旱耐瘠等特点。它既可以作为填闲补种作物，又适宜于在生产条件差的冷凉地区、丘陵山地、林间隙地、新垦荒地和一些旱薄地种植，也可以与大宗作物如小麦、玉米等实行间作、套种、混种，充分利用土地，提高复种指数，优化粮食生产结构，在增加粮食产量的同时，避免了与大宗作物争地的矛盾，也有利于退耕还林，改善生态环境。因此，我们在抓好大宗粮食作物生产的同时，有必要因地制宜，抓住种植业结构调整的有利时机，大力发展食用豆生产。

我国广大旱区，降水少且季节分布不均，水土流失比较严重，土壤比较贫瘠，自然灾害较为频繁。食用豆适应旱区雨热同季的气候特点，能够比较充分地利用旱区的光、热、水等自然资源，而且能够有效减少水土流失，养护耕地，保护农业多样性。食用豆还可以生物固氮，使耕地用养结合，培肥地力，在轮作倒茬中食用豆类还是养地的好茬口。食用豆与大宗作物间套复种，可以提高土地利用率和地面覆盖率，改善生态环境。一些干旱半干旱地区和冷凉地区只适宜发展食用豆类作物，这样，可以挖掘瘠薄土地生产力，充分利用土地资源和自然条件，易于提高经济效益。因此，发展食用豆生产对充分利用土地、提高复种指数、减少水土流失、保护耕地、培肥地力、建设生态农业均具有重要的意义。

5. 促进出口创汇，提高国际竞争力

食用豆不仅是人们生活中不可缺少的食品，也是重要的出口创汇物资，近几年已销往全世界 60 多个国家和地区。我国是世界第三大食用豆生产国，品种和产量均居世界第一位，其中，蚕豆年产量 250 万吨，占世界产量的 1/2，绿豆、小豆占世界产量的 1/3。同时，我国还是世界第二大食用豆出口国，出口总量占我国粮食出口总量的 10% 左右，年出口额 3 亿美元左右，其中，小豆常年出口 7 万吨，创汇 0.5 亿美元以上，是我国粮食出口中第八大创汇农产品。

我国的食用豆品种多，质量好，营养价值高，分布广，劳动力相对廉价，在国内外市场具有明显的价格优势、资源优势和生产优势。因此，食用豆出口始终具有较强国际竞争力。另外，中国一些食用豆产区气候独特，大气、水体、土壤污染少，是生产无公害、绿色和有机农产品的理想生产区。例如，青藏高原独特气候下培育出的蚕豆，无需任何农药和防腐剂，颗粒饱满，色泽乳白，无虫蚀，深受国内外市场的欢迎，在非价格竞争中处于有利地位。因此，我们要充分发挥中国劳动力成本低的优势，发展劳动密集型的食用豆生产，并重点扩大优质专用品种种植，积极开拓国际市场，扩大食用豆出口，形成农产品有进有出的态势，有助于保障国家粮食安全和提高农业经济效益。食用豆作为我国传统的出口创汇作物，在农产品出口中占有相当重要的地位。目前，国际市场对食用豆的需求持续增加，中国已经成为食用豆的出口大国。我国的食用豆也以品质和价格优势得到了国际市场青睐，具有很强的国际市场竞争力，食用豆出口创汇前景广阔。

第二节　国内外食用豆现状及发展趋势

一、世界食用豆生产现状

（一）播种面积、总产量和单产水平

食用豆类作物品种繁多，资源丰富，在世界有 160 多个国家和地区广泛种植，产量和消费量较大的食用豆主要有：绿豆、小豆、豇豆、蚕豆和豌豆等。1990—2012 年的 20 多年间，世界食用豆类作物实现了生产总量和播种面积双增长。其中，世界食用豆类作物的总产量从 1990 年的 5 915 万吨，上升到 2012 年的 7 042 万吨，增长了 19.05%，目前总产量水平维持在

7 000万吨左右。世界食用豆类作物的播种面积由1990年的6 883万公顷，增加到2012年的7 758万公顷，增加了12.71％。其中，世界食用豆类作物生产总量和播种面积增加的大部分来自发展中国家。从播种面积看，发展中国家和发达国家分别增加了56.7％和7.1％。发展中国家总产量之和约占世界食用豆类作物总产量的80％，播种面积占世界食用豆类作物总播种面积的90％以上。

从总产量来看，在过去的20多年里，世界食用豆类作物总产量处于缓慢、持续增长状态，从1990年的5 915万吨，增长到2012年的7 042万吨，年均增长0.8％。这主要是因为食用豆类作物的单产水平不高，长期以来，相对于其他粮食等农作物的种植收益较低。其中，1990—2002年的13年间，世界食用豆类作物总产量呈现出下降态势，从1990年的5 915万吨，下降到2002年的5 794万吨，1992年甚至降到5 188万吨的低水平，直到2003年才恢复并略超过1990年的水平，达到5 925万吨；2002—2012年的10年间，世界食用豆类作物总产量表现出增长的趋势，年均增长率为1.97％，高于1990—2012年的年均增长率。

从单产水平看，世界食用豆类作物的单产相对稳定，且小幅上升。1990—2012年的23年间，年均增长0.25％。1990年世界食用豆类作物的单产水平为0.86吨/公顷，到1995年单产水平下降到0.79吨/公顷，2000年之后单产水平均在0.82吨/公顷以上，2009年单产水平最高为0.93吨/公顷；2010—2012年，世界食用豆类作物的单产水平均保持在0.88吨/公顷左右，2012年单产水平突破0.9吨/公顷，达到0.91吨/公顷，单产水平有所上升。但是，发展中国家整体上食用豆类作物单产水平较低，且波动大，平均为0.6吨/公顷，低于世界食用豆类作物单产0.8吨/公顷的水平，更远远低于发达国家单产2.4吨/公顷的平均水平，发展中国家食用豆类作物单产水平只有发达国家的25％，由此可见，种植面积的扩大是发展中国家食用豆类作物总产量增加的主要因素。相对发达国家而言，发展中国家食用豆类作物的单产水平和总产量年际波动均较大。

（二）生产的主要地区和国家

1. 主要地区

世界食用豆类作物的主要种植区域在亚洲、非洲和美洲。20多年来，世界食用豆类作物种植区域的分布变化不大，亚洲一直是世界食用豆生产的第一大区域，非洲位列第二，此后依次是美洲、欧洲和大洋洲。目前，亚洲的食用豆种植面积占世界食用豆总种植面积的49%，非洲食用豆种植面积占世界食用豆总种植面积的30%，美洲、欧洲和大洋洲分别占13%、5%和3%。从世界各地区食用豆类作物种植面积的变动情况来看，2012年与1990年相比，亚洲地区增长了6.69%，非洲地区增长了7.57%，美洲地区增长了0.79%，欧洲地区下降了55%，大洋洲地区增长了65.49%。

2. 主要国家

目前，亚洲的印度、缅甸、中国，大洋洲的澳大利亚，非洲的尼日利亚、埃塞俄比亚，美洲的加拿大、巴西、美国，是世界食用豆的生产大国，其食用豆类作物总产量约占世界总产量的60%。其中，印度是世界食用豆的最大生产国，也是最大的消费国、进口国，印度的食用豆总产量占世界食用豆生产总量的26%，位居世界第一位；缅甸的食用豆总产量占世界食用豆生产总量的8%，位居世界第二位；中国是世界第三大食用豆生产国，总产量占世界食用豆生产总量的7%。

（1）印度的食用豆生产。印度是世界上最大的食用豆生产国，同时也是世界上最大的食用豆消费国。在过去的十几年里，印度食用豆总产量在1 200万~1 800万吨，种植面积为2 000万~2 800万公顷，平均单产在600~750千克/公顷。自2000年以来，印度食用豆种植面积不断扩大，由2000年的1 947万公顷，增长到2012年的2 537万公顷，增长了30.3%；但印度食用豆总产量的增长幅度小于种植面积的增长幅度，从2000—2012年，仅增长了18.75%，远远低于种植面积的增长幅度。印度食用豆生产的主要省份是中央邦、马哈拉施特拉邦、北方邦、拉贾斯坦邦、卡纳塔克邦、安德拉邦、比哈尔邦、查蒂斯加尔邦、古吉拉特邦等。

2012年，印度食用豆总产量达到1 628万吨，比上年减少了150.7万吨，占世界总产量的22%。虽然总产量比上年有所下降，但仍然是世界食用豆总产量最大的国家。其中，鹰嘴豆（印度名为Chana）是印度产量最大的食用豆品种，2012年产量达到770万吨，占印度食用豆总产量的47%，占世界鹰嘴豆总产量的68%；普通菜豆干豆（Beans dry）产量363万吨，占印度食用豆总产量的22%，占世界普通菜豆干豆总产量的16%；木豆（Pigeon peas）产量265万吨，占印度食用豆总产量的16%，占世界木豆总产量的61%；扁豆（Lentils）产量95万吨，占印度食用豆总产量的6%，占世界扁豆总产量的21%；干豌豆（Peas dry）产量62.5万吨，占印度食用豆总产量的3.8%，占世界豌豆总产量的6.3%。印度的其他食用豆类，如斑豆、蚕豆、可豆、黑吉豆、羽扇豆等，产量相对较少。

（2）加拿大的食用豆生产。加拿大是世界重要的食用豆生产国和出口国。加拿大面积广阔，长日照，生物多样性强，具有食用豆生产得天独厚的自然资源，适合多种食用豆类作物的生产。同时，由于加拿大纬度较高，气候冷凉，这种气候条件一方面减少了食用豆生产中病虫害的发生，另一方面有利于食用豆的储存。加拿大食用豆生产规模较大，专业化水平高。

2012 年，加拿大食用豆总产量约为 473 万吨，豌豆、扁豆、干菜豆和鹰嘴豆是加拿大主要的食用豆品种。其中，豌豆占食用豆总产量的比重最大，产量和比重分别为 280 万吨和 59.2%；扁豆产量不到 150 万吨，比重为 31.7%；干菜豆和鹰嘴豆的生产相对较少，干菜豆产量为 27 万吨，比重占 5.7%；鹰嘴豆产量为 16 万吨，比重仅占 3.4%。

从加拿大食用豆种植的品种看，2008 年前，加拿大种植的食用豆品种主要有蚕豆、豌豆、扁豆、干菜豆、鹰嘴豆；2008 年后种植的主要品种有豌豆、扁豆、干菜豆和鹰嘴豆四种。其中，豌豆是加拿大最重要的食用豆品种，其生产面积、生产量和出口量均居加拿大食用豆的首位。根据食用或饲用等的用途不同，加拿大种植的豌豆有黄豌豆、绿豌豆、紫花豌豆、大粒豌豆等不同品种，其中生产量最大的是黄豌豆。加拿大菜豆生产的主要品种有海军豆、斑豆、黑芸豆、深红芸豆、粉红芸豆、大北豆等。加拿大鹰嘴豆则主要生产卡布里鹰嘴豆和迪西鹰嘴豆两种。

从加拿大食用豆种植的区域看，食用豆生产主要集中在萨斯喀彻温省、亚伯达省和马尼托巴省三个省，每年种植食用豆的面积超过 230 万公顷。萨斯喀彻温省是生产豌豆、扁豆和鹰嘴豆等食用豆的最大省份，其次是亚伯达省。马尼托巴省是生产干菜豆的主要省份，另外，该省还生产少量的豌豆和扁豆。除此之外，魁北克省和安大略省也生产小部分的干菜豆。

（3）美国的食用豆生产。美国的食用豆生产，主要有斑豆、海军豆、黑豆、大北豆、鹰嘴豆等品种。2006—2008 年，斑豆总产量占美国食用豆总产量的 43%，是产量最大的食用豆品种；海军豆总产量占美国食用豆总产量的 17%；黑豆总产量占美国食用豆总产量的 11%；大北豆、鹰嘴豆的产量也比较可观，其总产量分别占美国食用豆总产量的 5% 和 5%。此外，其他的食用豆品种，如黄眼豆、蚕豆、绿豆、赤豆、菜豆等，美国国内也有少量的种植。

美国的食用豆种植面积，自 1990 年以来，一直呈下降趋势。2010 年，由于食用豆价格的迅速上涨，种植面积有所增加，2011 年的播种面积回落到 60.8 万公顷左右，较 1990 年的 88.2 万公顷下降了 31.11%；总产量也呈下降趋势，但是比种植面积下降得要慢，2011 年的总产量比 1990 年降低了 22.4%，这得益于单产的提高；2011 年的单产比 1990 年的单产提高了 12%。

美国食用豆产业的总产值，自 1990 年以来呈螺旋式增长态势。2010 年总产值为 8.38 亿美元，较 1990 年增长 25%，较 2009 年增长 6%，产值仅次于 2008 年（2008 年为自 1980 年以来的历史最高产量），2007—2010 年的四年是美国食用豆产业总产值最高的四年。

美国食用豆的主产区，主要集中在五大湖区域的东部，该地区土壤肥沃，水源充足，灌溉方便，适合食用豆的生产。北达科他州食用豆种植面积最大，2010 年达 80 万英亩，占到美国食用豆种植面积的四成多；其次为密歇根州、内布拉斯加州、明尼苏达州、爱达荷州和加利福尼亚州，2010 年，这六个州的食用豆总产量占了全美国食用豆总产量的 81.7%。

（4）泰国的食用豆生产。泰国生产的食用豆类作物，主要为绿豆、黑吉豆、饭豆、普通菜豆和豇豆。绿豆曾经是泰国的第一大食用豆类作物，1988—1991 年间，种植面积曾经达到 4 500 公顷，在 1999—2001 年间，降低为 2 900 公顷，2010 年降低为 1 400 公顷左右，目前稳定在这一面积。在过去的 30 年中，绿豆的产量从 600 千克/公顷增加到 800 千克/公顷，年总产量约 10 万吨。在泰国，温度和土壤都适宜的条件下，绿豆一年可以种植 3 次。绿豆的主要消费方式为面条、豆芽和直接蒸煮食用。泰国生产的绿豆 80% 用于内销，其余 20% 用于出口，主要出口的国家和地区为印度、中国香港和菲律宾，泰国有时也从中国进口一些高质量的绿豆来制作豆芽。

目前，黑吉豆是泰国生产的第一大食用豆类作物，主要用途也是做豆芽。栽培面积约为 10 000 公顷，黑吉豆的产量约为 850 千克/公顷，比绿豆稍高。主要消费方式为豆芽。泰国生产的黑吉豆 90% 用于内销，其余 10% 用于出口，主要出口的国家为印度、斯里兰卡和日本。饭豆在泰国的栽培面积约为 7 000 公顷，主要栽培于泰国北部，多以地方品种为主，产量约为 1 000 千克/公顷，主要用于做一些甜点等，泰国生产的饭豆 70% 出口到印度和日本等国。

泰国生产的其他食用豆类，还有普通菜豆、长豇豆及木豆等。普通菜豆一般栽培面积在 4 000 公顷左右，主要集中于北部冷凉山区，多以地方品种为主，单产在 1 200 千克/公顷，总产量约为 4 800 吨，主要用来做一些甜点；长豇豆在泰国主要作为蔬菜，栽培面积约 4 000 公顷，全国均有种植，以商用品种为主，鲜荚单产为 10 000～20 000 千克/公顷，总产量为 20 000 吨，一般可生吃或炒熟食用；木豆在泰国也有少量栽培，一般集中于北部山区。由于泰国处于热带地区，目前还没有蚕豆、豌豆等冷季豆类生产，小豆也没有商品化种植。

（三）生产的主要品种及分布

世界食用豆生产的主要品种是芸豆、鹰嘴豆、豌豆、豇豆、扁豆、木豆、蚕豆、绿豆等，此外还有小豆、斑豆、羽扇豆、海军豆、黑豆、菜豆等多个品种。

从世界食用豆各主要品种的生产情况看，产量最大的品种是芸豆，世界芸豆年产量达到 2 300 多万吨，其中印度、缅甸、巴西、中国、美国等是芸豆生产大国，共计占世界总产量的 61%。世界食用豆产量第二大品种是鹰嘴豆，年产量达 1 150 万吨，其中印度产量占了世界总产量的 71%。产量居第三位的食用豆品种是豌豆，世界干豌豆收获面积和产量分别约为 650 万公顷和 930 万吨，鲜豌豆分别约为 110 万公顷和 830 万吨，干豌豆主产区为欧洲、亚洲的中国与印度、美洲的美国、非洲的埃塞俄比亚以及大洋洲的新西兰等，美国、英国、法国在鲜豌豆生产上名列前茅。产量居第四位的食用豆品种是豇豆和扁豆，世界年产量均为 470 万吨左右，豇豆主要分布于尼日利亚和尼日尔，两国产量共计占世界总产量的 69%；扁豆则主要产于加拿大、印度、土耳其，上述国家产量共计占了世界总产量的 65%。产量居第五位的食用豆品种是木豆和蚕豆，世界年产量分别约 400 万吨，木豆主要分布于印度和缅甸，约占世界总产量的 84%；蚕豆主要产于中国、埃塞俄比亚、法国、澳大利亚，共占世界总产量的 73%。产量居第六位的食用豆品种是绿豆，世界绿豆总产量约为 180 万吨，东亚是绿豆的最主要生产区域，中国和缅甸的绿豆产量分别约占世界绿豆总产量的 45% 和 30%；此外，泰国、印度、越南、巴基斯坦、阿富汗、菲律宾等国，也有绿豆种植。其他食用豆品种中，产量较大是小豆，世界小豆总产量约为 100 万吨，中国产量占世界总产量的 33%，中国、日本和韩国是世界上小豆的主产国。

从主要国家和地区的食用豆品种种植来看，在亚洲地区，中国、印度、缅甸、巴基斯坦等国家，是食用豆的主要生产国。其中，中国主要生产绿豆、小豆、芸豆、蚕豆、豌豆等20多种食用豆；印度主要生产鹰嘴豆、木豆、芸豆、扁豆、豌豆、饭豆等品种；巴基斯坦主要生产鹰嘴豆、黑吉豆等；缅甸主要生产芸豆、绿豆、鹰嘴豆、豇豆等。在北美洲地区，加拿大是豌豆、扁豆、干菜豆、鹰嘴豆等的主要生产国；美国种植的食用豆品种主要有斑豆、海军豆、黑豆、大北豆、鹰嘴豆等；墨西哥主要种植芸豆。在大洋洲，澳大利亚主要生产的食用豆品种，有蚕豆、豌豆、鹰嘴豆等。在非洲，尼日利亚、尼日尔、埃塞俄比亚、坦桑尼亚、布基纳法索、乌干达等国家，食用豆的产量和生产的品种也较多。

二、世界食用豆消费现状

从食用豆用途看，在世界范围内，作为人类的食物直接食用的食用豆产量约有65%，用作饲料的食用豆产量约占25%，而剩余10%的食用豆则用作种子、加工食品以及肥料等。然而，发展中国家和发达国家食用豆的具体用途差别迥异，食用豆在发展中国家主要是作为食物消费，食用豆作为食物消费的最大地区是南亚，例如，印度、斯里兰卡、巴基斯坦和孟加拉国；而在发达国家食用豆则主要是作为饲料，例如欧盟把食用豆作为饲料原料，是重要的动物蛋白饲料来源。世界食用豆的消费，发展中国家约占世界消费总量的3/4，发达国家仅占1/4。

食用豆是许多国家居民传统饮食的重要组成部分，并且随着经济的发展和人们生活水平的不断提高，食用豆消费呈现稳步上升态势。在世界的许多地方，食用豆类食品是每天必不可少的食物。如美国南部传统新年饭菜的主要原料就是黑眼豆和大米，意大利的酸果蔓豆，墨西哥的菜卷饼内通常包含肉类和芸豆、豆泥，黑豆（黑龟豆或黑菜豆）是拉丁美洲地区的主食，古巴、波多黎各、巴西和西班牙也都利用该豆制作食物。在中东地区，常见小扁豆用作各种肉类的替代品，东亚居民由于传统的饮食习惯，食用豆消费量较大。2002年，日本居民食用豆类消费为每人每年9.9千克，小豆被用来制成豆馅或豆汁饮料，绿豆主要是作为芽菜食用等。

从食用豆人均消费量来看，发展中国家人均食用豆消费量基本稳定，但在一些欠发达地区，食用豆人均消费量有所下降，例如，亚洲和非洲撒哈拉以南地区。发展中国家对食用豆的需求很大程度上取决于价格，由于增加谷物生产而导致食用豆生产的减少，这种生产的减少又导致了食用豆价格的上涨，由于消费者购买能力有限，因此食用豆消费有所减少。在发达国家，食用豆的人均消费量呈增长的趋势，这一方面是由于食用豆本身富含蛋白、纤维和低脂肪的特性，决定了食用豆可以作为人们膳食结构中的理想食品；另一方面是世界移民增多，例如，许多亚洲人移民到世界各地，世界各地的亚裔超市都能找到绿豆、蚕豆等食用豆产品。

总体上看，发达国家食用豆人均消费量呈稳步上升趋势，但在世界食用豆总消费量中占的比例较小；发展中国家食用豆人均消费量基本维持稳定，且其消费总量占世界消费总量的绝对比重。从各国经济发展和人们收入水平的提高与食用豆的消费关系看，随着各国经济不断发展和人们生活水平的不断提高，未来对食用豆的消费需求将继续进一步持续上升，并呈现加快增长态势。

三、世界食用豆贸易现状

1990—2011 年，世界食用豆贸易表现出快速增加的格局，食用豆贸易的增加速度，大大高于食用豆产量的增加速度。1990 年，世界食用豆贸易占食用豆总产量的份额仅为 3%，2011 年该份额显著上升到 17%。食用豆贸易额的绝对值尽管不大，但是 17% 这个份额已高于世界粮食贸易量占世界粮食总产量 12% 的份额。2008—2011 年，世界食用豆年均贸易量在 1 000 万吨以上，出口额年均达 64 亿美元，2011 年出口额达到 70 多亿美元。

（一）食用豆出口情况

世界上出口食用豆的国家和地区很多，有 110 多个，但是加拿大、中国、美国、澳大利亚、土耳其、法国和埃塞俄比亚等国家，是世界食用豆的主要出口国。在世界范围内，豌豆、扁豆、芸豆以及鹰嘴豆是食用豆贸易的主要出口品种，这四大品种出口额约占世界出口总额的 86%。

加拿大、美国、俄罗斯、法国、澳大利亚是豌豆的主要出口国，其市场份额占世界豌豆出口总额的 80% 左右；中国、缅甸、泰国、印度尼西亚等是世界绿豆的主要出口国；世界上共有 90 多个国家出口芸豆，主要的出口国有中国、阿根廷、美国、加拿大、埃塞俄比亚、埃及、吉尔吉斯斯坦、墨西哥、尼加拉瓜等国；中国、加拿大、澳大利亚、泰国等是红小豆的主要出口国；澳大利亚、法国、英国、埃塞俄比亚和中国，则是蚕豆的主要出口国。

加拿大四分之三的食用豆用作出口，其食用豆出口贸易额占世界食用豆贸易总额的近四成。2000—2009 年的 10 年间，加拿大的食用豆贸易顺差从 8.63 亿美元增长到 21 亿美元，翻了一番多。其食用豆主要出口到印度、孟加拉国、土耳其、中国、英国、哥伦比亚、美国、西班牙、巴基斯坦等国。美国的食用豆产业是高度机械化的，效率高，是美国农产品国际贸易中出口的优势产品。2000 年以来，美国平均每年约有 19% 的食用豆产量用于出口，这个比重自 20 世纪 90 年代以来基本没有太大的变化。几十年来，美国的食用豆出口一直处于顺差状态。其食用豆主要出口到加拿大、墨西哥、英国、海地、意大利、日本等国。澳大利亚的食用豆主要出口到欧洲、南亚、北非及中东地区。阿根廷主要出口大白芸豆和黑芸豆，分别出口到欧洲的西班牙、意大利等地，以及南美洲的巴西、委内瑞拉等地。

中国也是食用豆的净出口国，食用豆作为中国传统的出口产品，一直是以原料出口为主的，这在近年来中国粮、棉、油、糖全面呈现净进口和贸易逆差不断扩大的局面下，食用豆生产具有特殊的重要意义。中国食用豆生产的品种中，出口最多的是芸豆、绿豆和小豆，共占中国食用豆出口总额的九成，食用豆出口市场主要在亚洲、非洲和欧洲。

（二）食用豆进口情况

进口食用豆的国家和地区多达 140 个，食用豆的进口国主要集中在发展中国家。非洲的埃及，亚洲的巴基斯坦、印度、土耳其、阿拉伯联合酋长国，以及欧洲的英国、意大利和西班牙等，均是世界上的主要食用豆进口国。主要进口品种有芸豆、豌豆、扁豆、绿豆、鹰嘴豆等。2011 年，这些食用豆品种的进口额分别占世界食用豆进口总额的比例分别为 24%、23%、17%、12% 和 11%，合计占 87%。

世界豌豆的主要进口国是印度、中国；世界绿豆的主要进口国有印度、日本、印度尼西亚、美国、马来西亚、斯里兰卡、英国等国家；世界进口芸豆的国家和地区众多，主要的进口国有南美的墨西哥、巴西、委内瑞拉，欧洲的意大利、英国、阿尔及利亚、法国，非洲的南非，亚洲的印度等国家；世界蚕豆的主要进口国是埃及、挪威、意大利、日本和印度尼西亚。

在亚洲地区，印度是世界上最大的食用豆进口国，主要进口豌豆、扁豆、绿豆等。由于宗教等原因，印度居民蛋白质和热量的食物来源是食用豆和谷物，食用豆是印度人每餐必吃的东西，并永远是作为主菜姿态出现。所以，尽管印度也是食用豆最大的生产国，但由于其人口快速增加，国内食用豆生产仍然满足不了需求，因此食用豆仍依赖于进口，印度主要从美国、澳大利亚、缅甸、土耳其、坦桑尼亚和加拿大进口食用豆。由于印度是一个消费水平较低的国家，对进口食用豆的品质要求不是很高，只要商品达到一般品质，价格越低越有市场，因此，印度约80%的进口食用豆属于一般平均品质，以原料为主。中国进口的食用豆主要是豌豆，且主要来自加拿大，由于加拿大豌豆质量稳定，所以很受国内的粉丝及淀粉加工企业的青睐。巴基斯坦对食用豆产品需求量较大，进口量也比较大。

在欧洲地区，法国、西班牙、意大利、英国等发达国家，由于自身食用豆产量不足，只有通过进口增加本国食用豆供给，来满足国内消费需要，各种芸豆、鹰嘴豆、扁豆、蚕豆等是这些欧洲国家进口的主要食用豆品种，而美洲的美国、墨西哥、加拿大、阿根廷是其进口主要来源国，澳大利亚和中国也向这些发达国家出口食用豆。东欧的保加利亚、匈牙利、波兰、乌克兰等国，尽管国内也有食用豆种植，但是生产的产量不能满足国内消费，需要进口少量的食用豆，并且该地区食用豆进口量呈现上升的趋势。

在美洲地区，墨西哥是食用豆的主要进口国，通常从美国、加拿大进口；巴西也依靠进口来满足国内庞大的黑芸豆消费需求。

总的来说，发展中国家食用豆的进口，由于受到本国食用豆生产中的单产和播种面积不稳定、年际间产量波幅较大等因素影响，而使得发展中国家对食用豆进口的需求不太稳定。

四、世界食用豆发展趋势

食用豆是21世纪人类的健康食物资源。与多种粮食、其他蔬菜相比，食用豆类产品营养丰富，医食同源，属传统的保健食品原料作物，食用豆中含有多种维生素和矿物质，是蛋白质、复合碳水化合物和膳食纤维的主要来源。在第三世界国家，特别是低收入人群膳食中，占有重要地位。

食用豆是许多国家居民传统饮食的重要组成部分，并且随着经济的发展和人们生活水平的不断提高，未来对食用豆消费需求将继续进一步持续上升，并呈现加快增长态势。目前，世界各国正不断开发新的食用豆加工食品，以满足不断增长的市场需要。

五、中国食用豆生产现状

中国食用豆的种植和食用有2 000多年的历史。目前，中国栽培的食用豆种类繁多，主要有蚕豆、豌豆、绿豆、黑吉豆、红小豆、豇豆、饭豆、菜豆、利马豆、鹰嘴豆、小扁豆、木豆、四棱豆、黎豆、刀豆、羽扇豆等20多个品种，分布在11个属。中国食用豆产区主要分布在华北北部、东北、西北和西南等部分高寒冷凉、干旱和半干旱地区，在长期的驯化栽培中，形成了对某种生态环境的特殊适应能力。

（一）播种面积、总产量和单产水平

目前，中国种植的食用豆主要品种有蚕豆、豌豆、绿豆、芸豆、红小豆、豇豆等20余种，占全国粮食作物种植面积的3.3%左右，占全国粮食作物总产量的1.1%左右。其中，蚕豆、豌豆和绿豆合计占全国食用豆总种植面积的90%、占全国食用豆总产量的70%以上。总的来看，近20年间，中国食用豆生产呈现两个阶段性变化。一是从20世纪90年代初到2002年，中国食用豆种植面积和总产量变化总体呈现波动性增长态势，2002年达到顶峰，种植面积由1993年的292.25万公顷，上升到2002年的382.4万公顷，增长了30.85%；总产量由1993年的419.7万吨，上升到2002年的590.6万吨，增长了40.72%。二是自2002—2011年的10年间，中国食用豆播种面积和总产量呈现波动性下降态势，播种面积从2002年的382.4万公顷，下降至2011年的276.3万公顷，10年间减少了近百万公顷；产量从2002年的590.6万吨，下降至2011年的459.9万吨；单产从2002年的1.54吨/公顷，增加到2011年的1.66吨/公顷，单产呈波动性缓慢增长态势。另外，在中国生产的粮菜兼用食用豆中，籽粒用食用豆发展平稳，菜用型食用豆的种植面积和总产量，特别是蚕豆和豌豆的播种面积和总产量上升迅速，快速增加。

（二）生产的主要地区

目前，中国食用豆主要分布在东北、华北、西北、西南的干旱半干旱地区以及高寒冷凉山区，由于受环境条件和自然灾害的影响，种植面积不稳定，总产量年际间变化很大。我国食用豆的主要产区包括云南、四川、黑龙江、内蒙古自治区（全书简称内蒙古）、江苏、重庆、吉林、甘肃、浙江、湖南、湖北和贵州等地；2011年，以上各省、自治区、直辖市食用豆的总产量分别为101.4万吨、48.2万吨、36.5万吨、34.1万吨、25.2万吨、24.8万吨、22.5万吨、19万吨、17.6万吨、17.6万吨、15.7万吨和14.9万吨，这12个省、自治区、直辖市的产量合计占全国食用豆总产量的82.1%。

（三）生产的主要品种及分布

中国食用豆生产的主要品种有蚕豆、豌豆、绿豆、芸豆、红小豆、豇豆等，约占食用豆总播种面积和总产量的95%以上。

1. 小豆

根据各种植区的气候条件以及耕作制度等，中国小豆生产大致可分为三个种植区域：①小豆主产区——北方春小豆区，包括黑龙江、吉林、辽宁、内蒙古、河北北部、山西北部和陕西北部。播种期为每年5—6月，收获期为每年9月底至10月初。②小豆次主产区——北方夏小豆区，包括河北中南部、河南、山东、山西南部、北京、天津、安徽、陕西南部及江苏北部等。播种期一般在每年6月上中旬，收获期在每年10月上中旬。③南方小豆区，包括长江以南的各省，小豆产量较少。

从小豆产区来看，中国小豆主要生产区域集中在东北、华北及黄淮海地区。近年来，以东北的黑龙江、吉林、辽宁，内蒙古，华东的江苏，西南的云南为产量最大省份。其中，黑龙江、吉林、内蒙古、江苏和云南合计的小豆产量占全国总产量的60%以上，是中国最重要的小豆主产区。另外，河北、陕西、山西、河南、山东等省，小豆种植也较多。2000年、2005年和2010年的小豆生产量前五名的省份相比较，黑龙江、吉林和江苏一直榜上有名，云南省相对稳定，内蒙古名次上升较快，河北退出前五名。值得注意的是，各省份小豆产量的下滑，特别是黑龙江小豆的产量下滑了50%，这种大幅度下滑是因为受到了黑龙江大力发展粮食产业的挤压，黑龙江的玉米和水稻生产迅速增加；吉林省小豆生产下滑幅度更大，2010年与2005年相比下滑了60%；内蒙古从2005年的4.3万吨滑坡到2010年的2.2万吨，下滑幅度超过50%；只有江苏省小豆的生产相对稳定。

从小豆生产来看，中国是世界上小豆种植面积最大、总产量最大的国家，年产量一般为30万~40万吨，但是最近几年有所滑坡。2002—2011年间，中国小豆常年产量，从10年前的30万~40万吨，下滑到25万吨左右的水平。具体来说，2002—2006年，全国小豆总产量都在30万吨以上，2007年迅速下滑到29.47万吨，除了2008年恢复到31.44万吨以外，2009—2011年都在25万吨左右的水平，2009年甚至只有22.36万吨。在此期间，全国小豆播种面积呈现稳定性波动下降。2002年小豆播种面积为27.23万公顷，是最高点；至2006年波动性下降到22万公顷左右，2007年以后更是波动性下降到16万公顷左右的水平，较2002年减少了约10万公顷。值得欣慰的是，小豆的单产水平稳步上升，2002—2004 年间的单产水平在 1 400 千克/公顷左右，2006 年单产水平最高，达到 1 649.89 千克/公顷，2007 年以后基本稳定在 1 550 千克/公顷的水平，2011 年达到 1 601.69 千克/公顷，2011 年比 2002 年的单产水平提高了 200 千克/公顷。

中国小豆种植面积较大，在贸易中占较大比重的品种是红小豆。中国优质红小豆中，主要有天津红小豆、唐山红、宝清红和大红袍等品种。天津红小豆主要分布在天津、河北、山西、陕西等省市，唐山红小豆主要分布在河北省的唐山地区，宝清红小豆主要分布在黑龙江省的宝清县，大红袍红小豆的产地主要在江苏省的启东市。其中，天津红小豆被东京谷物交易所列为红小豆期货合约标的物唯一替代的交割物。

2. 绿豆

绿豆是中国种植的最主要食用豆作物之一，主要生产区在内蒙古、吉林、河南、黑龙江、山西和陕西等地，其中，以陕西省的榆林绿豆、吉林省的白城绿豆、河北省张家口的鹦哥绿豆最为有名。从绿豆生产的实际情况看，2002 年以来，我国的绿豆生产在 2002 年和 2003 年达到一个高峰，播种面积超过 90 万公顷，分别达到 97.1 万公顷和 93.23 万公顷；产量接近 120 万吨，分别达到 118.45 万吨和 119 万吨；绿豆单产水平在 1 230 千克/公顷左右。2004 年绿豆播种面积锐减到 70 万公顷以下，产量不足 71 万吨，单产水平也下降到 1 130 千克/公顷。2005 年绿豆生产有所恢复，播种面积达到 70.1 万公顷，产量超过 100 万吨，单产超过 1 400 千克/公顷，是绿豆单产最高的一年。2006 年绿豆生产放缓了发展步伐，虽然播种面积维持在 70.8 万公顷，但总产量仍不足 71 万吨。2007 年和 2008 年，绿豆播种面积有所增长，产量分别上升到 83.17 万吨和 90.43 万吨；但是由于不利气候条件的影响，绿豆的单产水平仍处于低位，为 1 100 千克/公顷的水平。近 3 年来，因绿豆价格忽高忽低，绿豆播种面积有起有伏，我国的绿豆总产量维持在 95 万吨左右的水平。

中国绿豆生产在播种期基本实现了机械化。主产区吉林、内蒙古、山西、陕西、新疆维吾尔自治区（全书简称新疆）的生产模式是大田一年一季生长；在河南、湖北等省主要是绿豆与玉米间作套种；在山东、北京、河北等地还有果园林下套种等种植方式。

3. 豌豆

豌豆是中国第二大食用豆类作物，豌豆生产遍布全国各地。中国干豌豆生产主要分布在云南、四川、重庆、贵州、浙江、江苏、河南、湖北、湖南、青海、甘肃、内蒙古等20多个省、自治区、直辖市；青豌豆主产区位于全国主要大中城市附近。中国豌豆可分为春豌豆和秋豌豆两个产区。

中国在世界豌豆生产中占有举足轻重的地位。豌豆已经成为世界第四大食用豆类作物，2011年全世界干豌豆种植面积621.43万公顷，总产量955.82万吨；中国干豌豆种植面积94万公顷，总产量119万吨，分别占全世界种植面积的15.13%和总产量的12.45%，是仅次于加拿大的世界第二大豌豆生产国。但是1990—2013年，中国豌豆种植面积年际间变动比较频繁。1990年播种面积超过130万公顷，总产量超过165万吨；此后的20多年里，一直没有超过这一顶峰。特别是中国干豌豆生产受到加拿大豌豆进口的强烈冲击，从加拿大进口的干豌豆先抑后扬的价格走势，开始较低价格的豌豆进口对中国干豌豆生产造成较大冲击，中国干豌豆生产呈现下滑态势，当中国豌豆粉丝企业依赖从加拿大进口豌豆以后，从加拿大进口的豌豆价格开始上扬，但是中国豌豆生产下滑的局面已经形成，对中国干豌豆产业的发展已产生不利的影响。值得注意的是，豌豆的单产整体表现出略有下降的情况，2011年中国干豌豆单产1.27吨/公顷，低于世界1.54吨/公顷的平均水平。

中国干豌豆生产主要分布在土壤肥力低、生产环境差的区域，如甘肃、青海、宁夏回族自治区（全书简称宁夏）等西北省区。这些地区的豌豆生产同时受到了玉米、马铃薯、蚕豆等其他优势作物的竞争，2010年以来，干豌豆生产规模稳中有降，目前中国干豌豆种植面积约80万公顷，较上年下降约10%，其中，甘肃下降50%左右，青海下降20%左右，总产约90万吨。鲜豌豆生产则以城郊农业为主，作为蔬菜产业发展，经济效益相对较好而发展较快。目前，中国鲜豌豆种植面积120万公顷，鲜豌豆总产量达到900万吨以上。

从干豌豆主产区的部分省份看，甘肃省半无叶型豌豆新品种陇豌1号的粗蛋白、淀粉、赖氨酸等品质指标居全国首位，平均单产为每公顷5 250千克，高产可达每公顷7 500千克。2007年以来，甘肃省的豌豆生产面积急剧增加，近三年累计推广100万亩，目前种植面积约13万公顷，约占全国豌豆播种总面积的15%，年总产量近40万吨，占全国总产量的1/3；单产高于全国平均水平，淀粉出粉率高。

高原冷季豌豆是青海的主要食用豆类作物，新中国成立前的种植面积为5.3万公顷，单产水平很低。新中国成立后，常年种植面积为4万公顷，单产水平比新中国成立前有了成倍提高；到 1995 年，豌豆种植面积发展到近 6 万公顷，总产量近 10 万吨。但是，由于经济效益比较低，豌豆种植面积在 2000 年以后逐年下降。从 2007 年开始，由于豌豆价格一路飙升，2008 年豌豆种植又重新受到重视，2008 年豌豆播种面积上升到 2.6 万公顷。2008 年由于国际金融危机以及中国玉米良种补贴政策等的影响，加上受加拿大干豌豆进口的冲击，青海豌豆种植面积又有所徘徊，目前估计豌豆种植面积在 3 万公顷上下，总产量在 5 万吨左右。

4. 蚕豆

中国蚕豆生产分布广泛，目前除了山东、东北三省、台湾省外，其他地区均有种植，是世界最大的蚕豆生产国，蚕豆常年播种面积在 100 万公顷左右，产量在 150 万 ~ 200 万吨。

蚕豆属冷凉型作物，分春播和秋播两大类型，长江以南地区以秋播冬种为主，长江以北以早春播种为主。春播蚕豆产量约占全国的 20%，秋播蚕豆约占全国的 80%。其中，西南的云南、四川、贵州三省属于秋播区，三省蚕豆种植面积占全国的一半以上；云南是蚕豆种植面积最大的省份，常年种植在 30 万 ~ 40 万公顷，产量占全国之首，50 万吨上下。其次是江苏、浙江、湖南、湖北和江西等五省，约占全国的 1/3。春播区的青海、甘肃、河北三省占全国的 10% 左右。

2000 年，中国蚕豆种植面积超过 100 万公顷，约占世界蚕豆种植面积的 60%，总产量约 250 万吨，占世界总产量的 60% 以上；近年来虽然有所下降，但仍维持在世界总产量的 40% 左右；2011 年，中国蚕豆种植面积 92 万公顷，总产量 155 万吨。目前，我国的蚕豆生产规模波动较大，科技对蚕豆产业发展起到了很好的支撑作用。西南、华东等主产区，蚕豆生产规模处于上升趋势或相对稳定状况。

5. 豇豆

在中国，豇豆栽培已经有数百年的历史，生产分布地区广泛。目前除了西藏自治区（全书简称西藏）外，我国的南北各地均有栽培，尤以南方栽培更为普遍，在华东、华中、华南及西南各地分布有独特的优良地方品种。全国常年栽培面积约 1 000 万亩，总产量达 150 亿千克。主要产区为河北、河南、江苏、浙江、安徽、四川、重庆、湖北、湖南、广西壮族自治区（全书简称广西）等省、区、市。

按照食用部分，豇豆主要可分为普通豇豆、短荚豇豆和菜用长豇豆。

以粮用和饲用为主的普通豇豆，主要以籽粒为食用部分，是一些地区的主要食物来源，种植于美国南部、中东地区和尼日利亚、尼日尔、加纳等非洲各国。菜用长豇豆以嫩荚为主要食用部分，是中国、印度、菲律宾、泰国、巴基斯坦等国家重要的夏季豆类蔬菜作物之一。目前，世界菜用长豇豆年栽培面积约100万公顷，我国约占2/5。在我国，菜用长豇豆常年栽培面积达50万亩以上，占蔬菜种植面积的10%以上。

我国的干豇豆生产面积占世界第四位，约30万公顷；我国的青豇豆收获面积1.4万公顷，总产量13.54万吨，分别占世界种植面积和总产量的6.43%和10.6%；单产9678.07千克/公顷，远远高于世界单产5844.59千克/公顷的平均水平。我国的青豇豆生产面积占世界第四位，总产量占世界第二位。

6. 鹰嘴豆

鹰嘴豆是世界第三大食用豆类，是世界上栽培面积较大的食用豆类作物之一，种植于40多个国家，总面积达1045.6万公顷。印度和巴基斯坦两国的种植面积占全世界的80%以上，中国只有零星分布。

我国于20世纪50年代从前苏联引进鹰嘴豆，目前，鹰嘴豆生产主要分布在新疆、甘肃、青海、宁夏、陕西、云南、内蒙古、山西、河北、黑龙江等省、自治区。鹰嘴豆在新疆的种植面积最大，主要分布于天山南北的广大农区。天山北部的木垒县、奇台县和天山南部的乌什县、拜城是鹰嘴豆的主产区。中国目前鹰嘴豆种植面积约为75万亩，并呈上升趋势；单产约为67~100千克/亩。新疆鹰嘴豆资源较为丰富，是我国鹰嘴豆外贸出口的重要产地，主要供应印度、巴基斯坦和中东等欠发达地区。

六、中国食用豆消费现状

（一）总体消费

从20世纪50年代以来的食用豆消费情况看，新中国成立初期由于主粮供应不足，食用豆产品是中国居民重要的口粮来源，消费量较大。1962年中国食用豆消费量曾经达到1036万吨；随着中国经济发展和人民生活水平的提高，人们开始逐步倾向于消费口感较好的大米、小麦等大宗粮食作物，食用豆的消费量开始下降；到1991年，中国食用豆消费量已经降至205万吨。此后，随着我国居民口粮问题的逐步解决和健康饮食的倡导，从1994年起，中国食用豆消费量又开始回升，2002年达到526万吨，之后又有所回落，2009年在393万吨左右。目前正处于逐步恢复期，年消费量维持在 400 万吨以上。

纵观新中国成立以来中国食用豆的消费历史，以 20 世纪 90 年代初期为分界点，食用豆消费功能发生了根本性改变，整体消费趋势呈现"V"形变化，由此导致了中国食用豆消费呈现两个不同变化趋势的阶段。①新中国成立初期至 90 年代初期为第一阶段。基本特征是食用豆消费量逐步下降，到 1991 年、1992 年到达谷底，1962—1992 年的 30 年间，食用豆消费量年均递减 5.6%。食用豆消费量下降的主要原因，是由于早期中国粮食产量相对不足，食用豆消费的主要功能是满足口粮需要，解决温饱问题，在口粮结构中占有较大比重；这期间，随着国家采取积极措施大力发展粮食种植，中国粮食产量不断增长，粮食短缺问题逐步得到解决，温饱问题得到缓解，人们的口粮消费结构中小麦、稻谷、玉米等大宗粮食比重日益上升，食用豆在口粮结构中的比重日益下降，从而导致中国食用豆总消费量逐步下降。②90 年代初期至今，是食用豆消费的第二个阶段。这期间，由于人们的温饱问题逐步得到解决，居民收入不断增长，市场体制逐步建立，人们生活水平不断提高，由重点追求吃饱逐步转向吃好，人们更加关注营养均衡和饮食健康，由于食用豆丰富的营养物质和独特的保健功效，成为人们日益追求的重要消费品，并由此推动了食品工业对食用豆的需求。再加上畜牧业的发展拉动了饲料工业的发展，饲料用食用豆呈现上升趋势，人们直接消费需求上升、食品工业需求扩大、饲料用豆增加，导致食用豆消费量由以前的下降态势逐步转变为缓慢增长态势。1992—2011 年的 20 年间，食用豆消费量年均递增 6.3%。

1992 年以来的近 20 年，从中国食用豆消费量的变化可以看出，虽然这一阶段中国食用豆消费量总体上在波动中缓慢上升，但却呈现出先上升后下降的态势。基本上是以 2002 年为分界点，分为两个小的阶段，1992—2002 年的 10 年间持续上升，消费量年均递增 14.49%；2002—2011 年的 10 年间缓慢下降。这主要是由于 2003 年以来，中国大宗粮食生产的不断扩张对食用豆生产形成挤压，导致食用豆生产种植面积萎缩，总产量下降，国内供给减少；加上生产成本上涨等因素导致了食用豆价格不断上升，从而在一定程度上抑制了人们对食用豆的日常消费。近年来，随着进口食用豆的大量增加，以及政府对食用豆市场价格的干预，食用豆价格逐步趋稳；加上人们收入水平的逐步提高，购买力不断提升，对食用豆的消费又呈现逐步上升势头。

随着人们生活水平的逐步提高和对健康饮食的不断追求，食用豆在中国消费量将进一步呈现稳定上升态势。目前，全国人均消费食用豆比例偏低。中国食用豆库存很少，可以假设为零；2011年，中国食用豆总产量约为459.89万吨，出口99.20万吨，进口79万吨；2011年，食用豆的国内消费量约为440万吨，2011年全国总人口13.4735亿人，每年人均消费仅3.27千克，而日本每年人均消费达到9.9千克。黑龙江虽然是芸豆、绿豆和小豆等食用豆生产的大省，但人均消费量仍然比较低，人均每天消费仅为11.7克。

现在，我国城乡居民收入水平明显提高、消费方式显著变化、消费结构加速升级，对食物的消费观念不再仅限于"吃得饱"，而是逐步向"吃得好""吃得营养""吃得健康"转变。食用豆是人类膳食中最安全、最经济、最有效的食药同源食物，能有效解决人们的营养安全问题。随着人们对食用豆保健功能认识的不断深入，食用豆消费将不断增加，食用豆消费具有广阔的市场空间。

（二）消费品种

我国居民日常消费的食用豆种类较多，有20多个品种，主要有蚕豆、豌豆、绿豆、豇豆、小豆、黑吉豆、饭豆、普通菜豆、多花菜豆、小扁豆、鹰嘴豆、木豆、四棱豆等。但中国食用豆消费量最大的是豌豆，其次是蚕豆，二者合计约占食用豆总消费量的80%。从2010年中国食用豆消费的品种结构看，豌豆占41.7%，蚕豆占37.6%，扁豆占3%，山药豆、豇豆和刀豆占4.2%，四季豆、利马豆、红小豆、绿豆、黑豆、红花菜豆、蛾豆、鹰嘴豆等其他豆类占13.5%。

根据联合国粮农组织的分类，干菜豆主要包括四季豆、利马豆、红小豆、绿豆、黑豆、红花菜豆、蛾豆等食用菜豆。20世纪60年代初期，中国干菜豆消费量在230万吨左右；之后的近20年，一直徘徊在180万吨左右的水平；改革开放以后，干菜豆消费开始下降，1994年全国干菜豆消费量仅为73.6万吨；之后有所恢复，2002年达到131万吨。此后又有所下降，到2010年，全国干菜豆消费量为48万吨左右。由于干菜豆和肉类具有蛋白质来源的替代关系，随着肉类人均消费量的增加，削弱了干菜豆的消费量。目前，由于人们对营养和健康的日益重视，干菜豆的消费量比前几年有所增加，每年在60万吨以上。

蚕豆含有8种人体必需的氨基酸，碳水化合物含量为47%~60%，营养价值丰富，可食用，也可制酱、酱油、粉丝、粉皮和作蔬菜，还可作饲料、绿肥和蜜源植物种植。在 20 世纪 60 年代初期，中国蚕豆消费量维持在 400 万吨左右的水平上，1962 年最高达到 438.2 万吨，之后逐年下降，1966 年降至 273.9 万吨，较 1962 年下降了 37%。1967—1997 年，中国蚕豆消费经历了近 30 年的缓慢下降期，由 1967 年的 274.7 万吨降至 1997 年的 145.4 万吨，降幅 47%，年均下降 2.1%。蚕豆消费在 2003 年曾一度恢复至 201.1 万吨，2010 年又降至 138 万吨的水平。2011 年蚕豆国内生产量约为 155 万吨，出口 1.67 万吨，进口 0.03 万吨，蚕豆的国内消费量在 153.36 万吨的水平。目前，中国干蚕豆消费量基本维持稳定，但是鲜食蚕豆消费量增加十分迅速，消费量主要增加在大中城市。

鹰嘴豆是世界第三大食用豆类，是世界上栽培面积较大的豆类植物，印度和巴基斯坦两国的种植面积占全世界的 80% 以上，中国只有零星分布。从总量上来看，中国鹰嘴豆消费主要集中在新疆等少数民族地区，消费量不大，最高的年份也只有 1 万吨左右。从消费增长趋势来看，中国鹰嘴豆消费整体呈上升趋势，由于鹰嘴豆主要用于食用，因而与小麦、大米等主粮的消费具有一定的替代关系。鹰嘴豆的消费年度间波动较大，1992—1999 年，中国鹰嘴豆消费量由 1 961 吨增至 5 431 吨，之后又下降至 2002 年的 1 377 吨。2003 年开始，中国鹰嘴豆消费量快速上升，2004 年达到 9 208 吨，之后徘徊在目前 1 万吨左右的水平上。

扁豆是中国人饭桌上的常见菜肴，营养丰富，深受中国居民欢迎。从历史看，扁豆的消费量总体上呈现增长的态势。1984—2010 年，中国扁豆的消费量从 2.5 万吨增长到 10.7 万吨，增长了 3.3 倍。但是扁豆消费年际之间波动较大。1984—2010 年，扁豆消费变化可以分为四个阶段：第一个阶段是 1984—1990 年的快速增长阶段，这一阶段扁豆的消费量，从 1984 年的 2.5 万吨增长到 1990 年的 8 万吨，年均增长 21.4%；第二阶段是 1990—1994 年的下降阶段，这一阶段扁豆的消费量，从 1990 年的 8 万吨下降到 1994 年的 5.3 万吨，年均下降 10%；第三阶段是 1994—1996 年的快速恢复阶段，这一阶段扁豆的消费量，从 1994 年的 5.3 万吨增长到 1996 年的 9.2 万吨，年均增长 32.5%；第四阶段是 1996—2010 年的波动增长阶段，这一阶段扁豆的消费量，从 1996 年的 9.2 万吨增长到 2010 年的 10.7 万吨，年均仅增长 1.1%。

豌豆是中国消费量较大的一种重要食用豆类。从历史看，豌豆的消费量总体上呈现下降的态势。1961—2010 年，中国豌豆的消费量从 294.5 万吨下降到 148.3 万吨，下降了 49.6%。从豌豆的消费变化情况看，豌豆消费可以分为四个阶段：第一阶段是 1961—1969 年的快速下降阶段，豌豆的消费量从 294.5 万吨下降到 194.5 万吨，年均下降 5.1%；第二阶段是 1969—1984 年的波动增长阶段，豌豆的总消费量在波动中缓慢增长，消费量从 1969 年的 194.5 万吨增长到 1984 年的 207 万吨；第三阶段是 1984—1992 年的快速下降阶段，这一阶段豌豆的消费量，从 207 万吨下降到 80.5 万吨，年均下降 11.1%；第四阶段是 1992—2010 年的稳定增长阶段，这一阶段豌豆的消费量，从 80.5 万吨增长到 148.3 万吨，年均增长 3.5%。2010 之后，中国从加拿大进口豌豆量剧增，进口豌豆主要用于制作豌豆粉丝，此类豌豆消费在中国增加很快。2011 年，中国豌豆国内总产量约 119 万吨，出口 0.18 万吨，进口 73.05 万吨，国内消费总量攀升到 191.87 万吨的水平。

其他食用豆类主要包括豇豆、山药豆和刀豆等，虽然产量和消费都不大，但因其具有很高的营养价值，也是一些地区人们日常生活中不可缺少的重要食物。例如，豇豆性味甘平，健胃补肾，含有易于消化吸收的蛋白质、多种维生素和微量元素等，所含磷脂可促进胰岛素分泌，是糖尿病人的理想食品；山药豆与野生山药有同等的药用价值；刀豆含有尿毒酶、血细胞凝集素、刀豆氨酸等。从历史看，其他食用豆类的总消费量总体上呈现增长的态势，1961—2010 年，总消费量从 0.7 万吨增长到 15 万吨。其总消费的增长可以分为两个阶段：第一阶段是 1961—1992 年的波动阶段，其总消费量从 1961 年的 0.7 万吨增长到 1992 年的 3.7 万吨，其间总消费量的波动比较大；第二阶段是 1992—2010 年的快速增长阶段，其总消费量从 1992 年的 3.7 万吨增长到 2010 年的 15 万吨，年均增长 8.1%。

（三）消费用途

20 世纪 90 年代之前，中国食用豆主要用于食用消费，但是比例一直处于下降态势，1961 年中国食用豆总消费中，食用消费大约在 83.6% 左右，2003 年降至 35% 左右，2009 年又恢复至 46.5%。食用豆的饲料消费量整体呈增长态势，在总消费中的比例也呈上升态势。1961 年中国食用豆饲料消费所占比例仅为 1.7%，到 2009 年已经上升至 42.6%。

从干豆的消费结构来看，在 1990 年之前干豆的主要用途是食用消费，比例高达 90% 左右，此后不断下降，目前食用消费约占 50% 左右。从 1991

年开始，饲用消费的比例不断上升，到 2003 年饲用比例高达 60%，近几年这一比例稳定在 40% ~ 50%。干豆的种用和浪费的比例一直很低，种用的比例大概在 10%，而浪费的比例在 5% 以下。

从豌豆的消费结构来看，豌豆的消费同样是以食用消费为主，1990 年之前，食用的比例高达 70% 左右，从 1990 年开始，饲用的比例开始上升，到 2009 年饲用的比例达到 43%，比食用 48% 的比例略低。种用和浪费的比例比较小，种用的比例大约在 5%，而浪费的比例大约在 3%。目前，豌豆的消费结构没有大的变化。

其他豆类和干豆、豌豆的消费结构相类似，也是由以食用为主逐步向食用、饲用并重转变。因此，食用的比例不断下降，从 1961 年的 82.4% 下降到 2009 年的 48.5%；而饲用的比例不断上升，从 1.6% 上升到 43%。种用和浪费的比例比较稳定，种用比例稳定在 6% 左右，而浪费率稳定在 3% 左右。

（四）未来消费需求

1992—2011 年的 20 年间，从食用豆消费量变化看，我国食用豆消费量年均递增 6.3%。未来随着我国居民生活水平的提高和科学饮食理念的倡导，居民更加关注健康饮食，更加注重膳食结构的调整，食用豆消费量会逐步增多，甚至是快速增加。综合分析各种因素，未来 10 年，我国食用豆消费年增长速度不会低于前 20 年的平均水平。因此，如果按照前 20 年间年均 6.3% 的实际速度保守预测，10 年后我国食用豆年消费量将比现在翻一番，达到 800 万吨。实际上，在前 20 年间，有 10 年时间食用豆消费呈现高速增长势头，即 1992—2002 年消费量年均递增达到 14.4%。如果按照这个速度预测，10 年后我国食用豆年消费量将超过 2 000 万吨，约是现在的 5 倍。此外，考虑到未来我国经济发展水平与日本、韩国等邻国差距进一步缩小，这些与我国居民饮食具有一定联系或者相似性的周边国家，其现在的食用豆消费状况也许就是我国未来 10 年食用豆的消费状况，因此这些国家目前食用豆消费情况对我国具有一定的参考借鉴作用。如果按照现在日本人均年消费食用豆 9.9 千克的标准，未来 10 年我国年消费食用豆将达到 1 400 万吨。

根据预测，到 2020 年，我国食用豆总需求量将上升到 1 055.17 万吨，基本恢复到 1962 年的水平，比 2011 年的总需求量翻一番还多；其中居民直接食用消费量为 305.25 万吨，食品工业用量为 149.49 万吨，饲料用量为 298.7 万吨,出口贸易量为 196.21 万吨,种子消耗、正常损耗及其他用量为 105.52 万吨。到 2025 年,我国食用豆总消费需求将进一步上升到 1 525 万吨,比 2011 年接近翻两番。其中居民直接食用消费量达到 456.02 万吨,食品工业用量达到 240.76 万吨,饲料用量上升到 390.02 万吨,出口贸易量为 286.56 万吨,种子消耗、正常损耗及其他用量为 152.6 万吨。为满足我国未来食用豆消费不断增长的需求,必须制定正确的产业发展战略,采取积极有效措施,进一步扩大生产规模,努力提升食用豆综合生产能力,推动我国食用豆产业的健康发展。

七、中国食用豆贸易现状

中国食用豆的出口额远远大于进口额,主要出口品种是芸豆和绿豆,主要进口品种是豌豆。近年来,中国食用豆的进口贸易增长非常迅速,而出口贸易的增长较为平稳。中国食用豆的进口均价与出口均价的相关度较低,这意味着中国食用豆的进口市场和出口市场存在着差异。从数据来看,中国食用豆的出口均价高于进口均价,且差额有扩大趋势。从各种食用豆进出口均价的相关性来看,出口均价相关性较高,进口均价的相关性很低,或基本没有相关性。

2011 年,从食用豆的主要贸易国来看,中国豌豆的主要进口国家为加拿大,进口额占当年中国豌豆进口贸易额的 94.76%,主要出口国家为日本和泰国,出口市场份额分别为 36.55% 和 22.6%;中国芸豆的主要进口国是缅甸,进口份额占到 47.2%,芸豆的出口市场非常分散,中国共向 92 个国家和地区出口芸豆,单个出口国的贸易份额并不高,其中对南非、意大利、印度、巴基斯坦、巴西的出口贸易额最大;中国绿豆的主要进口国家是缅甸,进口市场份额占到 86.35%,主要出口国家是日本,出口市场份额占到 54.97%;中国豇豆的主要进口国家是荷兰和意大利,主要出口国家是印度尼西亚;中国红小豆的主要进口国家是加拿大,主要出口国家是韩国和日本;中国蚕豆的进口额非常小,主要出口国家是日本、墨西哥和泰国。

(一) 食用豆出口情况

中国是食用豆的出口大国,1994 年的食用豆出口量曾达到创纪录的 128.31 万吨,随后的 1995 年和 1996 年食用豆出口量大幅下降,之后食用豆出口量呈缓慢上升趋势,到 2011 年,食用豆出口量达到 99.2 万吨,稍高于 1992 年的 88.41 万吨。食用豆的出口额则因价格的变化,在 1992—

2005 年间，呈现震荡趋势，2005 年后，出口额有较大幅度上升，在 2011 年达到 91 813万美元，较 2005 年增长了 2.48 倍。

近年来，芸豆和绿豆在中国食用豆出口中占有绝对比重，2011 年，芸豆的出口量和出口额占比分别为 79.14% 和 65.85%，而绿豆的出口量和出口额占比则为 11.86% 和 22.23%。从长期来看，芸豆是中国历年来的食用豆主要出口品种，绿豆和红小豆的出口则次之；蚕豆在 2000 年前，在中国食用豆出口中占有一定比例，但之后出口占比下降到较低水平；豇豆和豌豆在中国食用豆出口中占比一直处于较低水平。

芸豆是中国出口额最大的食用豆品种。近年来，中国芸豆的出口量和出口额稳步增长，从 1992—2011 年，芸豆出口量和出口额的年均增长率分别为 4.43% 和 8.96%。到 2011 年，中国芸豆的出口量和出口额分别达到 76.52 万吨和 60 462.53万美元。2011 年，中国共向 92 个国家和地区出口芸豆，其中对南非、意大利、印度、巴基斯坦、巴西的出口贸易额最大；此外，阿联酋、美国、委内瑞拉等 25 个国家在中国芸豆贸易出口额中的市场份额都在 1% 以上。中国芸豆的出口市场非常分散，出口市场的集中度很低，单个出口国的贸易份额并不高。

绿豆是中国第二大食用豆出口品种。绿豆的出口贸易波动较大，出口量和出口额分别在 1995 年、1999 年、2002 年和 2009 年出现四个小高峰。在 20 年间，中国绿豆出口贸易的增长幅度并不大，但波动剧烈，到 2011 年，绿豆的出口量和出口额分别为 11.46 万吨和 20 412.21万美元。2011 年，中国共向 64 个国家和地区出口绿豆，中国绿豆的出口贸易市场集中在日本、越南、美国等国家，集中度较高。其中对日本的出口额为 11 221.25万美元，占比达到 54.97%。

2011 年，中国豇豆出口贸易额也相对较小，出口额为 2 150.53万美元，其中印尼是中国豇豆的主要出口国家，出口份额占 40.54%。中国红小豆出口额为 6 465.64万美元，主要出口国家是韩国和日本，出口份额分别占 44.41% 和 31.86%。中国蚕豆出口额达到 2 142.17万美元，主要出口国家是日本、墨西哥和泰国，出口份额占比分别是 33.2%、24.5% 和 14.23%。中国豌豆的出口贸易额相对较低，2011 年为 179.59万美元，主要出口国家为日本、泰国、美国和越南，其中，对日本和泰国两国的豌豆出口额占到当年豌豆出口贸易额的近 60%，我国台湾也是主要消费地区之一。

（二）食用豆进口情况

随着国内消费水平的提高以及对食用豆多样化需求的增加，中国的食用豆进口量从1992年的2.86万吨迅速攀升到2011年的75.12万吨，进口额从1992年的785万美元急剧增加到2011年的31 556万美元，年均增长率分别为18.77%和21.46%。但在2004年以前，中国食用豆的进口量变化并不大，2004年的进口量和进口额分别为82 531吨和1 910万美元，但2005年的进口量和进口额则较2004年有近3倍的增长。随后，中国的食用豆进口步入了一个急速发展阶段。

按不同品种来看，中国食用豆的进口贸易量差别非常大，近年来的主要进口品种是豌豆，进口贸易量相对较小的是绿豆、红小豆、豇豆和芸豆，而蚕豆的进口量最小。在1995年以前，豇豆和绿豆在中国食用豆的进口贸易中占有较大比重，但在1995年后，豌豆则成为中国食用豆最主要的进口品种。2011年，豌豆的进口量和进口额分别占到食用豆贸易量的97.23%和93.5%，占有绝对比重。芸豆除在1992年进口占比较大外，其他年份的进口占比都很小。红小豆则在1995年有较大的进口占比，其他年份进口占比很小。蚕豆一直是中国食用豆进口贸易中占比最小的品种，其中在2003—2005年间，中国未进口蚕豆。

豌豆是中国最主要的食用豆进口品种，从2004年开始，中国豌豆的进口贸易量开始大幅攀升，到2011年，中国豌豆的进口贸易量和进口贸易额分别达到73.04万吨和29 504.49万美元，分别占到中国食用豆贸易量和贸易额的90%以上。从1992—2011年，中国豌豆进口量和进口额的年均增长率分别为57.04%和56.76%，增速非常高。2011年，中国豌豆主要进口国家为加拿大、美国、英国、澳大利亚，其中来自加拿大的豌豆进口额占到当年中国豌豆进口贸易额的94.76%，我国台湾地区的进口量也居于前几位。

2011年，中国芸豆进口额达到315.78万美元，其中缅甸是中国芸豆最大的进口贸易国，进口份额占到47.2%。中国豇豆进口额仅为10.66万美元，荷兰、意大利、美国等国家是中国豇豆的主要进口国家。中国红小豆进口额仅有89.43万美元，仅从三个国家进口红小豆，其中从加拿大进口红小豆的贸易额占比达到77.32%。中国绿豆进口额达到1 626.88万美元，其中缅甸是中国绿豆最大的进口国家，进口贸易额占到绿豆总进口额的86.35%，进口集中度较高。中国蚕豆进口额仅为8.95万美元，进口国家有三个，其中从意大利的进口额占了77.57%。

八、中国食用豆发展趋势

中国是传统的食用豆生产大国、消费大国和出口大国，具有较强的出口贸易竞争优势。中国是世界第三大食用豆生产国，占世界食用豆总产量的7%。中国也是最重要的食用豆消费国，占世界食用豆消费量的6%左右。中国是食用豆的出口大国，也是食用豆净出口国，食用豆已经成为中国农业中为数不多的继续保持贸易顺差的农产品。中国食用豆比较优势和国际竞争力虽然呈现持续下降趋势，但仍维持较强的竞争优势。

从国际贸易看，食用豆是我国农业中为数不多的继续保持贸易顺差的优势农产品，其中，芸豆出口量最大，其次是绿豆和小豆，豌豆进口量最大。短期内，中国食用豆还将以其独特的品质优势和贸易比较优势占领国内外市场，将继续保持净出口格局。从食用豆品种来看，我国蚕豆、红小豆、豇豆、绿豆和芸豆等食用豆将继续保持稳定出口贸易的格局，而豌豆将继续扩大进口。

近年来，随着人们可支配收入、特别是贫困人口可支配收入的增加，食用豆的需求迅速增长。但是，目前我国食用豆生产量仅有四五百万吨，不能满足居民消费增长的需要。因此，必须采用有效措施，通过构建食用豆现代产业体系、完善食用豆产业政策等措施，加快食用豆产业的发展，提升食用豆综合生产能力，扩大食用豆产量，以满足人们日益增长的消费需要。

第二章 食用豆优良品种介绍

第一节 食用豆分类

一、分类方法

（一）生物学分类

豆科（Leguminosae），可以分为蝶形花亚科（Papilionoideae）、云实亚科（Caesalpinioideae）、含羞草亚科（Mimosoileae），共 750 个属，约有 20 000个种。蝶形花亚科约有 525 个属 10 000个种，中国有 103 个属 1 000多个种。

在蝶形花亚科中，依照果实类型、叶子种类和子房特征，把食用豆分为 10 个族。其中，菜豆族（Phaseoleae）和野豌豆族（Vicieae）的许多种，已经成功地作为食用豆类作物来栽培。菜豆族的主要属有：大豆属、木豆属、瓜尔豆属、黎豆属、刀豆属、菜豆属、豇豆属、扁豆属、四棱豆属；野豌豆族有：野豌豆属、兵豆属、豌豆属、鹰嘴豆属。

（二）按成分分类

按照种子的营养成分含量，食用豆又可分为两大类。

（1）高蛋白、中脂肪、低淀粉类。是指食用豆籽粒中的蛋白质含量高，在35% ~40%；脂肪含量中等，在15% ~20%；淀粉含量较少，在35% ~40%。如羽扇豆、四棱豆等。

（2）中蛋白、低脂肪、高淀粉类。是指食用豆籽粒中的蛋白质含量中等，在20% ~30%；脂肪含量低，小于5%；淀粉含量高，在55% ~70%。如蚕豆、豌豆、绿豆、小豆、豇豆、饭豆、鹰嘴豆、黑吉豆、乌头叶菜豆、菜豆、利马豆、小扁豆、扁豆、木豆、刀豆、狗爪豆等。目前，我国栽培的食用豆主要是中蛋白、低脂肪、高淀粉类的。

（三）栽培上分类

目前，人类栽培的食用豆，在植物学上分为 15 个属 26 个种。在食用豆的栽培中，常用的分类方法主要有以下三种。

1. 根据子叶是否出土分类

食用豆种子发芽时，子叶有出土和留土两种类型。

（1）子叶出土类。发芽时，下胚轴延长，出苗时子叶出土。如绿豆、豇豆、普通菜豆、利马豆、藕豆、刀豆、瓜尔豆、黑吉豆、乌头叶菜豆等。

（2）子叶留土类。发芽时，下胚轴不延长，出苗时子叶不出土。如蚕豆、豌豆、小豆、鹰嘴豆、小扁豆、饭豆、多花菜豆、木豆、四棱豆、山黧豆、黎豆等。

2. 根据种植和生长季节分类

根据种植和生长季节的不同，可以把食用豆分为三类。

（1）冷季豆类。北方早春播种、夏初收获，或南方秋末播种、初春收获的食用豆类，抗冻性强，耐热性弱。有蚕豆、豌豆、鹰嘴豆、白羽扇豆、窄叶羽扇豆、小扁豆、山黧豆、葫芦巴豆等。

（2）暖季豆类。南北方均可春、秋播种收获的食用豆类，抗冻性、耐热性均中等。有普通菜豆、小豆、多花菜豆、利马豆、藕豆等。

（3）热季豆类。南北方均夏播夏收的食用豆类，抗冻性弱，耐热性强。有绿豆、豇豆、木豆、饭豆、黑吉豆、黎豆、刀豆、四棱豆等。

3. 根据对光周期的反应分类

食用豆因其原产地所在的纬度不同，形成了长日性和短日性两种生态类型。因此，可将食用豆类分为长日性和短日性两大类。

（1）长日性食用豆类。冷季豆类均为此类，有蚕豆、豌豆、鹰嘴豆、白羽扇豆、窄叶羽扇豆、小扁豆、山黧豆、葫芦巴豆等。

（2）短日性食用豆类。热季豆类和暖季豆类均属此类，有绿豆、小豆、豇豆、木豆、饭豆、黑吉豆、黎豆、刀豆、四棱豆、普通菜豆、多花菜豆、利马豆、藕豆等。

目前，我国种植的食用豆主要有绿豆、红小豆、蚕豆、豌豆、豇豆和普通菜豆等 20 多种，主要分布在中国东北、华北、西北、西南的干旱半干旱地区以及高寒冷凉地区。本书主要介绍绿豆、红小豆、豌豆、豇豆、鹰嘴豆 5 种食用豆。

二、几种主要食用豆

（一）绿豆

1. 特征特性

绿豆（*Vigna radiata* L.），属于豆科（Leguminosae）、蝶形花亚科（Papilionoideae），菜豆族（Phaseoleae），豇豆属（*Vigna* L.），又名青小豆，别名菉豆、植豆、吉豆、文豆等，英文名 Mung bean、Green gram，一年生草本自花授粉植物，染色体组为 2n = 22。

绿豆是短日性热季豆类，种子在田间出苗时子叶出土。绿豆全生育期70～110天；直根系，幼茎有紫色和绿色；植株有直立、半蔓生、蔓生三种，结荚习性分为有限、亚有限和无限三种，目前选育和推广的绿豆主要是株型直立、有限或亚有限结荚习性品种。株高一般在40～100厘米，主茎10～15节；叶卵圆形或阔卵圆形，总状花序，花黄色；果实为荚果，荚果长6～16厘米，单株荚数30个左右，单荚粒数12～14粒。成熟荚有黑色、褐色和褐黄色，呈圆筒形或扁圆筒形；种子有圆形、球形两种，种子分有光泽（明绿，有蜡质）和无光泽（暗绿，无蜡质）两种，种皮颜色主要有绿（深绿、浅绿、黄绿）、黄、褐、蓝、黑五种，种子还可分为大粒（百粒重6克以上）、中粒（百粒重4～6克）、小粒（百粒重4克以下）三种类型。一般我国东北品种多为大粒型，华北品种多为中粒型，华南则多为中粒型或小粒型。绿豆以颜色浓绿而富有光泽、粒大形圆整齐、煮之易酥的品质为最好。

2. 营养价值

绿豆是粮、菜、药、饲兼用作物，被誉为粮食中的"绿色珍珠"，有"济世之食谷"之说，我国明代被名医李时珍称为"菜中佳品"。绿豆营养丰富，籽粒中蛋白质含量高达19.5%～33.1%，明显高于禾谷类作物，是小麦面粉的2.3倍、玉米面的3倍、大米的3.2倍、小米的2.7倍。绿豆中蛋白质所含的氨基酸比较完全，特别是苯丙氨酸和赖氨酸的含量较高，其赖氨酸的含量是小米的3倍。另外，每100克绿豆中含有脂肪9.8克，而且绿豆中还含有多种维生素，如维生素 B_1、维生素 B_2、尼克酸，及钙、磷、铁等矿物质元素，是我国人民的传统豆类食品。

中医认为绿豆性凉味甘，有清热解毒、止渴消暑、利尿润肤的功效。绿豆汤是人人皆知的夏季较好的解暑饮料，绿豆还含有降血压及降血脂的成分。

3. 生产分布

绿豆起源于东南亚，中国在起源中心之内，有 2 000 多年的栽培历史。绿豆是喜温作物，在温带、亚热带和热带地区广泛种植。亚洲绿豆种植面积较大的国家有中国、印度、泰国、缅甸等，其他如印度尼西亚、巴基斯坦、菲律宾、斯里兰卡、孟加拉、尼泊尔等国家也栽培较多。近年来，美国、巴西和澳大利亚及其他一些非洲、欧洲、美洲国家的种植面积也在不断扩大。

在中国，全国各地都有种植，主要集中在黄淮海流域及华北平原，种植省份主要有内蒙古、吉林、河南、河北、陕西、山西、黑龙江等，在山东、安徽、江苏、辽宁、天津等省市，也有一定的种植面积。20 世纪 50 年代中期，中国绿豆生产与出口均属世界首位。1957 年，栽培面积约为 153 万公顷，总产量 80 万吨，人均占有 1.74 千克。50 年代末期开始减少，以后面积大幅度下降。1979 年以来，种植面积有所回升。随着我国人民生活水平的提高，绿豆加工种类的增多，食用绿豆的消费数量出现快速增长。自 2000 年起，我国绿豆种植面积逐步扩大，且近几年呈稳步发展的趋势。2002 年、2003 年是一个种植高峰，播种面积超过 90 万公顷，分别达到 97.1 万公顷和 93.23 万公顷；产量接近 120 万吨，分别达到 118.45 万吨和 119 万吨；绿豆单产水平在 1 230 千克/公顷左右，2005 年单产超过 1 400 千克/公顷。近几年，因价格忽高忽低，播种面积有起有伏，总产量维持在 95 万吨左右的水平。

中国是世界绿豆的主要生产国，播种面积和产量均居世界前列，占世界总产量的 30% 以上。目前，我国绿豆栽培面积居世界首位，常年播种面积在 80 万～90 万公顷。同时，我国也是世界上最大的绿豆出口国，年出口量在 20 万吨左右，以陕西榆林绿豆、吉林白城绿豆、内蒙古绿豆、河南绿豆、张家口鹦哥绿豆出口量最大。出口到全世界的 60 多个国家和地区，其中日本是进口中国绿豆的第一大国，常年进口量在 4 万吨以上。另外，越南、菲律宾、美国、韩国、荷兰、英国、加拿大、法国、印度尼西亚、比利时以及我国的香港、台湾等也是国内绿豆的主要出口国家和地区。近年来，缅甸的绿豆产业逐渐崛起，出口量约占本国总产量的 80%，主要出口印度、中国、马来西亚和印度尼西亚。

4. 种质资源

种质资源是绿豆新品种选育、遗传研究、生物技术研究和农业生产的重要物质基础。目前，国外的绿豆资源主要保存单位有泰国农业大学农学院、世界蔬菜研究与发展中心（总部位于我国台湾彰化）、印度旁遮普农业大学及国家植物资源管理局（NBPGR）、美国农业部引种站及密苏里大学、日本农业资源研究所等单位，以上单位累计收集和保存各种绿豆资源 3 万份左右。其中，世界蔬菜研究与发展中心亚洲区域中心（ARC-AVRDC），作为国际生物多样性中心指定的绿豆资源保存中心，是世界上最大的绿豆品种资源收集、保存与研究机构，共收集绿豆资源 6 000 余份，一些珍贵的抗虫种质即由该中心收集并保存。按照不同绿豆资源分类，亚洲绿豆可分为中国、印度、巴基斯坦、缅甸、阿富汗、马来西亚等几个中心。我国绿豆资源的主要保存和研究单位有中国农业科学院作物科学研究所、河北省农林科学院等单位，共保存各类绿豆种质资源 1 万份以上。

中国作为绿豆原产国，自 1978 年起，我国就已经将绿豆种质资源研究正式列入国家重点研究课题，由中国农业科学院作物品种资源研究所组织各省市区的有关科研单位，广泛开展绿豆种质资源的收集、保存、鉴定评价和创新利用研究。目前，我国已收集到国内外绿豆种质资源 10 000 余份，其中 5 600 多份已编入《中国食用豆类品种资源目录》，并对约 40% 的种质资源进行了主要营养品质分析、抗病虫和抗逆性鉴定，根据这些种质资源的评价数据，确立了绿豆优异资源目录，为绿豆品种改良中亲本的选择等提供了种质基础。对中国国内的部分资源进行筛选，没有发现能够稳定遗传的抗豆象资源。

目前，我国的绿豆品种资源数量多，类型丰富，遍布全国各地。我国绿豆品种数量较多的省份依次是河南、山东、山西、河北、湖北、安徽等省。早熟类型品种主要分布在河南省，大粒型品种以山西、山东、内蒙古、安徽等省（区）较多，河北、安徽、吉林等省的绿豆资源的单株荚数较多。高蛋白型品种主要在湖北、山东、北京和河北等省（市），高淀粉型品种则在河南、山东和内蒙古。山西、山东、内蒙古、吉林和湖北等省（区）的绿豆抗旱性较好，山西的品种耐盐性能较好。国外引进品种比国内绿豆资源抗叶斑病能力强，抗根腐病性较好的品种主要在山东、安徽和河北等省，内蒙古和山西的品种较抗蚜虫。目前，我国已经评选出一批特大粒优异种质资源。

与大宗作物相比，绿豆的种质资源利用率较低，品种改良方法仍局限于常规育种手段，遗传研究基础薄弱，尤其是现代分子遗传学研究落后，导致绿豆新品种选育进程缓慢，育种效率低下，限制了绿豆产业的进一步发展。

5. 育种研究

早期的绿豆新品种选育主要围绕系统选育、国内外引种和人工杂交等常规方法。育种进程比较缓慢，但是近几十年来，各绿豆主产国在新品种选育中均取得了卓越成效。通过对地方品种资源的评价与鉴定，分别筛选出了一批优异的新种质，如韩国和日本的黄粒资源、印度的高蛋白和抗病品系、泰国的抗热资源等。这些新品种（系）均不同程度地解决了当地绿豆育种及生产中存在的一些问题，为绿豆的高产、抗病、优质提供了一定保障。

20世纪80年代后期，中国不断改良绿豆品种，绿豆生产有了较快发展。在绿豆品种的改良上，研究工作大致可分为三个阶段。第一个阶段是1978—1985年，全部使用传统的地方品种，混杂退化现象严重，加之栽培技术落后，致使绿豆单产很低，全国平均单产水平不到750千克/公顷，有些地方只有300千克/公顷。第二个阶段是1986—1990年，中国先后从国外引进100多个绿豆品种（系），进行筛选改良并在全国推广应用，实现了我国第一次全国性绿豆品种的更新换代。第三个阶段是1991—2005年，针对中国绿豆生产中存在的问题，科研人员加快品种改良步伐，培育了一批适合在中国不同地区种植的优良品种，实现了第二次全国性绿豆品种的更新换代。目前，随着我国现代农业食用豆产业技术体系的成功建设，各地选育出了一批优质、高产且各具特色的绿豆新品种。

（二）小豆

1. 特征特性

小豆（*Vigna angularis*（Willd.）Ohwi&Ohashi），属于豆科（Leguminosae），蝶形花亚科（Papilionoideae），菜豆族（Phaseoleae），豇豆属（*Vigna* L.）。英文名 Adzuki bean、Small bean。古名答、小菽、赤菽等，别名红小豆、红豆、赤豆、赤小豆等，为一年生草本自花授粉植物。染色体组为 $2n=22$。

小豆是短日性暖季豆类，种子在田间出苗时子叶不出土。一般生育期80～120天，株高一般在80～100厘米。直根系，茎绿色或紫色，主茎节

10~20个，生长习性有直立、半直立（半蔓生）和蔓生三种；叶子多为圆形，也有披针形；总状花序，蝶形花冠，花黄色或淡灰色；果实为荚果，荚长5~14厘米，每荚4~18粒，荚有圆筒形、镰刀形和弓形；种子可分为短圆柱、长圆柱和近似球形三种，种皮颜色有单色、复色、各种花斑和花纹等，种皮有红、黑、灰、绿、黄、褐6种颜色；种子百粒重一般5~21克，分为小粒（百粒重6克以下）、中粒（百粒重6~12克以下）和大粒（百粒重12克以上）三种类型。通常一般产量为150~250千克/亩。

2. 营养价值

小豆又称赤小豆，食用和药用价值都比较高，是高蛋白、低脂肪、医食同源作物。小豆含有多种营养成分，其籽粒中含有蛋白质19%~29%，碳水化合物55%~61%，还含有人体所必需的钙、铁、磷、锌等微量元素，B族维生素和8种氨基酸，其中赖氨酸含量高达1.8%。据检测，每100克红小豆中，含蛋白质21.7克，脂肪0.8克，碳水化合物60.7克，钙76毫克，磷386毫克，铁4.5毫克，硫胺素0.43毫克，核黄素0.16毫克，烟酸2.1毫克。小豆经济价值较高，适口性好，是国内外人们喜爱的保健食品。

在医药上有清热解毒、保肝明目、降低血压、消胀止吐、防止动脉硬化等多种医疗功效。据《本草纲目》记载，小豆对肾脏、便秘、下痢、利尿、肿疡、脚气、切迫流产、难产等阴性病和高山病有治疗效果，被李时珍誉为"心之谷"。历代医药学家的临床经验说明，红小豆有解毒排脓、利水消肿、清热去湿、健脾止泻的作用，可消热毒、散恶血、除烦满，健脾胃。

3. 生产分布

小豆起源于中国，主要分布在亚洲，从喜马拉雅山西侧的印度、尼泊尔、不丹，直至中国大陆和台湾岛、朝鲜半岛、日本群岛。主产国有中国、日本、韩国，故俗称为"亚洲作物"。现在美国、加拿大、澳大利亚等20多个国家开始引种和大面积栽培小豆，并出口到其他国家。中国是世界上最大的小豆生产国。日本是生产小豆的第二大国，小豆占食用豆类种植面积的23%，几乎遍及全日本，其主产区在北海道和秋田、青森、岩手等地。常年种植面积在6万~8万公顷，总产量约为10万吨，日本也是小豆的主要进口国，国产不足的部分（每年3万~5万吨）主要从中国大陆进口。韩国小豆种植面积为2万~3万公顷，占食用豆类种植面积的10%~15%。此外，小豆在美国、印度、新西兰等国家也有小面积种植。

中国是世界上小豆栽培面积最大的生产国，除个别高寒山区外，各地均有种植，常年播种面积达 40 万公顷，总产 68 万吨，平均单产1 330 千克/公顷左右。20 世纪 50 年代末，中国小豆种植面积开始减少；70 年代中后期，随着耕作制度的改变和国内外市场需求量的增加，小豆种植面积才逐年恢复；尤其是 90 年代后期，小豆生产有了一定发展。近年来，由于受小豆价格低迷及玉米等农产品比价效应的影响，中国小豆种植面积又有所下降。年际间虽有波动，但总体呈渐升趋势。

同时，中国也是世界上最主要的小豆出口国，年出口量 4 万 ~8 万吨，出口贸易量占全世界小豆贸易量的 85% 左右（原豆 10 万 ~15 万吨）。中国小豆产区主要集中在华北、东北和江淮地区，其面积和产量约占全国小豆生产的 70%。我国小豆出口商品主产区在东北、华北、黄河中游、江淮下游的河北、天津、黑龙江、吉林、辽宁及江苏、山西、山东、安徽等地区。天津红小豆、江苏南通地区的大红袍、东北大红袍等地方优良商品品种，曾在国际、国内市场上享有盛誉，主要远销日本、新加坡、马来西亚、南亚和欧美各国。

4. 种质资源

目前，全世界收集保存的小豆种质资源有 1 万余份，小豆种质资源的收集、保存、研究和利用，主要集中在中国、日本、韩国等少数几个亚洲国家。截至 2000 年年底，资源保存数量依次为，中国 4 628 份（其中中国台湾 228 份），日本 2 856 份，韩国 2 434 份，印度 1 200 份，朝鲜 200 份，共计 11 318 份（含部分重复保存资源）。另外，美国、澳大利亚、荷兰、德国等国家从上述国家引进了少量资源或品种，供研究和生产利用。

作为小豆原产国，我国自 1978 年开始，由中国农业科学院作物品种资源研究所组织全国各省区市的有关科研单位，开展了小豆种质资源的收集保存、鉴定评价和创新利用工作。到 1996 年年底，共收集到中国小豆种质资源 4 053 份；到 2000 年，已有 4 504 份种质资源编入《中国实用豆类品种资源》；到 2007 年，已收集国内外栽培小豆种质资源 4 691 份，其中，国外约占 1.9%。目前，我国已收集保存国内外小豆种质资源 5 000 份，并编目、入库，占世界小豆种质资源的 39%。这些种质资源以地方品种为主，占98.8%，育成品种仅占 1.2%。

5. 育种研究

种质资源的保存价值在于其遗传研究和育种利用。日本的小豆育种起步较早，从 1935 年开始，在全国进行普通品种的选择和纯系选育，先后育成了关东系列、宝小豆、农林 4 号、明早生等多个品种。20 世纪 60 年代到 90 年代初，韩国在小豆育种上做了不少工作，还育成了几个品种，但近 10 年中未见有关研究报道。美国、澳大利亚等国不断从其他地区引进小豆资源，进行研究和品种筛选，并取得了明显成效。

我国小豆育种研究的起步较日本晚，20 世纪 50 年代在全国进行地方品种的筛选，60 年代中断，从 70 年代以后，开始进行地方品种的系统选育工作，系统选育是中国小豆新品种选育的主要方法，目前已育成 30 多个小豆新品种，通过了省级以上品种管理部门的审定或认定、鉴定。代表品种有中红 2 号、冀红 1 号、冀红 2 号、京农 1 号、京农 2 号、白红 1 号、龙小豆 1 号、晋小豆 2 号、鄂红 1 号等。采用杂交方法进行品种改良是从 80 年代起步的，育成的品种主要有河北省农林科学院粮油所的冀红 3 号、冀红 4 号、冀红 5 号，保定地区的冀审保 8824 – 17，河南省的豫小豆 1 号。20 世纪 80 年代，中国小豆开始进行杂交育种工作，代表品种有中红 6 号、京农 6 号、冀红 352、保红 947、吉红 6 号、白红 3 号、苏红 1 号、苏红 2 号等。

诱变育种是小豆种质创新、新品种选育的重要手段之一，在小豆育种方面取得了一些进展。北京农学院作物遗传育种研究所采用 60Co – γ 射线处理京农 2 号的干种子，育成了小豆新品种京农 5 号和京农 8 号；山西省农业科学院利用冀红小豆进行辐射诱变处理，培育出晋小豆 1 号，育成的品种还有保 M908 – 15 等。另外，1987 年以来，我国在利用空间、生物工程、分子标记等技术进行小豆育种方面，也进行了尝试，以进一步提高小豆育种的效率。目前，小豆的育种研究主要集中在华北地区，主要有北京农学院、河北省农林科学院和中国农业科学院作物品种资源研究所等单位。目前，我国正在进行小豆抗豆象的研究工作，小豆的抗豆象育种研究比绿豆等食用豆类的研究进展较慢，还没有选育出抗豆象的小豆新品种。

（三）豌豆

1. 特征特性

豌豆（*Pisum sativum* L.），属于豆科（Leguminosae），蝶形花亚科（Papilionoideae），蚕豆族（Vicieae），豌豆属（*Pisum*）。又称麦豌豆、麦豆、寒豆、毕豆、雪豆、麻豆、荷兰豆（软荚豌豆）等，英文名为 Pea、Garden Pea。豌豆属植物世界上有 6 个种，中国只有 1 个种。染色体数为

$2n = 2x = 14$。一年生（春播）或越年生（秋播）草本攀缘性植物。

豌豆是长日照性冷季豆类，直根系，茎为青绿色，豌豆成熟茎长 1 米左右。株高因品种不同而有很大差异，一般分为矮生型（15 ~ 90 厘米）、中间型（90 ~ 150 厘米）和高大型（150 厘米以上）；生长习性分为直立型、半蔓生型和蔓生型三种；叶为偶数羽状复叶，叶色有绿、浅绿和深绿三种，根据叶形可分为普通豌豆、半无叶豌豆、无叶豌豆、无须豌豆和簇生豌豆；花为总状花序，蝴蝶状花瓣，花色有白、黄、浅红、紫红四种，自花授粉；果实荚生，结荚习性分有限和无限，鲜荚颜色有黄、绿、紫、紫斑纹，鲜荚的形状有直形、联珠形、剑形、马刀形、镰刀形五种；荚型分硬荚和软荚；豆荚长度在 5 ~ 10 厘米，荚内一般都是 2 ~ 5 粒种子。鲜籽粒颜色有浅绿、绿、深绿色，成熟种子种皮颜色有淡黄色、粉红色、绿色、褐色、斑纹、紫黑六种，干籽粒种子粒形有球形、扁球形和柱形。按种子百粒重大小，分为小粒型（小于 20 克）、中粒型（20 ~ 30 克）和大粒型（大于 30 克）。按生育期长短可分为早熟（80 ~ 90 天）、中熟（90 ~ 110 天）和晚熟（110 天以上）类型。

2. 营养价值

豌豆具有高淀粉、高蛋白、低脂肪的特点，是重要的粮食、蔬菜、副食、饲料、绿肥和养地作物。籽粒中富含蛋白质、碳水化合物和矿物质元素等多种营养物质，营养全面而均衡。豌豆作为粮用和菜用豆类，可平衡人体营养，增进健康；同时，其籽粒中富含蛋白质也使其成为一种优质的饲料作物。

豌豆籽粒营养丰富，含有蛋白质 20% ~ 24%，比小麦、玉米高 2 ~ 3 倍，且氨基酸的比例比较平衡，富含人体所需的 8 种氨基酸，尤其是赖氨酸；豌豆中含脂肪 1% ~ 1.3%，碳水化合物 50% 以上，还含有多种矿物质和丰富的维生素，如胡萝卜素、维生素 B_1、维生素 B_2 和尼克酸等，每 100 克籽粒中含有胡萝卜素 0.04 毫克、维生素 B_1 1.02 毫克、维生素 B_2 0.12 毫克。

鲜嫩的茎稍、豆荚和青豆是备受欢迎的淡季蔬菜。豌豆芽中含有丰富的维生素 E，鲜嫩茎梢、豆荚和青豆含有碳水化合物 25% ~ 30%、多种维生素和矿物质，是优质美味的蔬菜。嫩茎含可消化蛋白质达 21.25%、氮 0.52%、磷 0.11% 和钾 0.25%，荚壳含蛋白质 7.5%，是家畜的优良饲料和绿肥。

豌豆还含有大量的具有治疗作用的化学成分，具有一定的医疗保健作用。豌豆性味甘平，有和中下气、利小便、解疮毒的功效。豌豆煮食能生津解渴、通乳、消肿胀。鲜豌豆榨汁饮服可治糖尿病。豌豆研末涂患处，可治痈肿、痔疮。青豌豆和食荚豌豆还含有丰富的维生素 C，可有效预防牙龈出血，并可预防感冒。

3. 生产分布

豌豆起源于数千年前的亚洲西部、地中海地区和埃塞俄比亚、小亚西亚西部，外高加索全部。伊朗和土库曼斯坦是豌豆的次生起源中心，地中海沿岸是大粒型豌豆的起源中心。豌豆驯化栽培历史至少在 6 000 年以上，在中国的栽培历史有 2 000 多年。豌豆分布在从热带、亚热带直至北纬56℃的广大区域内，如收获嫩豆，其栽培区域可扩大到北纬68℃。豌豆喜冷凉湿润的气候，从种子萌发到成熟需要 ≥5℃ 的有效积温 1 400～2 800℃·天。豌豆是世界四大食用豆类作物之一，产量及栽培面积仅次于花生、大豆和菜豆。因其适应性很强，在全世界的地理分布很广，从热带、亚热带到高海拔地区都可以实现豌豆的种植。其中，类似我国川渝等省（市）凉爽而湿润的气候，是豌豆最好的生长条件。

据 FAO 统计显示，2011 年，全世界总共有 97 个国家生产干豌豆，栽培面积和总产量分别为 621.427 万公顷和 955.818 万吨，栽培面积占全世界的 15.13%，总产量占全世界的 12.45%；2002—2011 年，干豌豆栽培面积平均值排在世界前五位的国家分别是，加拿大（126.847 万公顷）、中国（92.71 万公顷）、俄罗斯联邦（75.88 万公顷）、印度（73.123 万公顷）和澳大利亚（33.6895 万公顷）；而总产量最高的前五位国家分别是，加拿大（268.447 万吨）、中国（113.685 万吨）、俄罗斯联邦（125.4677 万吨）、法国（100.0184 万吨）以及印度（69.459 万吨）。

2011 年，全世界有 81 个国家生产青豌豆，栽培面积和总产量分别为224.1318 万公顷和 1 697.4983 万吨，青豌豆的栽培面积占全世界的57.82%，总产量占全世界的 60.53%；青豌豆栽培面积 10 年平均值排在前五位的国家分别是，中国（107.8506 万公顷）、印度（31.457 万公顷）、美国（8.1404 万公顷）、英国（3.5033 万公顷）和法国（3.0672 万公顷）；总产量排在前五位的分别是，中国（850.0458 万吨）、印度（246.272 万吨）、美国（68.8852 万吨）、英国（35.3391 万吨）及法国（34.0072 万吨）。由此可见，我国是世界上生产干豌豆的第二大国，生产青豌豆的第一大国，中国在世界豌豆生产中占有非常重要的地位。

我国有 2 000 多年的豌豆栽培历史，各省、自治区、直辖市均有种植，常年种植总面积稳定在 113 万公顷以上，占世界种植总面积的近 15%，总产量（干豌豆）160 万吨左右。目前，我国干豌豆生产主要分布在云南、四川、贵州、重庆、江苏、浙江、湖北、河南、甘肃、内蒙古、青海等 20 多个省、自治区、直辖市；青豌豆主产区位于全国主要大、中城市附近。由于我国 52.5% 的豌豆生产区集中于山区和干旱、半干旱地区，主要依靠有限的天然降水种植，干旱是限制豌豆产量、质量和种植效益的主要因素。尽管近年来我国一些豌豆主产区通过选用良种、改进栽培技术、兴修农田水利设施等措施，单产达到了 3 750～5 250 千克/公顷，但与世界豌豆生产先进国家相比，仍有较大的差距。

4. 种质资源

世界上豌豆的主产国，如法国、澳大利亚、俄罗斯、加拿大、印度、美国等，都十分重视豌豆种质资源的收集保存和深入研究工作。截至 1989 年年底，全世界有 33 个国家共保存豌豆种质资源 34 215 份、野生豌豆资源 123 份、亚种和变种 9 份。各国所进行的豌豆资源研究工作，主要集中在植物形态学和农艺学性状方面，意大利、荷兰、英国和美国等对部分豌豆资源的品质、抗病、抗逆、耐寒、遗传和细胞学等方面进行了评价鉴定和研究。

中国对豌豆种质资源的收集研究始于 20 世纪 60 年代，到 1990 年，经初步鉴定编目的豌豆种质资源有 2 616 份，其中国内资源 2 332 份，占总数的 89.1%；国外引进资源 284 份，占总数的 10.6%。在国内资源中，30 份是育成品种，仅占 1.29%，其他资源为地方品种。其中，春播区地方种质资源 1 198 份，占资源总数的 52.04%；育成品种资源 27 份，占育成总数的 90%。秋播区的地方资源 1 104 份，占资源总数的 47.96%；育成品种 3 份，占育成总数的 10%。

目前，有 6 200 余份豌豆种质资源保存在国家种质资源长期库中，我国是豌豆资源较为丰富的国家。在这些保存的豌豆资源中，国内地方品种、育成品种和遗传稳定的品系占 80%，来源于全国 28 个省区市，主要有北京、山西、甘肃、宁夏、青海、新疆、内蒙古、辽宁、吉林、黑龙江、河南、江苏、江西、湖北、湖南、四川、贵州、云南、广西和陕西；其余 20% 来自国外，主要有澳大利亚、法国、德国、英国、印度、美国、前苏联、尼泊尔、匈牙利和日本等国。

虽然我国豌豆资源保存时间长，数量多，但对豌豆种质资源的研究工作并不深入。随着育种方法和分子生物学的迅速发展，我国豌豆的育种研究工作也取得了巨大进步。在近 30 年中，我国已对 4 000 多份国内外豌豆种质资源的农艺性状进行了初步鉴定，并在对部分豌豆种质资源进行抗病性鉴定和评价的同时，筛选出了一批丰产、抗病的优良豌豆种质。

我国对豌豆种质资源系统研究始于 1978 年，中国农业科学院及有关农业单位先后对部分豌豆种质资源进行了农艺性状、抗病虫性和抗逆性、品质性状的鉴定和评价，筛选出早熟、矮秆、多荚、大粒资源；并进行了抗旱、耐盐、抗白粉病、抗锈病、抗蚜虫等鉴定，还筛选出一批高蛋白、高赖氨酸、高淀粉资源；20 世纪 80 年代中期，地方品种资源经鉴定研究，全部划分为 21 个变种群；20 世纪 80 年代中后期，对征集的各类型品种资源进行了较全面的形态观察、鉴定和综合评价，并筛选出优异种质，有 426 份品种资源编入《中国食用豆类品种资源目录》；20 世纪 80 年代后期到 90 年代初期，对 700 多份豌豆品种和高代品系进行了抗根腐病鉴定筛选，同时筛选出一批优良亲本；"十五"和"十一五"期间，对国家中期库和长期库豌豆种质资源进行更新保护，完善了资源的植株性状、花荚性状和籽粒性状的照片资料，建立了完整的种质资源"护照"档案；从 2006 年开始，对国内外 50 份优异豌豆资源进行了精准鉴定。

豌豆种质资源的征集、保存和研究，丰富了我国豌豆遗传资源基因库，提高了豌豆育种水平，加快了豌豆新品种的培育步伐。如中豌 1 号、中豌 2 号、食荚大菜豌 1 号、甜脆 761、草原 7 号、草原 20 号等，品种的选育集中体现了豌豆种质资源的重要性。

5. 育种研究

20 世纪 50 年代以前，世界各国豌豆育种以资源筛选和系统育种为主，高产是最主要的育种目标；50 年代至 70 年代，是豌豆育种迅速发展的时期，系统选育难以实现育种目标，开始采用杂交育种；70 年代至 90 年代，杂交育种仍是应用最广的育种方法，系统育种只是一种辅助方法；90 年代以后，发达国家开始应用生物技术辅助豌豆育种，育种目标以高产（干籽粒、鲜产品、青/干饲料）、优质（高淀粉、高蛋白、低抗营养因子）、多抗（抗倒伏、抗病虫、抗逆等）为主，更注重品质、抗性的研究；90 年代中后期以后，豌豆半无叶性状的控制基因、遗传机理、育种利用等方面研究较多，开展抗病性、抗倒伏性的定向研究，主要以半无叶型豌豆的育种为主。

我国豌豆的育种研究工作进展缓慢，50多年来，采用的育种方法一直是以引种和系统育种为主，杂交育种开展得很少。我国豌豆育种工作大致经历了以下三个阶段。

第一阶段：20世纪80年代中后期以前，育种目标以粒用品种为主、菜用品种为辅。粒用品种有中国农业科学院系统选育的1341、品豌1号和品豌2号，杂交选育的中豌号系列品种，如中豌1号、中豌2号等；青海省农林科学院系统选育和杂交选育的草原号系统品种，如草原3号、草原4号、草原7号、草原9号、草原11号、草原12号等；四川省农业科学院系统选育的团结豌。菜用品种有四川省农业科学院杂交选育的食荚大菜豌1号和无须豆尖1号；青海省农林科学院杂交选育的草原2号和草原31号；江苏省农业科学院植物研究所系统选育的中山青、江苏省农业科学院引进的赤花绢荚和成驹30日；广东饶平县的地方品种饶平大花和饶平中花等品种。此阶段选育的品种达30多个，粒用豌豆品种在生产上应用较多，以地方品种、中豌号系列品种和草原号系列品种为主；菜用品种的生产应用处于起步发展阶段，应用面积相对较少。

第二阶段：20世纪80年代中后期到90年代中期，育种目标以粒用品种和菜用品种为主。粒用品种有山西省农业科学院系统选育的晋豌1号，中国农业科学院杂交选育的中豌6号和中豌8号，青海省农林科学院系统选育和杂交选育的早豌1号和草原224，甘肃省定西市旱作农业科研推广中心杂交选育的定豌2号。菜用品种有青海省农林科学院杂交选育的青荷1号，北京市农林科学院引进认定的久留米丰，云南省农业科学院引进的蜜脆和奇珍。这个阶段选育的品种比第一阶段要少，粒用品种在秋播区以中豌4号和中豌6号的栽培为主，春播区以草原224和定豌2号的栽培为主；菜用豌豆的栽培主要集中在东南沿海等大中城市附近，栽培品种类型多样化，包括食荚品种、食苗品种和青籽粒速冻品种等。

第三阶段：20世纪90年代中期至今，育种目标以半无叶、直立抗倒伏的粒用品种和菜用品种为主。引进品种有河北省秦皇岛市农技推广中心引进的法国针叶豌豆；系统选育的品种有浙江省农业科学院选育的浙豌1号、河北省农林科学院选育的豌引1号、河北省秦皇岛市农技推广中心选育的秦选1号；杂交选育的品种有青海省农林科学院选育的草原276、河北科技师范学院选育的宝峰 3 号和宝峰东 8。这些半无叶型品种是利用两个隐性基因 af（小叶变成卷须）和 t1（托叶很小）转育到普通豌豆上育成的半无叶、直立抗倒伏新品种，具有双荚多、直立抗倒、籽粒大、适用机械化收割等优点。在这个阶段山西省农业科学院还选育出普通株型的品种，有晋豌 2 号、晋豌 3 号；青海省农林科学院选育出普通株型的可食荚、食苗、绿粒品种甜脆 761、成驹 39、无须豌 171、阿极克斯、草原 20 号、青豌 1 号、草原 22 号；浙江省宁波市农技推广总站选育的甜脆品种甬翠 1 号。

我国豌豆育种除常规育种外，还开展了诱变育种和航天育种工作。1982 年青海省农林科学院利用 γ 射线诱发突变育成了草原 10 号，2006 年中国农业科学院将 14 份豌豆材料送往太空，进行豌豆航天育种研究。

（四）豇豆

1. 特征特性

豇豆（*Vigna unguiculata* L.），属豆科（Leguminosae），蝶形花亚科（Papilionoideae），菜豆族（Phaseoleae），菜豆亚族（Subtrib. Phaseolinae Benth.），豇豆属（*Vigna* L.），又名豆角、线豆角、长豇豆、长豆、角豆、带豆、裙带豆、腰豆、黑脐豆等。一年生草本自花授粉植物。染色体数 2n = 2x = 22。豇豆栽培上有三个亚种，即普通豇豆［*Vigna unquiculata*（L.）Walp.］，又名豇豆，世界分布广泛，主要利用干豆籽粒；短荚豇豆［*Vigna unquiculata* ssp. *cylindric*（L.）Verdc.］，广泛种植在东非等热带地区，主要以干豆粒作饲料用；长豇豆［*Vigna unquiculata* ssp. *sesquipedalis*（L.）Verdc.］，是一种重要的蔬菜作物，在亚洲普遍种植。

豇豆属短日性热季豆类，种子在田间出苗时子叶出土。一年生缠绕、草质藤本或近直立草本，有时顶端缠绕状。直根系，幼茎绿色或者紫红色，按茎的生长习性可分为直立型、半蔓型、蔓生型和匍匐型四种；菜用长豇豆多为蔓生型和缠绕型，普通豇豆和短荚豌豆多为无限生长习性；羽状复叶，叶色有浅绿、绿、深绿三种，叶片形状分卵圆形、卵菱形、长卵菱形和披针形；总状花序，花色有白色和紫色；结荚习性分有限和无限两种，荚型分硬荚和软荚，荚姿有下垂、平展和直立三种，嫩荚色分为白、浅绿、绿、深绿、红、紫红和斑纹七种，成熟荚色有黄白、黄橙、浅红、褐、紫红五种，荚形分圆筒形、长圆条形、扁圆条形、弓形和盘曲状五种，每荚含种子 16～22 粒；种子粒形有肾形、椭圆、球形、矩圆、近三角形五种，粒色可分为白、橙、红、紫红、黑、双色、橙底褐花、橙底紫花共八种。

豇豆按生育期可分为早熟、中熟、晚熟三种。春播生育期一般 80~110 天，夏播一般 60~90 天。

2. 营养价值

豇豆籽粒营养价值较高，富含蛋白质、淀粉、纤维素，还含有丰富的胡萝卜素、尼克酸、维生素 A、维生素 B_1、维生素 B_2、叶酸、维生素 C，以及磷、钾、钙、镁、铁等矿物质元素。其中，蛋白质含量 18%~30%，脂肪含量 1%~2%，淀粉含量 40%~60%，而且还含有人体必需的 8 种氨基酸，特别是赖氨酸和色氨酸。豇豆主要以食用幼荚为主，老熟的籽粒也可作为粮用。每 100 克鲜豇豆中，含有蛋白质 2.4 克，脂肪 0.2 克，碳水化合物 4 克，热量 27 千卡，粗纤维 1.4 克，无机盐 0.6 克，钙 53 毫克，磷 63 毫克，铁 1 毫克，维生素 A 0.89 毫克，维生素 B_1 0.09 毫克，维生素 B_2 0.08 毫克，维生素 C 19 毫克，尼克酸 10 毫克。还含有多种氨基酸，尤其是赖氨酸含量较高。

豇豆还具有一定的药用价值。豇豆，嫩时充菜，老则收子，此豆可菜可果可谷，乃豆中之上品。《本草纲目》中记载，豇豆味甘性平，能理中益气，补肾健胃，和五脏，止消渴。中医认为，豇豆有健脾肾、生津液的功效。豇豆不寒不燥，日常食用，颇有益处。常食煮豇豆或豇豆饭，能帮助消化，对小儿消化不良有较好疗效，特别适合于老年人，尤其是食少脘胀、呕逆嗳气的脾胃虚弱者。

豇豆含有的淀粉属复合碳水化合物，不易造成血糖水平异常升高；它含有丰富的膳食纤维，可加速肠蠕动，能治疗和预防老年性便秘；其热量和含糖量都不高，饱腹感强，特别适合于肥胖、高血压、冠心病和糖尿病患者食用；豇豆中含有植物固醇，能预防心血管系统疾病；豇豆含钠量低，每 100 克豇豆只含钠 4.6 毫克，远远低于大白菜、小白菜、油菜和芹菜。许多老年人心、肾功能不太好，常会腿肿、脚肿、夜尿多，不能吃得太咸，所以含钠量低的豇豆很适合他们；特别是豇豆中钾、镁含量均在食物中名列前茅，而钾和镁是保护心血管的重要元素，因此，常吃豇豆对人体健康颇有好处。

3. 生产分布

豇豆最早起源于非洲的埃塞俄比亚，约在公元前 1 500 至前 1 000 年传入亚洲，中国也被认为是豇豆的起源中心或次生起源中心之一。豇豆的生态适应性极强，在世界范围内都有种植，广泛栽培于热带、亚热带和部分温带地区，如地中海盆地和美国南部。主要种植区域位于热带和亚热带的 35°N 和 30°S 之间，包括亚洲、大洋洲、中东、欧洲南部、非洲、美国南部和中南美洲。主产国为尼日利亚、尼日尔、埃塞俄比亚、突尼斯、中国、印度、菲律宾等。豇豆属约有 150 个种，分布于热带地区，我国有 16 个种，主要产于东南部、南部至西南部。

目前，全球豇豆种植面积在 1 250 万公顷以上，年产量超过 300 万吨，其中，中西非栽培面积超过全球种植面积的一半，其次是中美和南美、亚洲、东非和南非，美国年种植面积约为 8 万公顷。豇豆有普通豇豆、短荚豇豆和长豇豆三个亚种。普通豇豆主要种植于非洲各国、美国南部、南美洲和中东地区，以成熟籽粒作粮用和饲用，是人们获得蛋白质的主要来源；长豇豆是豆科豇豆属豇豆种中能形成长形豆荚的栽培种，主要分布在中国、印度、菲律宾、泰国等亚洲国家，而且中国是长豇豆的次生起源中心和多样性中心。目前，世界长豇豆常年栽培面积约 100 万公顷，中国约占 2/5。

豇豆是世界上主要的食用豆类作物，也是我国六大食用豆类作物之一。豇豆于公元前 5 至公元前 3 世纪传入中国，在我国已经有千年的栽培历史，栽培面积大，种植地区极为广泛，南北跨越 28 个纬度，东西跨越 50 个经度，目前除西藏自治区外，其他省、自治区、直辖市均有种植。中国的豇豆品种主要有两大类，分别是粒用的普通豇豆和菜用的长豇豆，短荚豇豆很少，仅云南和广西有少量分布。普通豇豆的主要产区为河南、广西、山西、陕西、山东、安徽、内蒙古、湖北、河北及海南等省（区）；长豇豆的主要产地为四川、湖南、山东、江苏、安徽、广西、浙江、福建、河北、辽宁及广东等地。目前，我国豇豆常年栽培面积约 1 000 万亩，总产量达 1 500 万吨。

4. 种质资源

当前，在世界范围内，豇豆种质资源的收集和保存等研究方面已经卓有成效。位于尼日利亚的国际热带农业研究所（IITA），建立了世界上最大的豇豆种质资源库，收集保存了来自 89 个国家和地区的 1 507 份野生豇豆和 15 003 份豇豆栽培种，其中对 12 000 多份种质资源进行了 28 个农艺性状的评价，并构建了核心种质资源库，共筛选出 1 701 份地方品种、225 份改良的栽培种（包括品种、品系或株系）和 130 份代表性种质材料。美国农业部（USDA）保存了世界各地收集的 6 845 份豇豆种质资源。位于我国台湾省的亚洲蔬菜研究开发中心（AVRDC）保存了 1 572 份豇豆资源。

目前，我国已收集保存国内外普通豇豆和短荚豇豆种质资源 3 000 多份，长豇豆 1 700 余份。经过近 20 年的国家科技攻关，已将近 5 000 份豇豆种质资源送交国家种质库长期保存，部分交国家中期库保存，以提供科研和生产利用。

5. 育种研究

品种资源是新品种选育的原始材料，包括野生种、地方品种、农家种、自然形成的突变材料，以及人工创制和选育的新品种、高代品系等。豇豆的育种工作，目前主要集中在从栽培豇豆种质中筛选优异的抗病和抗虫资源、鉴定目标性状位点和整合多抗性基因上。我国拥有世界上最广泛的长豇豆种质资源，在育种方面成果显著。现在普通豇豆在我国的研究比较少，国内主要进行的是长豇豆的遗传育种研究，育种目标仍然以高产、优质和抗病为主。我国主要进行了农艺性状、相关经济性状、抗性遗传等方面的遗传育种研究工作。随着反季节和设施栽培技术的发展，以及加工的深入，培育适应设施栽培和适合深加工的长豇豆品种也逐渐成为一个重要目标。

20 年来，各科研单位育种工作者陆续开展了长豇豆种质资源形态学鉴定与品质、抗性研究。根据长豇豆荚形、荚色的不同，可将其分为 6 类，分别是绿荚、浅绿荚、绿白荚、花荚、紫荚、盘曲荚。并将豇豆分为 4 个品种群和 8 个品种亚群，提出品种群之间的品种差异最大，品种群内的品种次之，亚群内的品种再次，这为豇豆新品种选育尤其是有关数量性状方面的目标选择提供了科学依据。对豇豆的一些优异种质资源进行综合评价鉴定，筛选出 204 份较好的资源，其中矮生 37 份、早熟 42 份、大粒 38 份、多荚 54 份、高蛋白与高抗性材料 33 份。随着现代科技的发展，还利用蛋白质、DNA 分子和同工酶鉴定等手段，对长豇豆种质资源进行研究。这些，都为豇豆资源的深入研究、育种和生产提供了有价值的参考依据。

（五）鹰嘴豆

1. 特征特性

鹰嘴豆（Cicer arietinum L.），是豆科（Leguminosae），蝶形花亚科（Papilionoideae），野豌豆族（Vicieae），鹰嘴豆属（Cicer），属内有 43 个种，只有 C. arietinum L. 成为唯一的栽培作物种。因其形状奇特，有一突起尖如鹰嘴故而得此名，别名如桃豆、鸡豌豆、脑豆子、羊头豆等。在维吾尔语中被称作诺胡提。一年生或多年生草本植物。染色体数为 2n = 2x = 16。

鹰嘴豆为长日照冷季豆类，对光周期反应不敏感，适宜种植在冷凉的干旱地区和季节。种子萌发的最低温度为5℃，最适宜温度范围20～30℃，最高为50℃。主根系，入土最深达2米左右，大部分根系集中在60厘米以内的土层中；株高40～87厘米，其植株灌木状，主茎和分枝通常呈圆形，主茎长30～70厘米，株型分直立、半直立、披散、半披散四种，大多数品种为半直立或半披散型；羽状复叶，复叶互生，长5～10厘米，小叶对生，卵形，叶上有柔毛和虎腺毛，能分泌苦辣味的酸性液体；花为蝶形，单花序，花有白、粉红、浅绿、蓝、紫等颜色，自花授粉；一般单株结荚30～150个，荚呈扁菱形至椭圆形，长14～35毫米，宽8～20毫米，荚皮厚约0.3毫米；成熟荚膨大，每荚含1～2粒种子，最多3粒，在脐的附近有喙状突起；种皮光滑或皱折，种脐小，呈白红或黑色，合点明显；种子粒色有淡黄、奶白、绿、棕、黑五种，以淡黄、奶白两种粒色为主；种子长4～12毫米，宽4～8毫米；百粒重一般为10～75克，粒型有大粒、中粒、小粒三种，大粒种占35.5%，其百粒重为35～50克；中粒种占22.1%，其百粒重为20～35克；小粒种占42.4%，其百粒重为20克以下。全生育期一般80～125天。

鹰嘴豆的外形、大小及颜色因品种不同而异，外形可呈圆形、长方形，外皮皱形或半皱形。根据种子的形态及颜色，鹰嘴豆一般分为两类，Desi（迪西）和Kabuli（卡布里）。Desi的种子是典型的长方形，一般为黄色略显黑色，体积较小，表皮厚且粗糙，主要产于印度。在印度，鹰嘴豆的利用大部分都是经脱壳后粉碎，然后直接加工成产品或磨成粉末；Kabuli的外形通常较圆而且较大，颜色为白色或乳白色，主要生长在亚洲西部及地中海地区，一般直接用于制备传统食品。Desi的产量较大，占整个鹰嘴豆产量的85%，而Kabuli仅占15%。

2. 营养价值

鹰嘴豆作为世界第二大消费豆类，营养成分齐全，含量丰富，被誉为"黄金豆""珍珠果仁"。含有人类所需的六大营养元素，富含多种植物蛋白、氨基酸、维生素、粗纤维及钙、镁、铁等矿物质成分。其中碳水化合物和蛋白质约占籽粒干重的80%，其籽粒含蛋白质15%～30%、脂肪4.6%～6.1%、淀粉40%～60%、矿物质2.36%～4.67%、粗纤维2.4%～10.06%。

鹰嘴豆蛋白质含量一般都高于燕麦、甜荞、苦荞、小麦、大米和玉米，还含有人体所需的18种氨基酸及8种必需氨基酸，含量高，组成均衡，每

100 克蛋白质中含有氨基酸 80～100 克、必需氨基酸 35～42 克。其中促进儿童智力发育与骨骼生长的赖氨酸含量较高，每 100 克蛋白质中含有赖氨酸 4～7 克，比玉米（1.2 克/100 克蛋白质）高 2～3 倍，比白面（2.3 克/100 克蛋白质）高 1～2 倍，比大米（3.4 克/100 克蛋白质）高 10%～50%。另外，还含谷氨酸约为 15.8 克、亮氨酸 4.3 克。

鹰嘴豆中的脂肪酸多为对人体有利的不饱和脂肪酸，如 Kabuli 型鹰嘴豆种子脂肪中，含油酸 50.3%、亚油酸 40%、棕榈酸 5.74%、肉豆蔻酸 2.28%、硬脂酸 1.61%、花生酸 0.07%；Desi 型鹰嘴豆种子脂肪中，含油酸 52.1%、亚油酸 40.3%、棕榈酸 5.11%、肉豆蔻酸 2.74% 和硬脂酸 2.05%。此外，鹰嘴豆种子脂肪中还含有卵磷脂。

鹰嘴豆中所含的大量元素和微量元素，每 100 克干物质中，含钙 213～272 毫克、磷 202～256 毫克、钾 1 132～1 264 毫克、镁 165～195 毫克、铁 4.96～8.09 毫克、锌 3.86～4.42 毫克、铜 0.93～1.08 毫克，含量因基因形的不同而有很大的变化。微量元素含量均高于玉米和大米等谷类作物。

每 100 克鹰嘴豆中，含维生素 B_1（硫胺素）1.99 毫克，比燕麦（0.29 毫克）高 5.86 倍，比苦荞（0.18 毫克）高 10 倍，比玉米（0.31 毫克）高 5.4 倍；含维生素 B_2（核黄素）1.72 毫克，比燕麦（0.17 毫克）高 9 倍，比苦荞（0.5 毫克）高 2.4 倍，比玉米（0.1 毫克）高 16 倍；含维生素 PP（烟酸）2.6 毫克，也比大米、玉米含量高，但与荞麦、小麦相比差别不大。籽粒中还含有大量的淀粉、蔗糖、葡萄糖、肌醇、腺嘌呤、胆碱等，其中，胆碱、肌醇、维生素以及异黄酮、低聚糖和皂苷等活性成分，对人体健康具有良好的保健功能。因而鹰嘴豆被誉为"营养之花，豆中之王"。

鹰嘴豆还有其独特的药用价值。中医认为，鹰嘴豆味甘、性平、无毒，具有补中益气、温肾壮阳、消渴、解血毒、强身健体和增强记忆力等功效，特别是对糖尿病、心脑血管病和胃病等疾病的预防和辅助治疗具有明显的疗效，是医学宝库中不可缺少的瑰宝。临床经验证明，鹰嘴豆对 70 多种严重营养不良症有明显的疗效，在医药上常用作预防动脉硬化，降低高血压、高血脂、胆固醇的主要药物，还可辅助治疗糖尿病，被誉为"健康品中一枝花"。鹰嘴豆是维吾尔族人民喜爱的一种副食品，它能起到平衡膳食的关键作用，具有很强的能量素，可充分补充人体机能，让人们远离糖尿病及三高症，延长寿命，增强生育能力。因此，在当地鹰嘴豆也被称为"长寿豆"。

3. 生产分布

鹰嘴豆起源于西亚和地中海沿岸，栽培历史悠久，是世界上栽培面积较大的豆类植物。早在 9 500 年前，即农业出现之初，在土耳其到伊朗的新月沃土地区，就已经开始种植鹰嘴豆；在印度次大陆，鹰嘴豆的种植历史至少可以追溯到 4 000 年前。作为世界第二大消费豆类，鹰嘴豆主要分布在世界温暖而又比较干旱的地区，如非洲的东部和北部、亚洲西部和南部、南北美洲、欧洲南部以及澳洲等多个国家。从干燥地区到湿润地区，从热带沙漠到热带雨林均能种植。习惯上种植于北纬 20°～40° 地区，在印度和埃塞俄比亚的低纬度（北纬 10°～20°）较高海拔地区也可栽培。在北半球，种植的南限是北纬 2°，北限是北纬 60°。

亚洲鹰嘴豆的栽培面积最大，其次是非洲。其中，印度和巴基斯坦两国的种植面积占全世界的 80% 以上，鹰嘴豆已经成为印度的第一大食用豆类作物。近年来，鹰嘴豆产量呈现逐年上升的趋势。2001—2005 年，鹰嘴豆在世界热带、亚热带和温带区域的 49 个国家种植，年均种植面积 1 033.8 万公顷，年均总产量 801.7 万吨。生产面积最大的 5 个国家分别是印度、巴基斯坦、伊朗、土耳其和缅甸，其中，印度鹰嘴豆的收获面积和总产量都是世界第一位。

鹰嘴豆栽培历史悠久，但传入中国的具体时间无从考证，目前在我国的种植区域较窄。鹰嘴豆在新疆已有 2 500 年的栽培历史，新疆的种植面积和产量最大，成为国内鹰嘴豆的主产区，尤其以新疆的奇台县、木垒县、阿克苏地区的种植面积和产量最大。鹰嘴豆有极耐旱的特点，适宜生长在海拔 2 000～2 700 米的地方。我国除新疆外，在甘肃、青海、宁夏、陕西、云南、内蒙古、山西、河北、山东、黑龙江等省区也有种植。20 世纪 80 年代，中国从国际干旱地区农业研究中心（ICARDA）和国际半干旱地区农业研究所（ICRISAT）引入了数百份鹰嘴豆栽培种，已在新疆、甘肃、青海、陕西、云南等地试种。目前，中国鹰嘴豆种植面积约为 75 万亩，并呈上升趋势。单产为 67～100 千克/亩。新疆鹰嘴豆资源较为丰富，是我国鹰嘴豆外贸出口的重要产地，主要供应印度、巴基斯坦和中东等欠发达地区。

4. 种质资源

鹰嘴豆栽培地区的生态多样性造就了其丰富的种质资源以及遗传多样

性。到 2006 年年底，全世界有 20 个国家保存鹰嘴豆种质资源 52 179 份，其中 11 份为野生资源，保存资源超过 1 000 份以上的国家有 12 个。位于印度的国际半干旱地区农业研究所是世界上保存鹰嘴豆种质资源最多的研究单位，拥有 14 000 余份，主要是 Desi 型鹰嘴豆；其次是位于叙利亚的国际干旱地区农业研究中心，拥有 5 500 余份，以 Kabuli 型鹰嘴豆为主。在目前保存鹰嘴豆种质资源的 26 个国家中，15 个国家拥有 −10℃ 以下的长期库，对鹰嘴豆资源进行长期保存，并各自对其保存的鹰嘴豆资源进行了部分或全部的评价鉴定。

国际半干旱地区农业研究所，1974—1975 年期间，曾对其收集的部分资源做过鉴定和评价；1983 年，国际干旱地区农业研究中心，对 3 300 份 Kabuli 型鹰嘴豆资源的地域性特点进行了分析。多年来，澳大利亚、印度、巴基斯坦等国的学者开展了鹰嘴豆种质资源的研究工作，近年来，尤其重视对鹰嘴豆资源抗逆方面的研究。对鹰嘴豆耐旱性的研究主要集中在形态指标和生理生化等方面，从基因水平对鹰嘴豆进行耐旱性的研究也在逐步加强。Peng H 等开展了干旱相关基因 NAC 基因家族（CarNAC1，CarNAC13，CarNAC5）、肌动蛋白基因 CarACT1 等基因的功能分析。印度、巴基斯坦等国学者，还利用 RAPD、RFLP、AFLP、SSR 和 ISSR 等 DNA 分子标记技术，对鹰嘴豆种质资源及野生种资源进行遗传多样性研究，建立鹰嘴豆指纹图谱，挖掘优异基因。

中国有计划地进行鹰嘴豆种质资源的收集和研究工作已有几十年。中国的鹰嘴豆资源不多，到 1990 年年底，已收集并进行了农艺性状鉴定和编目的地方品种仅 40 份，从国外引进并经鉴定和编目的资源有 363 份。除进行农艺性状鉴定外，还对其中的 22 份资源进行了蛋白质、淀粉含量分析。1995 年，通过对现有鹰嘴豆的品种资源进行鉴定，筛选出适合甘肃、青海种植的优良鹰嘴豆品种 CP55，丰产性较好，抗旱性强。1997 年，又对 15 个鹰嘴豆品种资源的抗旱指标进行测定，认为 CP55、85 − 13C、CP188、85 − 25C、CP141 等品种值得推广，同时，对 20 世纪 90 年代征集、引进国际旱农中心的 200 份鹰嘴豆品种资源，进行了主要性状鉴定。

到 2006 年年底，中国共保存鹰嘴豆资源 567 份，并随着育种家的努力，正在不断扩大。目前，鹰嘴豆资源在我国主要分布于新疆、青海、甘肃和云南等省区，我国对于鹰嘴豆种质资源的鉴定筛选和开发利用方面的研究相对较少，研究多集中在其保健活性成分和药用价值的开发与利用方面。鹰嘴豆的种质资源深入系统的研究甚少，分子水平的遗传多样性研究有待加强。

5. 育种研究

早在 7 000 多年前，从鹰嘴豆栽培时起，人类就开始对鹰嘴豆进行选择。1905 年，印度就开始进行鹰嘴豆的育种工作。早期的育种研究主要是收集地方品种，进行评价鉴定，如 1926 年登记的 4 个品种，NP17、NP25、NP28 和 NP58，就是通过这种方法筛选出来的。1930 年，开始通过杂交育种技术培育鹰嘴豆新品种，如 1946 年登记的 C12/34 和 1947 年登记的 Type87。1947 年后，巴基斯坦也开始进行鹰嘴豆育种方面的研究。1950 年，印度大多数的育种工作者致力于单株选择，或进行少量的有性杂交，育成的品种除 NP 系列外，还有 P67、S26、G24、T1、T2、T3、KS、Pb1 和 K4。20 世纪 60 年代后，印度育成了一些高产鹰嘴豆品种，如 C235、C214、H355、RS11、JG62、Pusa209、Pusa417 和 Kabuli 型的 L550 等。国际半干旱地区农业研究所育成了 ICCC4，以及国际干旱地区农业研究中心育成了 FLIP 系列新品种。

鹰嘴豆抗病资源的筛选和育种始于半个世纪前，目前育成的抗萎蔫病品种有印度的 ICCC32（Kabuli 型）、墨西哥的 Surutato77、Sonora80 和 L1186 等；育成的抗褐斑病的品种有 1969 年在原苏联推广的 VIR32、1982 年在叙利亚推广的 ILC482、1984 年在塞浦路斯推广的 ILC3279 等。利用诱变育种方法，育成并已推广的品种有巴基斯坦的 CM72、印度的 Pusa - 408 和 Pusa -413、孟加拉的 Hyprosola、保加利亚的 Plovdiv - 8。

近年来，鹰嘴豆的抗性育种也有了较快发展。1999 年，通过胚胎营救技术，得到了种间杂种植株；2004 年，进行了耐寒性杂交育种；2011 年，利用转基因方法培育出抗棉夜蛾、抗食荚螟和棉铃虫的鹰嘴豆新品种；2007—2010 年，鹰嘴豆耐旱性的研究主要集中在形态指标和生理生化等方面，如抗旱基因、生物量和收获指数的杂种优势及配合力、根瘤菌、抗盐筛选等，均取得了一定进展。

由于我国栽培鹰嘴豆时间较短，育种工作刚刚起步，育成品种尚少，引种是一项最快捷、行之有效的方法。2002 年，甘肃省农业科学院土肥研究所从叙利亚国际豆类干旱中心，引进 6 个鹰嘴豆品种，经过三年品种比较试验，筛选出了具有优良性状的品种 FLIP94 - 80C（陇鹰 1 号，2008）、FLIP95 -68C（陇鹰 2 号，2010）和 FLIP94 -93C。新疆农业科学院培育出

1 个卡布里类型品种 A - 1 和 1 个迪西类型品种 88 - 1。20 世纪 90 年代, 甘肃张掖地区农科所从国际旱农中心引进鹰嘴豆品种 FLIP81 - 71C, 通过鉴定选育进行了登记。除此之外, 中国农业科学院作物科学研究所应用航天育种技术, 进行了鹰嘴豆种质资源的改良和育种。

目前, 我国对鹰嘴豆的研究主要集中在药理活性、生态适应性及遗传多样性、抗逆性、产品的开发利用等方面, 而鹰嘴豆的育种基础相对薄弱, 有关鹰嘴豆分子标记方面的研究报道较少。

第二节 优良品种

主要是介绍近 10 年 (2006—2015 年), 我国及各省、自治区、直辖市审定或鉴定的五种食用豆类作物的主要栽培品种。

一、绿豆

(一) 东北春绿豆区主要栽培品种

1. 辽绿 28

辽宁省农业科学院经济作物研究所从地方品种"小丰"的变异单株中, 经系统选育而成的绿豆新品种, 2006 年通过辽宁省农作物品种审定委员会审定。适宜在辽宁、吉林、内蒙古等地区种植。

(1) 特征特性。株型紧凑, 直立型, 有限结荚习性, 茎秆粗壮, 叶色深绿, 结荚集中, 成熟一致。株高 56 厘米左右, 主茎分枝 3 ~ 5 个, 单株荚数 30 ~ 45 个, 单荚粒数 10 ~ 15 粒, 百粒重 6 克。荚黑褐色, 籽粒长圆柱形, 大小均匀一致, 色泽鲜绿, 有光泽。从出苗到成熟生育日数为 65 天左右, 需要有效积温 1 800 ~ 2 200℃·天, 属于特早熟绿豆品种。植株生长旺盛, 对绿豆叶斑病、枯黄萎病有较强的抗性。

(2) 品质性状。经辽宁省种子检测中心测定, 籽粒中蛋白质含量为 24.94%, 脂肪含量为 0.97%, 淀粉含量为 48.3%。

(3) 产量表现。2004—2005 年, 参加辽宁省绿豆区域试验, 两年平均产量为 1 573 千克/公顷, 比对照品种大鹦哥绿增产 15%; 2004—2005 年, 参加辽宁省绿豆生产试验, 两年平均产量为 1 313.6 千克/公顷, 比对照品种大鹦哥绿增产 10.5%。

（4）栽培技术。

①整地。对土壤条件要求不高，一般选择肥力较好、透水性好的沙质土壤为佳。前茬以禾本科作物较好，忌重茬和迎茬。早秋深耕，耕深 15～25 厘米，播种前，浅耕细耙，起垄播种，垄宽一般为 45～55 厘米。

②播种。春播期为 5 月 10 日至 6 月 10 日，夏播期为 6 月 20 日至 7 月 3 日，不能晚于 7 月 5 日。播种方法可采用条播和穴播，播深为 3～5 厘米，稍晾晒后镇压保墒，用种量为 15～20 千克/公顷。

③施肥。在低等或中等肥力的地块，需施有机肥 10 000～15 000 千克/公顷作底肥，复合肥 150 千克/公顷作种肥，开花前追施硝铵 200 千克/公顷左右。

④田间管理。当第一片复叶出现时要及时间苗，2～3 片复叶时定苗。一般行距 45～55 厘米，株距 8～12 厘米，根据肥地宜稀、薄地宜密的原则，一般保苗在 15 万～20 万株/公顷，结合农田管理，进行三铲三蹚。生长发育前期，一般虫害发生较频繁，可喷施敌杀死或吡虫啉 1～3 次，防治蚜虫、红蜘蛛等的为害，生长后期要注意绿豆象的防治。

⑤收获。在田间 75% 的豆荚成熟时，进行收获。收获后要及时晾晒、脱粒、晒种。种子含水量在 14.5% 以下时，入库保存。

2. 辽绿 29

辽宁省农业科学院经济作物研究所以阜绿 2 号为母本、保 942－34 为父本进行人工杂交，采用系谱法选育而成的绿豆新品种。2013 年通过辽宁省农作物品种审定委员会备案，适宜在辽宁的大部分地区种植。可作为下茬复种作物，还可与其他作物间作或套种，也可作为补种救灾作物。

（1）特征特性。株型紧凑，直立型，亚有限结荚习性，茎秆粗壮，叶色深绿。株高 83 厘米左右，主茎分枝 3.6 个，单株荚数 24.5 个，单荚粒数 10.9 个，荚长 10.7 厘米，单株粒重 13.14 克，百粒重 5.92 克。荚弓形，成熟荚为褐色，结荚集中，成熟一致，便于机械统一收获。籽粒大小均匀一致，有光泽。从出苗到成熟生育日数为 82 天，属于早熟绿豆品种，对绿豆病毒病、叶斑病、白粉病有较强的抗性。

（2）产量表现。在 2013 年辽宁省杂粮备案品种试验中，平均产量为 1 722.6 千克/公顷，比对照品种辽绿 8 号增产 6.3%。

（3）栽培技术。

①整地。对土壤肥力要求不严，一般选择肥力较好，透水性好的沙质

土壤为佳，忌重茬和迎茬，不宜与豆科作物轮作，前茬为禾本科作物较好。播种前要浅耕细耙，起垄播种，垄宽一般为 40～45 厘米。

②施肥。整地起垄时，一次性施入复合肥 150～200 千克/公顷，或施磷酸二铵 100～150 千克/公顷，有条件的农户加施一定数量的农家肥效果更好。

③播种与适宜密度。辽宁地区播期为 5 月 10 日至 6 月 20 日。作为下茬，辽南地区播期不能晚于 8 月 5 日。播种方法可采用条播和穴插，播深为 3～5 厘米，条播行距 40～45 厘米，株距 7～10 厘米，稍晾晒后镇压保墒，用种量为 30～35 千克/公顷，一般保苗 18 万～20 万株/公顷。

④田间管理。苗期特别要注意草荒，播种后第二天，可喷施金都尔除草剂封垄。3～4 片叶时，及时进行第一次趟地，分枝至开花前，进行第二次趟地，避免草荒。苗期还要注意蚜虫等害虫的为害，可选用 10% 吡虫啉可湿性粉剂 2 500 倍液、亩旺特 2 000 倍液、0.9% 爱福丁 2 000 倍液等药剂，叶面喷施。整个生育期间不需要追肥。

⑤收获。当田间植株 95% 以上达到成熟时，即可一次性收获。收获时尽量避开阴雨天，以防影响商品质量。

3. 吉绿 4 号

吉林省农业科学院作物育种研究所以白 825 为母本、公绿 1 号为父本，经人工杂交选育而成的绿豆新品种，2007 年通过吉林省农作物品种审定委员会审定。适宜在吉林省中西部地区以及辽宁、黑龙江、内蒙古等相邻区域种植。

（1）特征特性。亚有限结荚习性，植株半蔓生型。幼茎绿色，主茎粗壮，根系发达。株高 70 厘米左右，主茎分枝 2.5 个，单株荚数 10～20 个，单荚粒数 12 粒，荚长 10.9 厘米，百粒重 6.5 克。成熟荚呈黑色，籽粒短圆柱形，颜色浅绿，白脐，种皮薄且有光泽。出苗至成熟生育日数 100 天，属中早熟绿豆品种。经吉林省农业科学院植物保护研究所鉴定，抗病毒病、细菌性斑点病、霜霉病及灰斑病。

（2）品质性状。根据品质检测分析，籽粒中粗蛋白质含量为 24.52%，脂肪含量为 1.06%。

（3）产量表现。2008 年，参加吉林省绿豆区域试验，平均产量为 1 290.64 千克/公顷，比对照品种白绿 6 号增产 7.2%；2005—2006 年，同时参加吉林省绿豆生产试验，两年平均产量为 1 274 千克/公顷，比对照品种白绿6号平均增产5.1%。

（4）栽培技术。

①精细整地。秋季要深耕细耙，要求田间无坷垃，深浅一致，地平土碎。若整地不细，有明暗坷垃或土壤不踏实，会造成种子播种深浅不一，影响出苗；土壤通气不良，影响根瘤菌的发育和土壤微生物活动。

②适时播种。根据当地气候条件和该品种的生育期适期播种。春播一般在5月中下旬，播深3～5厘米，忌重茬。

③合理密植。单作时用种量15～30千克/公顷，条播行距60厘米，一般种植密度12万～17万株/公顷。

④田间管理。在中等土壤肥力条件下，播种时施种肥（氮、磷、钾复合肥）250千克/公顷左右；同时撒毒谷，防治地下害虫，以确保全苗。及时中耕除草，防治蚜虫为害。开花后和贮藏期及时熏蒸，防治绿豆象。

4. 白绿9号

吉林省白城市农业科学院以鹦哥绿925为母本、外引材料88071为父本，进行有性杂交选育而成的绿豆新品种，2007年通过吉林省农作物品种审定委员会审定。适宜在吉林省西部地区、黑龙江省西部和内蒙古兴安盟等邻近省区种植。适合生豆芽用。

（1）特征特性。植株半直立型，无限结荚习性，幼茎绿紫色，花蕾绿紫色，株高64.3厘米，主茎分枝3个，单株荚数29个，单荚粒数12.3个，荚长11.9厘米，百粒重6.9克，籽粒长圆柱形，粒色黄绿色。从播种至成熟全生育期98天左右，需有效积温约2 120℃·天。抗叶斑病和菌核病，较抗根腐病。

（2）品质性状。经检测，籽粒中粗蛋白质含量为25.9%。

（3）产量表现。2006—2007年，参加吉林省绿豆区域试验，两年平均产量为1 587.2千克/公顷，比对照品种白绿6号增产11.6%；2007年，参加吉林省绿豆生产试验，平均产量为1 498.3千克/公顷，比对照品种白绿6号增产12.3%。

（4）栽培技术。

①播种。适宜播种期为5月上旬至下旬，播种量20千克/公顷左右。可采用垄上开沟条播或点播，株距10～15厘米，保苗14万～18万株/公顷。

②施肥。播种时，可增施有机肥，一般为农家肥15 000千克/公顷左

右，配合施足底肥，施入磷酸二铵种肥 100～150 千克/公顷。播种深度一般为 3～5 厘米，镇压保墒。

③田间管理。开花结荚前，要进行中耕除草 3 次（三铲三蹚），开花期结合封垄追施硝酸铵、尿素等氮肥 45～65 千克/公顷。在生育中、后期，遇旱要及时灌溉，以防止落花、落荚。生育期可喷施 10% 吡虫啉可湿性粉剂、阿维菌素、敌杀死等农药，防治蚜虫、红蜘蛛等虫害。

5. 嫩绿 1 号

黑龙江省农业科学院嫩江农业科学研究所杂粮育种研究室以 8302（绿丰 1 号×绿－1）为母本、82101（绿丰 1 号×绿选 18）为父本，采用人工有性杂交选育出的绿豆新品种，2006 年通过国家农作物品种审定委员会的鉴定。适宜在我国东北及西北地区种植，优质产区为东北地区，包括黑龙江、吉林、辽宁、内蒙古等省区。

（1）特征特性。无限结荚习性，主茎直立，幼苗、成株茎均为绿色，株高 54～79 厘米。子叶肥大，叶心脏形，绿色。主茎分枝 4～6 个，主茎节数 10～11 个。花黄色，花冠为蝴蝶形。荚圆桶形、黑色，荚长 10.9～11.5 厘米，单株结荚 29～32 个，单荚粒数 11～12 个。籽粒短圆柱形，绿色，白脐。百粒重 6.33～6.68 克，全生育期 86～94 天，需要 ≥10℃ 的有效积温 2 400℃·天。经吉林省农业科学院植物保护研究所鉴定，抗病毒病、细菌性斑点病、霜霉病及灰斑病。

（2）品质性状。经农业部农产品质量监督检验测试中心测试，籽粒中含有粗蛋白质 22.67%，粗脂肪 1.53%，粗淀粉 52.26%，水分 10.9%，可溶性糖 3.19%。

（3）产量表现。2004—2005 年，参加国家小宗粮豆东北组区域试验，2004 年平均产量为 1 922.7 千克/公顷，2005 年平均产量为 1 630.7 千克/公顷。两年平均产量为 1 776.7 千克/公顷，比对照品种白绿 522 增产 14.2%。

2004—2005 年，参加国家小宗粮豆西北组区域试验，2004 年平均产量为 1 174.5 千克/公顷，2005 年平均产量为 1 282 千克/公顷。两年平均产量为 1 228.3 千克/公顷，比对照品种冀绿 2 号增产 14.2%。

2005 年，同时进行国家小宗粮豆生产试验，以白绿 522 为第一对照品种，以当地主栽绿豆品种为第二对照品种，平均产量为 1 767 千克/公顷，较统一对照品种白绿 522 平均增产 10.4%，较当地主栽绿豆品种平均增产 5.9%。

（4）栽培技术。

①种子处理。播种前利用机械或人工对种子进行精选，剔除病粒、虫粒、小粒。

②选地。选择平岗地、土壤透水性良好地块为宜，忌重茬和迎茬，实行三年以上轮作。

③整地。前作收获后，及时灭茬、施肥、秋翻，做到无漏耕、无立垡、无坷垃、根茬翻埋良好，耕深 18～25 厘米，耕后及时耙、压，达待播状态。秋翻地，待土壤化冻 15 厘米左右时，要及时耙、耢、起垄、镇压，达到待播状态。春季土壤化冻 15 厘米深时，在已清除根茬的地块上实行三犁成垄，深施底肥，随打垄、随镇压，以待播种。

④播种。地温稳定通过 8℃时，即可播种。黑龙江省一般年份最佳播种期为 5 月 15 日至 25 日。播种量 22.5 千克/公顷，播种深度 3～4 厘米，播后镇压。

⑤施肥。要掌握底肥足、苗肥轻、花荚重追肥原则，提倡施用有机肥，结合翻地，施优质农家肥 15 000 千克/公顷。种肥可施磷酸二铵 100 千克/公顷左右。根据田间长势和种肥施用情况来确定追肥量，追肥以磷、钾肥为主，氮肥少施。

⑥田间管理。在三叶期间苗，掌握间小留大，间杂留纯，间弱留强。一般保苗 15 万～17 万株/公顷。绿豆前期生长缓慢，要进行中耕除草 3 次，后期拔除杂草。为害绿豆生长发育的主要虫害是蚜虫，可用 10% 吡虫啉可湿性粉剂进行防治。

⑦收获。种植面积小的可人工随熟随采收；种植面积大时，需要一次性机械收获，应以全部豆荚三分之二以上成熟时，为适宜收获标志。

（二）长江以北及沿线春绿豆区主要栽培品种

6. 冀绿 7 号

河北省农林科学院粮油作物研究所以优资 92－53 为母本、冀绿 2 号为父本，经有性杂交选育而成的绿豆新品种，2007 年通过河北省科学技术厅鉴定，2012 年通过内蒙古自治区品种审定委员会认定。适宜在北京、天津、河北、山东、河南、辽宁、吉林、黑龙江、内蒙古等夏播区和春播区种植。

（1）特征特性。株型紧凑，直立生长，春播株高 50 厘米左右，夏播 55 厘米左右；主茎分枝 3～4 个，主茎节数 8～9 节，单株结荚 20～50 个；

成熟荚黑色，圆筒形，长 9 ~ 12 厘米，单荚粒数 10 ~ 12 粒；籽粒长圆柱形，种皮绿色，有光泽，百粒重 6.8 克左右，结荚集中，成熟一致，不炸荚。夏播生育期 63 ~ 67 天，春播生育期 75 天左右，属早熟绿豆品种；出苗至成熟需要 ≥10℃ 有效积温 2 000℃·天左右。经田间自然鉴定，抗病毒病、根腐病和锈病，易感细菌性疫病。

（2）品质性状。经河北省农作物品种品质测试中心检验，籽粒中蛋白质含量为 20.8%，淀粉含量为 45.49%。2011 年经农业部谷物品质监督检验测试中心测试，籽粒中含粗蛋白（干基）20.83%，粗淀粉（干基）56.68%，粗脂肪（干基）1.63%。

（3）产量表现。2004 年，参加河北省绿豆品种区域试验，平均产量为 1 696.2 千克/公顷，较对照品种冀绿 2 号平均增产 15.08%；2005 年，参加河北省绿豆品种区域试验，平均产量为 1 571.4 千克/公顷，较对照品种冀绿 2 号平均增产 25.73%。

2010 年，参加内蒙古自治区绿豆品种区域试验，平均产量为 108.3 千克/亩，比对照品种白绿 522 增产 6.06%；2011 年，参加内蒙古治区绿豆品种生产试验，平均产量为 98.2 千克/亩，比对品种照白绿 522 增产 7.7%。

（4）栽培技术。

①适宜播期。春播适宜播期为 4 月下旬到 5 月中旬，夏播为 6 月 10 日至 30 日，最晚可持续到 7 月 10 日。

②合理密植。密度视耕地土壤肥力而定，一般中高水肥地 15 万 ~ 18 万株/公顷，瘠薄旱地 19.5 万 ~ 22.5 万株/公顷。

③肥水管理。要足墒播种，播深 3 ~ 5 厘米。苗期不旱不灌溉，盛花期视墒情可灌溉一次。中等肥力以上的地块一般不要需施肥，中低产的瘠薄地上，可增施磷酸二铵 150 千克/公顷作底肥，初花期追施尿素 75 千克/公顷。

④病虫害防治。苗期要及时防治蚜虫、地老虎、棉铃虫等，花荚期及时防治豆荚螟、豆野螟、蓟马等害虫。

⑤收获贮藏。80% 以上的荚成熟时，可一次性收获，也可分批摘荚。收获后及时晾晒、脱粒和清选；籽粒含水量低于 14% 时可入库贮藏，并用磷化铝熏蒸，以防豆象为害。

7. 冀绿9号

河北省农林科学院粮油作物研究所以冀绿2号为母本、河南黑绿豆为父本，经杂交选育而成的绿豆新品种，2007年通过河北省科技厅鉴定。适宜在河北、山东、河南、辽宁、吉林、湖北等省份春、夏播种植。

（1）特征特性。株型紧凑，直立生长，有限结荚习性；幼茎紫红色，成熟茎绿色，夏播株高48厘米，春播43厘米；主茎分枝3.6个，主茎节数8.3节；叶卵圆形，浓绿色，花浅黄色。单株结荚24.6个，荚长9.1厘米，圆筒形，成熟荚黑色，单荚粒数10.6个；籽粒长圆柱形，种皮黑色，有光泽，百粒重5.2克。该品种为早熟品种，结荚集中，成熟一致，不炸荚，夏播生育期65天，春播生育期80天。

（2）品质性状。经检测，籽粒中蛋白质含量为21.9%，淀粉含量为39.28%。

（3）产量表现。2004—2005年参加河北省绿豆品种区域试验，平均产量1 344千克/公顷，较对照品种冀绿2号平均增产0.9%；2005年进行生产鉴定，平均产量1 235千克/公顷，较对照品种冀绿2号平均减产2.2%。

（4）栽培技术。

①适宜播期。春播为4月20日至5月30日，夏播6月10日至30日。密度15万~18万株/公顷。

②施肥管理。中等肥力以上的地块，一般不需施肥，瘠薄地可增施磷酸二铵150千克/公顷作底肥，初花期追施尿素75千克/公顷。

③防治害虫。苗期要注意防治蚜虫、地老虎、棉铃虫等，花荚期及时防治豆荚螟、豆野螟、蓟马等。

④收获贮藏。绿豆荚80%以上成熟时，可一次性收获，也可分批摘荚。要及时晾晒、脱粒、清选，籽粒含水量在14%以下时，可入库贮藏，并用磷化铝熏蒸，以防豆象为害。

8. 保绿942

河北省保定市农业科学研究所以冀绿2号为母本、邓家台绿豆为父本，利用杂交方法育成的绿豆新品种，2006年通过国家小宗粮豆品种鉴定委员会鉴定。适宜在河北、河南、陕西、山东等适宜生态区种植。

（1）特征特性。株型紧凑，直立型，顶部结荚；株高53.4厘米，叶色浓绿，花黄色；主茎分枝3.1个，主茎节数9.2节，单株结荚25.2个，荚长10厘米，单荚粒数11粒，百粒重5.8克；荚黑色，不炸荚，籽粒绿色，短圆柱形，有光泽。夏播生育期60～62天，属特早熟绿豆品种。

（2）品质性状。经测定，籽粒中粗蛋白含量为23.31%，粗淀粉含量为51.61%，粗脂肪含量为1.62%，可溶性糖含量为3.3%。

（3）产量表现。2003年，参加国家绿豆夏播组区域试验（预试），平均产量为1 330.5千克/公顷，比对照品种冀绿2号减产1.32%。2004—2005年，参加国家绿豆夏播组区域试验，2004年平均产量为1 723.5千克/公顷，比对照品种冀绿2号增产3%；2005年平均产量为1 528.5千克/公顷，比对照品种冀绿2号增产11.1%；两年平均产量1 626.2千克/公顷，比对照品种冀绿2号增产6.6%。2005年，参加国家绿豆生产试验，平均产量为1 519.5千克/公顷，较对照品种当地主栽品种增产37.6%。

（4）栽培技术。

①播期。适宜播期范围大，春、夏播均可，可平播也可间作。作为救灾作物，从4月20日至7月20日，均可播种；夏播区一般于6月15日以后播种。

②密度。平播一般播种量为15～22.5千克/公顷。播深3～4厘米，行距50厘米，单株留苗，一般中水肥条件下，留苗密度10.5万～12万株/公顷。留苗密度随水肥条件酌情减少或增加。

③肥水管理。有条件的地块，一般播前施N、P、K复合肥225千克/公顷，或磷酸二铵120～150千克/公顷。绿豆耐旱，一般年份不用灌溉，但特殊干旱年份花荚期应及时灌溉防旱。

④病虫草害防治。一般播种后，及时喷施金都尔除草剂封闭性防除杂草，封垄后可人工拔除田间大草；未使用除草剂或除草剂效果不好的地块，封垄前应进行中耕除草，并注意随时拔除田间大草。苗期可用10%吡虫啉可湿性粉剂防治蚜虫，花荚期用2 000倍福奇或1 000倍菊酯类药物，防治棉铃虫和豆荚螟等害虫的为害。收获后及时用磷化铝熏蒸籽粒，防治绿豆象。

9. 晋绿豆6号

山西省农业科学院经济作物研究所以绛县绿豆为母本、汾阳农家品种灰骨绿为父本，进行人工有性杂交，采用系谱法处理，按照育种目标，经多代定向选育而成的绿豆新品种，2009年通过山西省农作物品种审定委员会认定。适宜在山西省中部同纬度地区春播和中南部地区复播种植。

（1）特征特性。株型半直立，无限结荚习性，株高50～75厘米；根系发达，子叶肥大，成株叶色鲜绿；总状花序，腋生，花黄色，花冠蝴蝶形；主茎节数8～12个，单株分枝3.5个，单株结荚27.1个，荚长6～10厘米，单荚粒数9～11粒；荚细长，筒状，成熟时呈黑褐色；籽粒椭圆形，明绿，光亮，白脐，百粒重5.6克。从出苗到成熟生育期春播80～90天，复播70～80天，属早熟绿豆品种。经田间自然鉴定，抗枯萎病、叶斑病和白粉病。

（2）品质性状。根据农业部谷物及制品质量监督检验测试中心（哈尔滨）检测，籽粒中蛋白质含量为24.13%，粗脂肪含量为0.74%，粗淀粉含量为52.64%。

（3）产量表现。2007—2008年，参加山西省绿豆直接生产试验，两年平均产量为1 198.5千克/公顷，较对照品种晋绿豆1号增产12.9%。

（4）栽培技术。

①适宜播期。春播气候稳定在16℃以上时即可，一般在4月下旬至5月中旬进行；复播以6月中、下旬为宜，也可持续到7月5日。

②播种方法。主要是条播和点播，单作以条播为主，间作、套种和零星种植通常采用点播。一般条播用种量为22.5～30千克/公顷，间作和套种可根据实际情况而定。播种时应注意下籽均匀，深浅一致，播深3～4厘米。春播土壤水分蒸发快，气温低，应略深些；夏播雨水较多，气温高，应浅些。

③合理密植。在一般栽培条件下，种植密度以12万～20万株/公顷为宜，种植密度还因土壤条件和播期而变化。一般瘠薄地20万株/公顷，中等地18万株/公顷，肥沃地12万～15万株/公顷，复播留苗18万～20万株/公顷为宜。

④田间管理。第1～2片复叶出现时，要进行人工间苗，3～4片复叶出现时，按种植密度定苗；为了防止地表板结及草荒，在苗期中耕最少3次；苗期不旱不灌溉，盛花期、结荚期可视墒情各灌溉一次；中等肥力以上的地块，一般不需施肥，瘠薄地可进行追肥。根际追肥可结合封垄前最后一次中耕，追施复合肥60～100千克/公顷或尿素45～60千克/公顷；也可在初花期到鼓粒期进行叶面喷施，用尿素7.5～9千克/公顷加1%～2%的过磷酸钙浸出液或2%磷酸二氢钾水溶液，每隔7天喷施一次，连续喷施2～3次，每次可喷液600～750千克/公顷，同时可根据苗情缺素状况加入微量元素肥料。

⑤病虫防治。7月中下旬，开花期防治蚜虫，用10%吡虫啉可湿性粉剂、600～750千克/公顷喷雾；7月下旬、8月上旬，结荚期防治豆象，用48%乐斯本2 000倍液225～450千克/公顷喷雾。

⑥收获贮藏。田间有三分之二豆荚变成黑褐色时，在早晨或下午收获，也可随熟随收，分批分次摘荚。收获后及时脱粒晾晒，当籽粒含水量在13%以下时，即可入库贮藏，要放在干燥、通风、低温条件下，并用药剂熏蒸，以防绿豆象为害。

10. 晋绿豆7号

山西省农业科学院小杂粮研究中心以抗豆象的野生绿豆资源TC1966为亲本，与栽培种绿豆品种VC1973A、VC2802A、串地龙等材料杂交后，再从杂交后代中选取较为理想的材料与NM92进行杂交，从后代中定向选择筛选而成的抗绿豆象的绿豆新品种，2011年通过山西省品种审定委员会认定。适宜在山西省北部地区春播、中南部地区夏播复播种植。

（1）特征特性。株型直立，株高50厘米，幼茎绿色，成熟茎褐色，茎上有灰白色绒毛；主茎节数10～12节，主茎分枝2～3个，单株荚数20个，单荚粒数10～11粒；复叶卵圆形，花黄色，成熟荚为黑色硬荚，圆筒形；籽粒椭圆形，种子表面光滑，种皮绿色，有光泽，百粒重6.5克。生育期春播80天，夏播65天，属中熟绿豆品种。抗旱、抗病性较好，高抗绿豆象。

（2）品质性状。经农业部谷物及制品质量监督检验测试中心（哈尔滨）检验，籽粒中蛋白质含量为22.42%，脂肪含量为1.11%，淀粉含量为53.76%。

（3）产量表现。2006—2007年，参加山西省绿豆品种比较试验，2006年产量为1 503千克/公顷，比对照品种晋绿豆1号增产13.4%；2007年产量为1 657.5千克/公顷，比对照品种晋绿豆1号增产11.5%。2008—2009年，参加山西省绿豆品种多点生产鉴定试验，2008年平均产量为1 401千克/公顷，比对照品种晋绿豆1号增产14.8%；2009年平均产量为1 707千克/公顷，比对照品种晋绿豆1号增产13.7%。

（4）栽培技术。

①播期。南部夏播区，麦收后抢墒播种；北部春播区，一般在5月中下旬播种。

②密度。可条播和点播，一般播种量22.5千克/公顷，播种深度3～5

厘米，留苗密度 15 万株/公顷左右。

③田间管理。花期遇旱，要及时灌溉，结合灌溉，可施尿素或者复合肥 150 千克/公顷。可喷施 10% 吡虫啉可湿性粉剂 1 000 倍液，防治蚜虫，每隔 7 天喷施一次，连续防治 2 ~ 3 次。

④收获。当植株上有 60% ~ 70% 的荚成熟时，开始采摘，可分期采摘。每隔 6 ~ 8 天采收一次，效果最好。

（三）北方区主要栽培品种

11. 中绿 8 号

中国农业科学院作物科学研究所选育而成的优质、高产、多抗的绿豆新品种，2011 年通过北京市品种审定委员会的鉴定。适宜在我国各绿豆产区种植，不仅适宜麦后复播，还可与玉米、棉花、甘薯等作物间作套种。

（1）特征特性。植株直立，株高约 60 厘米。主茎分枝 2 ~ 4 个，单株结荚 30 ~ 50 个。结荚集中，成熟一致，不炸荚，适于机械化收获。成熟荚黑色，荚长约 10 厘米，单荚粒数 10 ~ 11 粒。籽粒碧绿，有光泽，籽粒饱满，商品性好，百粒重约 7.2 克。夏播生育期 70 ~ 80 天，属早熟绿豆品种。经田间自然鉴定，表现为抗病毒病和叶斑病。

（2）产量表现。在鉴定试验区试中，平均产量达 100 千克/亩。

（3）栽培技术。

①适期播种。春、夏播均可，春播一般在 4 月下旬至 5 月中旬，夏播一般在 6 月中、下旬，最晚播期在 7 月 15 日前。可平播也可间作，忌重茬。

②合理密植。一般密度 1 万株/亩左右。要及时间苗、定苗、中耕除草，开花前适当培土。

③田间管理。夏播地块，如播种前未施基肥，应结合整地施入 N、P、K 复合肥 15 ~ 20 千克/亩，或在分枝期追施尿素 5 千克/亩。如开花、结荚期遇旱，应适当灌溉。要适时喷药，及时防治叶斑病，及蚜虫、红蜘蛛等病虫为害。并适时收获，提倡分批采收，并结合打药进行叶面喷肥。

12. 中绿 10 号

中国农业科学院作物科学研究所选育的优质、高产、多抗的绿豆新品种，2009 年通过北京市品种审定委员会的鉴定，2012 年通过河南省品种审定委员会的鉴定。适宜在我国各绿豆产区种植。

（1）特征特性。植株直立，株高 40 ~ 45 厘米，幼茎紫色，主茎分枝

2~3个，单株结荚 20 个左右，多者可达 40 个，结荚集中，不炸荚。成熟荚黑色，荚长 10 厘米左右；单荚粒数 10 粒左右，百粒重 6.5 克，籽粒碧绿色，有光泽，饱满度好。在北京地区，夏播生育期仅 70 天左右，属特早熟绿豆品种；在冀中南春播生育期 70 天左右，夏播生育期 60 天左右。经田间自然鉴定，抗叶斑病、锈病，较抗白粉病，抗豆野螟，耐旱、耐涝性好。

（2）产量表现。一般产量 100~130 千克/亩，最高产量可达 150 千克/亩以上。

（3）栽培技术。

①适期播种。春、夏播均可，可平播也可间作，忌重茬。适宜播期为 4 月下旬至 6 月下旬。

②适宜密植。一般密度 1 万株/亩左右。要及时间苗、定苗、中耕除草，开花前适当培土。

③田间管理。夏播地块，如播种前未施基肥，应结合整地增施 N、P、K 复合肥 15~20 千克/亩，或在分枝期追施尿素 5 千克/亩。苗期不旱不灌溉，如花期遇旱，应适当灌溉。适时喷药，防治叶斑病及蚜虫、红蜘蛛等病虫为害。

④适时收获。当绿豆 80% 的豆荚变黑成熟时，要及时收获，提倡分批采收，并结合打药进行叶面喷肥。

13. 潍绿 5 号

山东省潍坊市农业科学院以 VC1973A 为母本、鲁绿 1 号为父本杂交，从杂交后代中经系统选育而成的绿豆新品种，2006 年通过国家小宗粮豆鉴定委员会鉴定。适宜在山东、陕西、北京、河北、河南等省市种植，特别适宜在山东省和陕西省的杨凌、岐山、大荔等地区春、夏播种植。

（1）特征特性。株型紧凑，直立生长，有限结荚习性；夏播株高 40~45 厘米，主茎分枝 2~3 个，主茎节数 8~9 节，单株荚数 20~30 个，荚长 9 厘米左右，单荚粒数 10~11 粒，百粒重 6 克左右；幼茎紫色，花浅黄色，叶卵圆形，成熟荚黑色，籽粒绿色，无光泽，圆柱形；结荚集中，成熟一致，不炸荚，适合一次性收获。夏播生育期 54~60 天，属特早熟绿豆品种。抗倒伏，抗病性较好。

（2）品质性状。经农业部食品质量监督检验测试中心（济南）检验，籽粒中粗蛋白质含量为 28.5%，粗淀粉含量为 48.37%。

（3）产量表现。2000—2001 年，参加山东省绿豆新品种区域试验，两年平均产量为 2 720 千克/公顷，比对照品种中绿 1 号增产 41.3%；2003—2005 年，参加国家绿豆品种（夏播组）区域试验，平均产量为 1 702 千克/公顷，比对照品种冀绿 2 号增产 11.6%。

（4）栽培技术。

①适期播种。4 月中旬至 7 月中旬皆可播种。选择中上等肥力地块种植，忌重茬。

②合理密植。夏播密度 22.5 万~30 万株/公顷为宜，春播可增加至 33 万株/公顷。

③水肥管理。前茬作物应适当多施有机肥和磷钾肥。施肥应以基肥为主，种肥为辅，有机肥与无机肥结合，开花前追施磷酸二铵或复合肥 150 千克/公顷。遇旱时，特别是结荚后遇旱，应及时灌溉。

④防治病虫害。苗期以防治地下害虫、蚜虫、红蜘蛛为主，开花后应做好棉铃虫、豆荚螟、食心虫等害虫的防治，避免危害花荚。

⑤分批收获。植株上 60%~70% 荚成熟时，即可开始收获，收获时要保护好花及嫩荚，以后每隔 6~8 天收获一次。收获后要及时晾晒、脱粒、熏蒸，预防绿豆象为害。

14. 潍绿 7 号

山东省潍坊市农业科学院以潍绿 32-1 为母本、潍绿 1 号为父本杂交，从杂交后代中经系统选育而成的绿豆新品种，2006 年通过山东省品种审定委员会审定。适宜在山东省各地区种植。

（1）特征特性。植株直立型，株形紧凑，有限结荚习性。株高 59 厘米左右，主茎节数 8.8 节，单株分枝数 1.7 个，单株荚数 18.1 个，单荚粒数 10.8 粒，籽粒短圆柱形，绿色，无光泽，百粒重 5.95 克。夏播全生育期 62 天，属早熟绿豆品种。

（2）品质性状。经检测，籽粒中粗蛋白含量为 26.5%，淀粉含量为 51.8%。

（3）产量表现。2008—2009 年，参加山东省绿豆品种区域试验，两年平均产量为 129.8 千克/亩，比对照品种潍绿 4 号增产 23.4%。2009 年，参加山东省绿豆品种生产试验，平均产量为 130.4 千克/亩，比对照品种潍绿 4 号增产 22.9%。

（4）栽培技术。

①适期播种。夏季播种以 6 月上中旬为好，选择中上等肥力地块种植，忌重茬。

②合理密植。播种量 1 千克左右/亩，一般密度 1.2 万 ~ 1.6 万株/亩，播深 3 ~ 5 厘米。

③水肥管理。施肥应以基肥为主，种肥为辅，有机肥与无机肥结合，开花前追施磷酸二铵或复合肥 150 千克/公顷。在盛花、盛荚期遇旱及时灌溉。

④防治病虫草害。播种后及时喷施金都尔防除杂草，生长中期拔除田间大草。苗期用氯氰菊酯 1：1 000 倍液防治菜青虫，开花期喷施乐斯本或福奇防治蚜虫和豆荚螟。

⑤及时收获。植株上 70% 荚成熟时，及时收获，每隔 6 ~ 8 天收获一次。及时晾晒、脱粒、熏蒸，入库贮存。

15. 郑绿 8 号

河南省农业科学院粮食作物研究所以郑 92 - 53 为母本、冀绿 2 号为父本有性杂交，从杂交后代中经系统选育而成的绿豆新品种，2010 年通过河南省农作物品种审定委员会的鉴定。适宜在河南省与红薯、土豆、棉花、烟草、玉米等作物间作套种或接茬间隙种植。

（1）特征特性。株型直立，不拖蔓，株高 49.9 厘米，主茎节数 8.4 节，主茎分枝数 3.4 个。幼茎紫色，叶心形，绿色，花黄色。单株荚数 22.5 个，荚长 10.4 厘米，成熟荚皮黑色，荚棒形，单荚粒数 10.5 个，百粒重 6.44 克。籽粒圆柱形，明绿色，结荚集中。生育期 60 天左右。抗倒性好，抗根结线虫病，抗花叶病毒病，抗锈病及白粉病。

（2）品质性状。经检测，籽粒中蛋白质含量为 23.76%，淀粉含量为 42.53%。

（3）产量表现。2009 年，参加河南省夏播绿豆新品种区域试验，平均产量为 1 913.9 千克/公顷，春播一般产量为 2 250 千克/公顷左右。2008 年，在河南省南阳市社旗县示范种植 10 公顷，平均产量达 3 000 千克/公顷。

（4）栽培技术。

①适期播种。从 4 月下旬至 7 月上旬，均可播种，春播在无霜期后种植，夏播以 6 月中旬为宜。

②适宜密植。种子播量 20 千克/公顷左右,播深 3 ~ 5 厘米,行距 50 厘米,株距 15 ~ 20 厘米,基本苗 15 万株/公顷左右,麦茬地可免耕直接进行机播,墒情要足,保证种子发芽。留苗密度在 13.5 万 ~ 16.5 万株/公顷,也可根据地力掌握"薄地密、肥地稀"的原则,适当调整留苗密度。

③田间管理。盛花、盛荚期遇旱,应及时灌溉。播种后及时用金都尔化学除草剂,进行地面喷雾处理;苗期用氯氰菊酯 1∶1 000 倍液防治菜青虫,开花期喷施乐斯本或福奇防治蚜虫和豆荚螟。

④机械收获。在绿豆结荚成熟达 70% 以上时,用乙烯利(需 1 周时间)或百草枯(需 2 天左右)对植株进行催熟,在绿豆植株茎秆完全干枯后,使用小麦联合收割机进行收获。收获后要及时晾晒,防止霉变。

16. 郑绿 11 号

河南省农业科学院粮食作物研究所以郑绿 5 号为母本、保 865 - 18 - 3 为父本有性杂交,经系统选育而成的绿豆新品种,2015 年通过河南省农作物品种审定委员会的鉴定。适宜在河南省绿豆产区种植。

(1)特征特性。株型直立,有限结荚习性,株高 47.1 厘米,主茎节数 7.9 节,主茎分枝数 3.3 个;叶绿色,心形,花黄色;单株荚数 23.8 个,荚长 9.4 厘米,棒形荚,成熟时荚皮黑色;籽粒圆柱形,绿色,单荚粒数 11.4 个,百粒重 5.93 克。全生育期 61 天,属早熟绿豆品种。经田间观察,综合抗病性好,抗倒性好,抗旱性强,不耐涝。

(2)品质性状。经检测,籽粒中蛋白质含量为 24.21%,粗脂肪为 0.74%,粗纤维含量为 3.76%。

(3)产量表现。2010—2011 年,参加河南省绿豆新品种区域试验,两年平均产量 117.91 千克/亩,较对照品种豫绿 4 号增产 9.69%;2015 年,参加河南省绿豆品种鉴定试验,平均产量 116 千克/亩,较对照品种豫绿 4 号增产 21%。

(4)栽培技术。

①适期播种。从 4 月下旬至 7 月上旬,均可播种,春播在无霜期后种植,夏播 6 月中旬为宜。

②适宜密植。播量 20 千克/公顷左右,播深 3 ~ 5 厘米,行距 50 厘米,株距 15 ~ 20 厘米,基本苗 15 万株/公顷左右。也可根据地力掌握"薄地密、肥地稀"的原则,适当调整留苗密度。

③田间管理。播种后及时用金都尔封地处理,防除杂草;若盛花、盛

荚期遇干旱，应及时灌溉防旱。苗期用氯氰菊酯 1∶1 000 倍液防治菜青虫，开花期喷施乐斯本或福奇防治蚜虫和豆荚螟。

④适时收获。在绿豆 70% 以上荚成熟达时，要及时收获。收获后要及时晾晒，防止霉变。

（四）南方区主要栽培品种

17. 苏绿 3 号

江苏省农业科学院蔬菜研究所以 Korea7 为母本、中绿 1 号为父本，通过有性杂交选育而成的黄种皮绿豆新品种，2011 年通过江苏省农作物品种审定委员会鉴定。适宜在江苏省及南方各绿豆产区栽培种植，春、夏播均可，不仅适宜麦后复播，更适合与玉米、棉花、甘薯等作物间作套种，在中上等肥水条件下种植最佳。

（1）特征特性。株型较松散，直立生长，有限结荚习性，夏播株高 58 厘米左右。幼茎紫色，花浅黄色，叶卵圆形，叶片中等大小，叶色深绿。主茎节数 14.8 节左右，单株有效分枝 3.8 个，单株荚数 23~32 个，荚长 8.8 厘米左右，单荚粒数 9.1 粒，单株籽粒 240 粒左右；荚羊角形，成熟荚黑色。籽粒黄色，光泽强，百粒重 6.5 克左右。夏播生育期 89 天左右，属中熟绿豆品种。结荚集中，不裂荚，成熟一致，适宜一次性收获。中抗绿豆病毒病，耐瘠耐盐碱，耐旱性较强。

（2）产量表现。2008—2009 年，参加江苏省夏播绿豆区域试验，两年平均产量 122.1 千克/亩，与对照品种苏绿 1 号相当；2010 年，参加苏省夏播绿豆生产试验，平均产量 116 千克/亩，较对照品种苏绿 1 号增产 5.2%。

（3）栽培技术。

①适期播种。在江淮之间，可从 4 月中旬播至 8 月 5 日，淮北可播至 7 月底。最适播期为 6 月上中旬，可于 6 月 10 日至 25 日进行播种。

②合理密植。用种 15~22.5 千克/公顷，一般春播留苗 9.6 万株/公顷，夏播留苗 12 万株/公顷。迟于适宜播期，密度适当增加。

③肥水管理。在中等肥力的地块种植，用 25% 的复合肥 600 千克/公顷或 45% 的复合肥 450 千克/公顷，开花期根据苗情可用 75~225 千克/公顷尿素作促花肥；遇旱要及时灌溉。

④除草治虫。播后苗前用精异丙甲草胺作土壤封闭处理，也可于杂草 3 叶期用氟吡甲禾灵加氟磺胺草醚对水定向喷雾除草。开花结荚期用菊酯类农药防治花甲螟虫 1~2 次，以提高结荚率及减少虫蛀率。可在豆象成虫盛

发期或结荚初期至开花末期，喷施80%敌敌畏乳油3 000倍液，或2.5%溴氰菊酯乳油2 000~3 000倍液，每隔5~7天喷一次，连续防治2次。

⑤收获贮藏。在下雨前要及时进行采收，防止霉烂。可选用敌敌畏（每50千克种子用80%敌敌畏乳油5毫升，装入小瓶中并用纱布封口，立放于种子表面，外部密封保存24小时）、磷化铝熏蒸（按照每立方米1~2片的比例，在密封的仓库内熏蒸24小时）等方法，进行仓库贮藏期间绿豆象的防治。

18. 苏绿5号

江苏省农业科学院蔬菜研究所以绿豆种质苏资8号为母本、以从泰国引进的资源抗豆象1号为父本进行有性杂交，经过系谱法选育出的抗绿豆象的绿豆新品种，2014年通过江苏省农业委员会组织的成果鉴定。适宜在江苏省及生态气候相似的邻近地区种植。

（1）特征特性。植株直立，株型收敛，株高63.3厘米，主茎节数12.2个，单株分枝4.2个；单株结荚35.2个，荚长8.8厘米，单荚粒数9.9粒，单株粒重17.1克；籽粒绿色，光泽强，圆柱形；百粒重6.21克，全生育期92天。田间表现和人工接种鉴定表明，抗旱性强，抗病毒病强，抗倒伏强，高抗绿豆象。

（2）产量表现。2011年，参加江苏省绿豆区域试验，平均产量为2 370千克/公顷，比对照品种苏绿1号增产21.5%；2012—2013年，参加江苏省绿豆生产试验，比对照品种苏绿1号平均增产15.2%。

（3）栽培技术。

①播种。选择能排能灌、前茬未种过豆科作物的土壤种植。夏播适宜播期为6月15日至30日，播前晒种1~2天，以提高发芽率。

②适宜密度。采用人工穴播，行距40厘米，穴距15厘米，播量45千克/公顷，留苗18万株/公顷，不宜太密。有条件的地方可进行垄作栽培，垄高23~27厘米，垄距50厘米。

③合理肥水。基肥用纯氮90~105千克/公顷，纯磷90~105千克/公顷，纯钾75~90千克/公顷；开花期追施60~75千克/公顷纯氮作促花肥。

④病虫草害防治。播种后用精异丙甲草胺土壤封闭处理，杂草3叶期，用盖草能、禾草克、稳杀特杀灭单子叶杂草，用虎威杀灭双子叶杂草；开花结荚期防治食叶、食心性害虫1~2次，以提高结荚率，减少虫蛀。

⑤及时收获。根据田间长势，及时收获，以保证绿豆品质。

19. 鄂绿 4 号

湖北省农业科学院粮食作物研究所以鄂绿 2 号为母本、地方种质资源蔓绿豆为父本杂交，经系谱法选育而成的绿豆新品种，2009 年通过湖北省农作物品种审定委员会审（认）定。适宜在湖北省绿豆产区种植。

（1）特征特性。株型紧凑，直立生长，有限结荚习性，幼茎紫色，成熟茎绿紫色。对生单叶为披针形，复叶为卵圆形。花蕾绿紫色，花瓣黄紫色。豆荚羊角形，成熟荚黑色，荚茸毛密，褐色，结荚集中，不炸荚、不褐变。籽粒圆柱形，种皮黑色，有光泽，白脐。株高 47.2 厘米，主茎分枝 23 个，单株结荚 22～25 个。豆荚长 9.2 厘米，单荚粒数 10～14 粒，百粒重 5.1 克。夏播生育期 64 天，熟期适中。较抗病毒病和叶斑病，较耐旱，耐荫蔽。

（2）品质性状。经农业部食品质量监督检验测试中心（武汉）检测，籽粒中蛋白质含量 21.2%，淀粉含量 50.8%，脂肪含量 1%，氨基酸总含量 24.1%。

（3）产量表现。2006—2007 年，参加绿豆品种比较试验，平均产量达 1 435.5 千克/公顷，比对照品种中绿 5 号增产 5.34%。

（4）栽培技术。

①适时播种。以 5 月中旬至 6 月上旬播种为宜。条播或点播，地势低洼和地下水位较高的田块，宜起垄栽培，播种量 22.5 千克/公顷左右。

②合理密植。行距 50 厘米，株距 12 厘米，留苗 15 万～18 万株/公顷。

③科学肥水管理。中等肥力地块，一般底肥施复合肥 375 千克/公顷，氯化钾 75 千克/公顷；2～3 片复叶期追施尿素 60～75 千克/公顷；花期用 0.4% 磷酸二氢钾叶面喷施 2～3 次，以防花荚脱落及早衰。注意清沟排渍，花荚期遇干旱及时灌溉。

④防治病虫草害。播后苗前，可用精异丙甲草胺进行土壤封闭除草；在二叶一心期用高效盖草能喷雾，能有效防治禾本科杂草；用氟磺胺草醚定向喷雾，能有效防治阔叶杂草；杂草多可间隔 7 天再喷雾防治一次。生育后期拔除田间大草即可。生长期间主要病害有立枯病、白粉病、叶斑病。防治立枯病可用 50% 福美双拌种，或在发病初期用 20% 甲基立枯磷乳油 1 200 倍液喷雾；防治白粉病可用 40% 氟硅唑（福星）乳油 5 000～8 000 倍液喷雾；防治叶斑病可用 75% 多菌灵可湿性粉剂 600 倍液喷雾，连续防治

2~3 次。害虫主要有蚜虫、豆荚螟、斜纹夜蛾。防治蚜虫可用 10% 吡虫啉可湿性粉剂 2 500 倍液喷雾；防治豆荚螟和斜纹夜蛾可用 1.8% 阿维菌素乳油 2 000 倍液喷雾。

⑤适时采收。当田间 90% 以上豆荚成熟变为黑色、籽粒含水量 16% 左右时，即可一次性收获。也可分批次采收。收获后及时晾晒脱粒，待籽粒晒干，应用磷化铝熏蒸灭虫后再保存。

20. 鄂绿 5 号

湖北省农业科学院粮食作物研究所经过对湖北省绿豆地方资源的鉴定和筛选，挖掘并利用了地理远缘、遗传背景丰富的优良种质资源作为亲本，然后采用改良系选法和定向选择，而选育出的绿豆新品种。2014 年通过了湖北省农作物品种审定委员会的审（认）定，适宜在湖北省及同类型生态地区种植，适宜平作，也适合与其他作物或幼龄树间作套种。

（1）特征特性。株型紧凑，直立抗倒，有限结荚习性。株高 60~70 厘米，主茎分枝 3~5 个，单株结荚 25 个，单荚粒数 10.3 粒，荚长 9.6 厘米。叶卵圆形，中等大小，花色黄带紫色。幼荚绿色，成熟荚黑褐色，成熟时豆荚开裂习性弱，结荚相对集中，成熟一致，可一次性收获。籽粒长圆柱形，成熟籽粒绿色，种皮有光泽，百粒重 6.1 克左右。从播种至成熟全生育期为 70 天左右，属早熟绿豆品种。对叶斑病、白粉病和病毒病有一定的抗性。

（2）品质性状。经农业部食品质量监督检验测试中心（武汉）检测，干籽粒中粗蛋白质含量为 21.8%，粗脂肪含量为 1.76%，总淀粉含量为 51%。

（3）产量表现。2010—2011 年，参加湖北省绿豆品种比较试验，2010 年平均产量为 1 406.7 千克/公顷，比对照品种鄂绿 3 号增产 6.9%；2011 年平均产量为 1 418.8 千克/公顷，比对照品种鄂绿 3 号增产 6.8%。两年平均产量为 1 412.8 千克/公顷，比对照品种鄂绿 3 号增产 6.8%。

（4）栽培技术。

①适期播种。对土壤要求不严，忌与豆类作物连作。露地栽培一般在 4 月中旬至 7 月上旬，晚于 6 月 30 日以后，每晚播一天将减产 10% 左右；春早播和水肥差的地块应适当密植，肥水大的地块宜稀植。一般行距 50~60 厘米，株距 15~20 厘米，播深 3~5 厘米，每穴 2~3 粒，用种量 22.5 千克/公顷。栽培密度 15 万~18 万株/公顷，肥力充足地块或气温偏高、多雨年

份也可降至 12 万株/公顷左右。播种时随种撒施呋喃丹，防治地下害虫，出苗后及时间苗、补苗，两片三出复叶展开时，及时定苗。

②水分管理。一般不旱不灌溉，开花盛期为需水临界期，若遇严重干旱，及时灌溉 1～2 次，可增产 15%～20%。连续阴雨天气，要及时排水，防止田间积水。

③合理施肥。中等肥力的地块，可底施过磷酸钙 225～300 千克/公顷、硫酸钾 105～150 千克/公顷。肥力较差的地块，播种时可用根瘤菌剂拌种，苗期视长势强弱，可追施尿素 75 千克/公顷。初花期前控制肥水，开花结荚期结合防病治虫，用 0.3%～0.5% 磷酸二氢钾根外追肥。可在分枝期用 0.2% 矮壮素或壮丰灵喷施，控制群体旺长。

④病虫草害防治。播后苗前，用精异丙甲草胺进行土壤封闭除草，在二叶一心期，用高效盖草能喷雾，可有效防治禾本科杂草；用氟磺胺草醚定向喷雾，能有效防治阔叶杂草。防治立枯病可用 50% 福美双拌种，或在发病初期用 20% 甲基立枯磷乳油 1 200 倍液喷雾，防治白粉病可用 40% 氟硅唑（福星）乳油 5 000～8 000 倍液喷雾，防治叶斑病可用 75% 多菌灵可湿性粉剂 600 倍液喷雾，连续防治 2～3 次。防治蚜虫可采用 10% 吡虫啉可湿性粉剂 2 500 倍液喷施，防治豆荚螟和斜纹夜蛾可用 1.8% 阿维菌素乳油 2 000 倍液喷雾。

⑤收获。在田间 80% 的荚变为黑色，籽粒含水量达到 16%～18% 时，可一次性收获，也可分批采收。收获后及时晾晒，脱粒后要用磷化铝熏蒸灭虫后再保存。

二、小豆

（一）东北春小豆区主要栽培品种

1. 白红 5 号

吉林省白城市农业科学院以白红 1 号为母本、日本大正红为父本进行杂交，采用系谱法选育而成的小豆新品种，2007 年通过吉林省农作物品种审定委员会审定。适宜在吉林省各地区、黑龙江省西部和内蒙古兴安盟等邻近省区种植。

（1）特征特性。植株半直立型，无限结荚习性。株高 66.8 厘米，主茎分枝 2.6 个，单株荚数 22.6 个，单荚粒数 6.8 个，荚长 8.3 厘米。种子短圆柱形，粒红色，百粒重 11.6 克。从播种至成熟全生育期 115 天左右，需

≥10℃有效积温 2 260～2 280℃·天。田间自然发病调查，抗病毒病和霜霉病。

（2）品质性状。经检测，籽粒中粗蛋白含量为 23.6%。

（3）产量表现。2006—2007 年，参加吉林省红小豆区域试验，2006 年平均产量为 1 750.4 千克/公顷，比对照品种白红 2 号增产 10.3%；2007 年平均产量为 1 453.7 千克/公顷，比对照品种白红 2 号增产 12.7%。两年平均产量为 1 602.1 千克/公顷，比对照品种白红 2 号增产 11.5%。2007 年，参加吉林省红小豆生产试验，平均产量为 1 091.9 千克/公顷，比对照品种白红 2 号增产 14%。

（4）栽培技术。

①播期。忌重茬，5 月上旬至下旬播种。

②密度。播种量 35～45 千克/公顷，按肥地宜稀、薄地宜密的原则，株距 10～15 厘米，保苗为 15 万～25 万株/公顷。

③施肥。播种的同时，增加有机肥的施用量，施入农家肥 15 000 千克/公顷左右，配合施足底肥，施入 100 千克/公顷左右的磷酸二铵作种肥。

2. 吉红 9 号

吉林省农业科学院作物育种研究所从河北省引进的农家品种混合群体中发现并选取变异单株，后经决选并扩繁选育而成的绿豆新品种。2011 年通过吉林省农作物品种审定委员会审定。适宜在吉林省全区种植，临近的内蒙古和黑龙江同一生态区也适宜种植。

（1）特征特性。植株直立，无限结荚习性，株高 56.7 厘米。荚黄色，不炸荚，单株荚数 18.7 个，单荚粒数 7 个，荚长 8.2 厘米，百粒重 15.6 克。籽粒短圆形，种皮红色有光泽，出苗至成熟 110 天左右。抗根腐病、中抗叶斑病。

（2）品质性状。检测定，籽粒中蛋白质含量为 21.99%，粗脂肪为 0.35%，粗淀粉为 57.21%。

（3）产量表现。2008—2010 年，参加吉林省红小豆区域试验，三年平均产量为 1 335.08 千克/公顷，比对照农家品种增产 11.36%。2009—2010 年，参加吉林省红小豆生产试验，两年平均产量为 1 312.25 千克/公顷，比对照农家品种增产 9.82%。

（4）栽培技术。

①适时播种。春播以5月中旬为宜，用种量25千克/公顷左右，播种的同时施入磷酸二铵180千克/公顷作种肥。播深3~5厘米，要及时镇压，适宜密度18万~20万株/公顷。

②田间管理。一般两铲三蹚，中后期如果田间群体偏弱，可及时追施复合肥100千克/公顷。一般苗期不需要灌溉，如遇干旱，在开花期、结荚期各灌溉一次，遇雨及时排涝。7月中下旬，用10%吡虫啉1 000倍液600~750千克/公顷喷雾，防治蚜虫和红蜘蛛；7月下旬至8月上旬结荚期，要用50%辛硫酸磷2 000倍液225~450千克/公顷喷雾，防治豆象。

③收获脱粒。在田间大多植株有三分之二豆荚变成黄色时，及时收获，在田间晾晒2~3天，然后收回脱粒，清选，再入仓贮藏。

3. 吉红10号

吉林省农业科学院作物育种研究所以小豆红11 - 4为母本、京农5号为父本，经过人工杂交选育而成的小豆新品种，2011年通过吉林省农作物品种审定委员会审定。适宜在吉林省中西部地区及辽宁、黑龙江、内蒙古等相邻区域种植。

（1）特征特性。半蔓生型，有限结荚习性。幼茎绿色，主茎粗壮，复叶心形，大叶，花黄色，根系发达。平均株高48.2厘米，主茎分枝2个，单株结荚15个，单荚粒数6粒，荚长8.5厘米，成熟荚呈黄白色。籽粒长圆柱形，种皮薄，有光泽，颜色红色，白脐，百粒重14.9克。出苗至成熟生育日数88天，属中早熟小豆品种。经吉林省农业科学院植物保护研究所鉴定，抗病毒病、叶斑病等。

（2）品质性状。根据品质检测分析结果，籽粒中粗蛋白质含量为23.26%，粗脂肪含量为0.23%，粗淀粉含量为56.45%。

（3）产量表现。2009—2010年，参加吉林省小豆区域试验，2009年平均产量为1 022.2千克/公顷，2010年平均产量为1 565.75千克/公顷，两年平均产量为1 293.98千克/公顷，比对照品种白红5号增产5.26%。2010年，同时参加吉林省小豆生产试验，平均产量为1 599.88千克/公顷，比对照品种白红5号增产6.86%。

（4）栽培技术。

①适时播种。应根据当地的气候环境及品种的生育特性进行播种。一般春播的适宜播期为5月中下旬，夏播的适宜播期为6月下旬至7月上旬。

播种前撒毒谷，防治地下害虫，以确保全苗。

②合理密植。播种量为 25 千克/公顷，播种深度 3～5 厘米，行距 60～70 厘米，种植密度应控制在 11 万～15 万株/公顷。

③田间管理。中等肥力的地块，播种时应施氮磷钾复合肥 300 千克/公顷左右作种肥。同时做好病虫害防治，防止蚜虫为害植株。开花后和贮藏期及时熏蒸，防治绿豆象。

4. 龙小豆 3 号

黑龙江省农业科学院作物育种研究所以日本红小豆为母本、京农 7 号为父本，通过有性杂交选育而成的小豆新品种，2009 年通过黑龙江省农作物品种审定委员会审定。适宜在黑龙江省的第二至第四积温带种植。

（1）特征特性。无限结荚习性，半蔓生型，株高 65～70 厘米。幼茎绿色，叶心脏形，花黄色。主茎分枝 3～5 个，单株结荚 25～30 个，荚长 10 厘米左右，单荚粒数 6～8 粒，荚长圆棍形，成熟荚皮黄白色。籽粒柱形，种皮红色，脐白色，百粒重 13～15 克。出苗至成熟生育日数 105 天左右，需≥10℃有效积温 2 100℃·天左右。属中熟小豆品种。抗病性强。

（2）品质性状。经农业部谷物及制品质量监督检验测试中心（哈尔滨）检验，籽粒中粗蛋白含量为 25.38%，粗脂肪含量为 0.69%，粗淀粉含量为 49.23%。

（3）产量表现。2005—2006 年，参加黑龙江省红小豆区域试验，平均产量为 2 121.6 千克/公顷，较对照品种龙小豆 2 号增产 13.7%；2007—2008 年，参加黑龙江省红小豆生产试验，平均产量为 1 805.3 千克/公顷，较对照品种龙小豆 2 号增产 14.2%。

（4）栽培技术。

①适期播种。春播适宜播种期为 5 月 15 日至 25 日。垄上穴播或条播，播种量控制在 37～45 千克/公顷为宜，保苗 13 万～15 万株/公顷，播后及时镇压，防止跑墒。

②水肥管理。在中等肥力以上的地块，一般无须施肥；在瘠薄地上，结合秋整地或春整地，化肥在播种前一次施入，施入量为纯氮 10～20 千克/公顷，五氧化二磷 20～50 千克/公顷，氧化钾 10～15 千克/公顷。

③田间管理。间苗宜早不宜迟，一般在 1 叶 1 心或 2 叶 1 心时间苗，3～4 片叶时定苗；中耕除草 2～3 次，生育后期拔除大草；遇旱可在现蕾期、结荚期灌溉；及时防治蚜虫、红蜘蛛等病虫害。

④收获贮藏。成熟后选择晴天进行收获，并及时晾晒脱粒，种子含水量在14.5%以下即可入库，贮藏要保持干燥、通风。

5. 辽引红小豆4号

辽宁省农业科学院作物研究所从2001年国家红小豆品种区域试验中，筛选优良株系而成的小豆新品种。2008通过辽宁省农作物品种审定委员会审定。适宜在沈阳、大连及辽西北地区种植。

（1）特征特性。株型半匍，株高68厘米，幼茎绿色，叶心脏形。主茎分枝3.8个，单株结荚28.3个，单荚粒数6粒。荚长圆筒形，荚长7厘米，种皮浅黄色。籽粒圆球形，艳红色，百粒重15.2克。成熟时不炸荚，生育期103天左右。抗病毒病、叶斑病能力较强。

（2）品质性状。经农业部农产品质量监督检验测试中心（沈阳）测试，籽粒中粗蛋白含量为27.5%，粗脂肪含量为0.4%，粗淀粉含量为35.8%。

（3）产量表现。2008年，参加辽宁省杂粮备案品种试验，平均产量为143.13千克/亩，比对照品种辽小豆1号增产2.33%。

（4）栽培技术。

①播期。适宜播期为5月20日至31日。

②密度。播量2.5~3千克/亩，一般留苗8 000株/亩左右。

③田间管理。施入磷酸二铵10~15千克/亩作种肥，及时防治蚜虫、豆荚螟。当田间豆荚有70%以上成熟时，一次性收割。

6. 辽红小豆8号

辽宁省农业科学院作物研究所从河北引进的高代杂交材料中，经过系统选育而成的小豆新品种，2010年通过辽宁省非主要农作物品种备案委员会备案。适宜在辽宁、吉林、内蒙古、河北等地区种植，可作下茬或与其他作物复种、间套种，也可作为补种救灾作物。

（1）特征特性。株型紧凑，直立型，亚有限结荚习性，株高80.5厘米。叶色深绿，主茎分枝2~3个，主茎节数11节，结荚集中，成熟一致，单株荚数25~40个，荚长8.5厘米，单荚粒数5~7粒，百粒重26.8克。籽粒红色，鲜艳有光泽，成熟荚为黄白色。从出苗到成熟生育日数为100天，需有效积温2 000~2 500℃·天，属于中晚熟小豆品种。抗病性较强，对病毒病、叶斑病、枯黄萎病有较强的抗性。

（2）品质性状。经辽宁省种子检测中心测定，蛋白质含量为23%，淀粉含量为 61.1%，脂肪含量为 0.5%。

（3）产量表现。2006—2007 年，参加辽宁省小豆区域试验，2006 年平均产量为 192.03 千克/亩，比对照品种辽红小豆 1 号增产 25.12%；2007 年平均产量为 198.25 千克/亩，比对照品种辽红小豆 1 号增产 25.35%；两年平均产量为 195.14 千克/亩，比对照品种辽红小豆 1 号增产 25.24%。2008 年参加辽宁省小豆生产试验，平均产量达到 184.88 千克/亩，比对照品种辽红小豆 1 号增产 24.7%。

（4）栽培技术。

①整地施肥。对土壤肥力要求不严，忌重茬和迎茬。早秋深耕，耕深 15～25 厘米，播种前浅耕细耙，起垄播种，垄宽一般为 40～45 厘米。整地起垄时一次性施入复合肥 10～15 千克/亩，或施磷酸二铵 6.5～10 千克/亩，加施一定数量的农家肥效果更好。

②播种与密度。辽宁地区适宜播期为 5 月 10 日至 6 月 20 日，不能晚于 7 月 5 日。可采用条播和穴播，播深 3～5 厘米，稍晾后镇压保墒，用种量为 3～3.5 千克/亩，一般保苗在 1 万～1.5 万株/亩。行距 40～45 厘米，株距 8～12 厘米。

③田间管理。一般在出苗后第一片复叶时开始间苗，2～3 片复叶时定苗，定苗后及时进行第一次铲蹚，分枝至开花前进行第二次铲蹚。开花结荚后注意防治蚜虫等害虫为害，主要用 10% 吡虫啉 1 000 倍液或蚜克 2 000 倍液，喷施 1～3 次即可。当田间豆荚 95% 以上达到成熟时，即可一次性收获，收获时尽量避开阴雨天，以防影响商品质量。

（二）黄土高原春小豆区主要栽培品种

7. 晋小豆 2 号

山西省农业科学院经济作物研究所从柳林小豆变异株中选育出的红小豆新品种，2006 年通过山西省农作物品种审定委员会的审（认）定。适宜在山西省的晋中及同纬度地区春播和晋南复播种植。

（1）特征特性。茎半蔓生型，无限结荚习性，株高 60～100 厘米。主茎节数 8～12 节，有效分枝 4～6 个。三出复叶，顶叶宽箭形，边叶近圆形，浓绿色，叶长 9～10 厘米，宽 7～9 厘米。总状花序，花黄色。单株荚数 31 个，单荚粒数 7～9 粒，荚细棒状，长 7～9 厘米，成熟荚呈白黄色。种子圆柱形，红色，白脐，百粒重 9～11 克。在晋中地区春播生育期为 125 天左右。耐瘠，抗旱，抗病。

（2）品质性状。根据农业部谷物品质监督检验测试中心检测，籽粒中粗蛋白含量为24.1%，粗脂肪含量为0.56%，粗淀粉含量为54.97%。

（3）产量表现。2004—2005年，参加山西省小豆直接生产试验，2004年平均产量为1 882.5千克/公顷，比对照品种晋小豆1号增产12.8%；2005年平均产量为1 839千克/公顷，比对照品种晋小豆1号增产13.5%。两年平均产量为1 861.5千克/公顷，比对照品种晋小豆1号增产13.1%。

（4）栽培技术。

①选茬整地。不耐涝，忌重茬和迎茬。结合整地，一次施入腐熟农家肥45 000～55 000千克/公顷、尿素70～95千克/公顷、过磷酸钙600～750千克/公顷、硫酸钾65～95千克/公顷作底肥。

②播种。一般地温达到16℃时，即可播种。春播一般在5月上、中旬，复播一般在6月中旬。

③合理密植。按照"肥地宜稀，薄地宜密"的原则，播量30～45千克/公顷，留苗15万～24万株/公顷。条播一般行距50厘米，株距12厘米，播深3～5厘米，播后及时进行镇压保墒。

④水肥管理。苗期一般不需灌溉，花期和结荚期遇旱要及时灌溉；结合灌溉于初花期施尿素225千克/公顷、硫酸钾75千克/公顷。

⑤病虫害防治。锈病用25%的粉锈宁对水2 000倍液喷雾防治；叶斑病用50%多菌灵对水1 000倍，或80%代森锌对水400倍液喷雾防治；白粉病用25%的粉锈宁2 000倍液，或75%百菌清500～600倍液喷雾防治。蚜虫用10%吡虫啉2 000倍液，或0.9%爱福丁2 000倍液喷雾防治，每隔7～10天喷一次，连续防治2～3次；豆象成虫发生盛期，采用0.6%苦参碱1 000倍液，或5%爱福丁4 000倍液喷雾防治。

⑥适时收获。当田间大多数植株有70%以上的豆荚变黄或变黑时，及时收获并脱粒，晾干贮存，并要采用磷化铝熏蒸，预防豆象蛀食。

8. 晋小豆3号

山西省农业科学院小杂粮研究中心以朔州红小豆为母本、寿阳红小豆为父本，通过有性杂交选育而成的小豆新品种。原名晋红2号，2007年通过山西省农作物品种审定委员会的审（认）定。适宜在山西省中北部春播和南部复播种植。

（1）特征特性。幼茎绿色，主茎高度为60.5厘米，单株分枝4.7个，单株结荚32.3个，单荚粒数7个，百粒重13.3克。叶绿色，花黄色，籽粒圆形，色红，有光泽，白脐。春播生育期117天左右，复播生育期90天左右。

（2）产量表现。2005—2006年，参加山西省红小豆试验，平均产量为127.9千克/亩，比对照品种晋小豆1号增产15.5%。

（3）栽培技术。

①适期播种。积温稳定通过10℃以上时，即可播种。春播一般在5月上、中旬，复播一般在6月中旬。

②合理密植。一般用种30～45千克/公顷，播深3～5厘米，水肥条件好的地块，可适当稀植，一般留苗密度为12万株/公顷。

③肥水管理。全生育期应追好三肥（种肥、花肥、鼓粒肥），灌溉好两水（开花水、鼓粒水）。种肥在播种时施入，施硫酸铵5～7千克/亩，过磷酸钙15千克/亩，或磷酸二铵5千克/亩。花期肥水，结合灌溉于初花期施入尿素15千克/亩和硫酸钾5千克/亩。鼓粒肥以根外喷肥为主，对有脱肥现象的地块进行叶面喷肥补充养分，用800克/亩尿素加磷酸二氢钾150克对水30～40千克，在晴天下午3—4时叶面喷施。

④病虫害防治。立枯病可用50%的多菌灵以种子量的0.5%～1%拌种；病毒病用20%农用链霉素1 000～2 000倍液喷雾防治；白粉病和锈病用25%粉锈宁2 000倍液喷雾防治。蚜虫多发生在苗期和花期，结荚期温度过高也可能发生，发现蚜虫可用10%吡虫啉2 000倍液，在无风天气进行喷雾防治。

⑤适时收获。中下部茎秆变黄，下部叶片脱落，中部叶片变黄，80%左右荚变黄成熟时，即为适宜收获期，可分期人工收获。机械收获可在豆粒着色、荚变黄、叶片全部脱落时进行。收获后要及时脱粒，晾晒，入库。

9. 晋小豆6号

山西省农业科学院高寒区作物研究所以天镇红小豆作母本、红301作父本杂交，经改良混选法选择育成的小豆新品种，2013年通过山西省农作物品种审定委员会认定。适宜在山西省中北部春播种植。

（1）特征特性。株型直立，株高78厘米，主茎分枝4个，主茎节数18节，单株荚数32个，荚粒数8粒，荚长9.4厘米。叶圆形，绿色，花黄色，荚白色，直形。籽粒圆柱形，种皮浅红色，脐白色，百粒重19克。全生育期122天，结荚集中，抗逆性强。

（2）品质性状。经农业部谷物品质监督检验测试中心（北京）分析测试，籽粒中粗蛋白质含量为 25.56%，粗淀粉含量为 53.15%。

（3）产量表现。2009—2010 年，参加山西省小豆早熟组区域试验，2009 年平均产量为 93.3 千克/亩，比对照品种晋小豆 1 号增产 6.1%；2010 年平均产量为 138.3 千克/亩，比对照品种晋小豆 1 号增产 11.3%；两年平均产量为 115.8 千克/亩，比对照品种晋小豆 1 号增产 8.7%。

（4）栽培技术。

①一优四适。选用优良品种，适期播种（晋北春播区为 5 月中旬，晋南复播区为 6 月初至 6 月中旬）、适度密植（条播适宜密度为 0.8 万~1.2 万株/亩，行距 45~50 厘米，株距 12~15 厘米）、适当增施微肥菌肥、适宜条件精量点播（播量 2~3 千克/亩，播深 3~5 厘米）。

②一保五早。即保全苗，早间苗、早追促苗肥、早中耕、早管理、早防治病虫草害。

③三精六把握。三精即精选地、精选茬和精耕整地，六把握即应把握好"四肥二水"，即基肥、种肥、花肥、鼓粒肥、开花水、鼓粒水的合理施用。

10. 陇红小豆 1 号

甘肃省平凉市农业科学研究所以泾川红小豆 - 2 为母本、冀红 1 号为父本进行有性杂交，采用系谱法选育而成的小豆新品种，2013 年通过甘肃省农作物品种审定委员会审定。适宜在陇东及周边地区种植。

（1）特征特性。植株直立型，有限结荚习性，株高 31.8 厘米。主茎分枝 4.3 个，单株荚数 34.6 个，单荚粒数 7.8 粒，荚长 8.6 厘米。种子长圆柱形，粒红色，色泽鲜亮，百粒重 23.6 克。荚熟呈乳黄色，生育期 98 天。抗倒性强，叶斑病平均发病率为 22.08%，叶锈病平均发病率为 5.28%，抗病性较为稳定。

（2）品质性状。根据甘肃省农业科学院农业测试中心测定分析，籽粒中含粗蛋白为 233.1 毫克/千克（风干基），粗淀粉为 535.2 毫克/千克，粗脂肪为 4.1 克/千克，水分为 13.1%。

（3）产量表现。2009—2011 年，参加甘肃省小豆区域试验，三年平均产量为 1 903.1 千克/公顷，较对照品种泾川红小豆 - 2 增产 15.7%。其中，2009 年平均产量为 1 886.1 千克/公顷，较对照品种泾川红小豆 - 2 增产 17.4%；2010 年平均产量为 1 913.7 千克/公顷，较对照品种泾川红小豆 - 2 增产 15.7%；2011 年平均产量为 1 909.4 千克/公顷，较对照品种泾川红

小豆 - 2 增产 14.1%。2011 年参加生产试验，平均产量为 1 869.1 千克/公顷，较对照品种泾川红小豆 - 2 增产 14.2%。

（4）栽培技术。

①播种。4 月下旬至 5 月下旬播种，最好用包衣种子。播深 3 ~ 4 厘米，播后轻度镇压，力争 5 ~ 7 天齐苗。

②密度。最佳行距 40 厘米（35 ~ 40 厘米均可），株距 8 ~ 10 厘米，保苗 18 万 ~ 22.5 万株/公顷，齐苗后若 50 厘米范围内无苗时，应尽早补苗。

③田间管理。在 3 叶期需进行第一次人工培土，于 5 ~ 8 叶期进行第二次培土，培土高度 5 厘米左右，防止倒伏。在全生育期内中耕除草 2 ~ 3 次，并注意防治地下害虫。

（三）华北夏小豆区主要栽培品种

11. 中红 5 号

中国农业科学院作物科学研究所从河北省农林科学院粮油作物研究所小豆育种材料 8960 - 7 中系统选育而成的红小豆新品种，2009 年通过北京市农作物品种审定委员会鉴定。该品种适应性强，全国各小豆产区均可种植。在北京房山、昌平，河北石家庄、张家口、保定，山西太原、大同，内蒙古赤峰、达拉特，辽宁沈阳、辽阳，吉林白城，江苏南京，广西南宁，陕西岐山、杨凌、延安等地表现良好。

（1）特征特性。植株直立，株型紧凑，株高约 52 厘米；主茎分枝 3 ~ 5 个，单株结荚 30 个左右，多者可达 50 个以上；成熟荚黄白色，荚长约 8 厘米，每荚粒数 7 粒左右；百粒重约 15 克。种皮鲜红，有光泽，适合出口。夏播生育期 90 天左右，属早熟小豆品种。田间种植鉴定，表现抗病毒病、叶斑病、白粉病，耐瘠薄性强。

（2）品质性状。经农业部作物品种资源监督检验测试中心检验，籽粒中粗蛋白质含量为 23.39%，粗淀粉含量为 55.5%。

（3）产量表现。2009 年，参加北京市小豆品种鉴定试验，平均产量为 105.4 千克/亩，较对照品种京农 5 号增产 14.7%。在北京市小豆品种生产试验中，平均产量为 104.5 千克/亩，比对照品种京农 5 号增产 9.5%。

（4）栽培技术。

①播种。地温稳定在 12℃ 以上，即可播种。春播一般在 5 月中旬播种最佳，夏播最迟在 6 月底前，播深 3 ~ 5 厘米为宜，播后轻轻镇压。

②密度。播量为 2.5 ~ 3 千克/亩，留苗密度 1.5 万 ~ 2 万株/亩。

③田间管理。及时间苗定苗、中耕除草，注意防治病虫害。施肥依地力而异，一般施入磷酸二铵 10～15 千克/亩作基肥，有条件的可施农家肥 1 000 千克/亩。当 70% 以上豆荚变成熟色时，要及时收获。

12. 中红 7 号

中国农业科学院作物科学研究所以日本红小豆为母本、京小 3 号为父本，杂交方法选育而成的小豆新品种。2011 年通过北京市农作物品种审定委员会的鉴定。适宜在黑龙江省第三、第四积温带及全国各小豆产区种植。

（1）特征特性。株型紧凑，有限结荚习性，直立抗倒伏。幼茎绿色，株高 70 厘米左右，主茎分枝 3～4 个，单株结荚 25～30 个，单荚粒数 6～8 粒，荚长 8～10 厘米。叶心形，花黄色。荚圆棍形，成熟荚皮黄白色粒。籽粒柱形，种皮红色，有光泽，百粒重 20 克左右。出苗至成熟生育日数 94 天左右，需≥10℃有效积温 2 015℃·天左右，属早熟小豆品种。抗病鉴定结果，植株上未见叶斑病、白粉病及检疫性病害。

（2）品质性状。经农业部作物品种资源监督检验测试中心检验，籽粒中粗蛋白含量为 22.1%，粗脂肪含量为 0.64%，粗淀粉含量为 54.57%。

（3）产量表现。2007—2008 年，参加黑龙江省小豆区域试验，平均产量为 2 082 千克/公顷，较对照品种龙小豆 2 号增产 16.7%；2009—2010 年，参加黑龙江省小豆生产试验，平均产量为 2 116.4 千克/公顷，较对照品种龙小豆 2 号增产 14%。

（4）栽培技术。

①适期播种。一般在耕层地温稳定在 14℃ 以上，土壤水分含量适宜时播种。春播以 5 月中旬为宜，夏播应在 7 月 5 日前为好。

②合理密植。播种量控制在 30～45 千克/公顷为宜。一般高肥土壤，应留苗 10.5 万～12 万株/公顷，中肥土壤留苗 12 万～15 万株/公顷，低肥土壤留苗 12 万株/公顷左右。播后及时镇压，防止跑墒。

③控制水肥。应施 30 000 千克/公顷优质农家肥作基肥，播种时再施磷酸二铵或氮、磷、钾复合肥 150 千克/公顷作种肥。初花期视苗情、地力可适当追施一些氮肥。大雨出现渍水现象，应及时排水；遇到干旱时，要及时灌溉。

④田间管理。及时间苗定苗、中耕除草，注意花前防治蚜虫、红蜘蛛，花期防治豆荚螟、豆象、豆叶蛾的为害。可在初花期喷施 100 毫克/千克或盛花期喷施 200 毫克/千克的三碘苯甲酸，抑制徒长，防止倒伏。

⑤收获贮藏。一般在大多数植株有三分之二的豆荚变黄时，及时收获，并晾晒、脱粒、入库贮藏。贮藏后小豆的安全含水量必须在13%以下。

13. 京农8号

北京农学院利用中国农业科学院原子能所钴源γ射线，对京农2号风干种子样品进行辐照处理，对突变体材料进行选育而成的小豆新品种，2008年通过北京市农作物品种审定委员会的鉴定。适宜在山西晋北春播和晋中南复播及类似生态区栽培种植。

（1）特征特性。植株直立紧凑，株高38~45厘米。幼茎嫩绿色，复叶中等大小，小叶呈卵圆形，花黄色。主茎节数14.4节，主茎分枝数2~4个，单株荚数18~25个，单荚粒数5~6.8粒，荚长9.9厘米，荚宽0.65厘米。荚圆筒形，成熟荚白色，籽粒近圆形，粒色浅红，有艳丽光泽，百粒重14~16克。全生育期120天。经连续多年田间观察鉴定，中抗白粉病、锈病，后期不早衰。

（2）品质性状。经农业部谷物及制品质量监督检验测试中心（哈尔滨）品质分析，籽粒中粗蛋白质含量为21.39%，粗淀粉含量为53.76%。

（3）产量表现。2011年，参加山西省红小豆早熟组区域试验，平均产量为108.7千克/亩，比对照品种晋小豆1号增产11.2%；2012年，参加山西省红小豆早熟组区域试验，平均产量为146.2千克/亩，比对照品种晋小豆3号增产9.4%；两年平均产量为127.5千克/亩，比对照品种增产10.3%。

（4）栽培技术。

①适时播种。地温稳定在10℃以上即可播种，一般晋北春播在5月中旬为宜，夏播最适期为6月25日左右进行。春播适宜密度0.8万~1.1万株/亩，夏播适宜密度1万~1.2万株/亩，播量5~8千克/亩，一般下种量要保证在留苗数的2倍以上。

②田间管理。及时中耕除草，花荚期遇旱灌溉，并追施尿素等叶面肥。采用代森锰锌500倍液或多菌灵液1000倍液对少许80%敌敌畏乳油防治病虫害，蚜虫可用10%吡虫啉2000倍液喷雾防治。成熟时，适时收获。

14. 冀红352

河北省农林科学院粮油作物研究所以81-95-1为母本、B0005为父本杂交选育而成的小豆新品种，2008年通过国家小宗粮豆新品种鉴定委员会鉴定。适宜在黑龙江、辽宁、吉林、内蒙古、山西、甘肃等地春播种植，在河北、北京、陕西等地夏播种植。

（1）特征特性。植株直立，有限结荚习性，株型紧凑，株高 50～60 厘米。主茎分枝 3～4 个，主茎节数 19～20 节。黄花，荚黄白色，不炸荚，适于一次性收获。籽粒短圆柱形，红色，有光泽，百粒重 15.5～16.5 克。夏播生育期 90 天左右，属中早熟小豆品种。田间自然鉴定，抗病毒病、叶斑病和锈病等。

（2）品质性状。经检测，籽粒中粗蛋白含量为 22.97%，粗淀粉含量为 53.86%。

（3）产量表现。2006—2007 年，参加国家小豆（夏播组）品种区域试验，两年平均产量均居第二位，平均较对照品种冀红 4 号增产 6.8%。

（4）栽培技术。

①播期。夏播适宜播期为 6 月 10 日至 30 日，播深 3～5 厘米，播量 3～3.25 千克/亩。

②密度。适宜密度中高水肥地块为 0.8 万株/亩左右，瘠薄旱地为 1 万株/亩左右。

③田间管理。中高产地块一般不施肥；低产地块在分枝期或开花初期，追施尿素 5 千克/亩。苗期不旱不灌溉，花荚期根据苗情、墒情和气候情况，及时灌溉 1～2 次。适时防治苗期发生的蚜虫、地老虎、棉铃虫、红蜘蛛，花荚期发生的蓟马和豆荚螟等。

④收获贮藏。当田间 80% 的豆荚成熟时，一次性收获。收获后及时脱粒、清选及晾晒，籽粒含水量低于 13% 时可入库贮藏，并用磷化铝熏蒸，以防豆象为害。

15. 冀红 12 号

河北省保定市农业科学研究所以保 9326－16、保 8824－17 为亲本杂交，选育的红小豆新品种，2012 年通过全国小宗粮豆鉴定委员会鉴定。适宜在北京、河北、河南、陕西、江苏、江西等生态区夏播种植，在内蒙古的赤峰、山西的大同等生态区春播种植。

（1）特征特性。株型直立，株高 46.5～56.9 厘米，主茎分枝 2.9～3.7 个，主茎节数 13.5～14.6 节。叶色浓绿，叶卵圆形，成熟荚黄白色，籽粒红色，粒色鲜艳。单株荚数 25.2～27.7 个，荚长 8.4～8.7 厘米，荚粒数 6.5～6.6 粒，百粒重 14.38～15.94 克。生育期 91～94 天，抗倒伏。

（2）品质性状。经检测，籽粒中蛋白质含量为 25.6%，碳水化合物含量为56%，脂肪含量为0.3%。

（3）产量表现。2009—2011年，参加国家小豆区域试验，三年平均产量为123.1千克/亩，比对照品种增产8.3%。2011年，参加国家小豆生产试验，平均产量为163.5千克/亩，较对照品种冀红9218平均增产16.1%。内蒙古赤峰为春播试点，生产试验产量达到263.55千克/亩。

（4）栽培技术。

①播期。夏播区一般播期在6月20日左右，最晚不超过6月30日。

②密度。留苗密度视播期、地力而定，一般早播宜稀，晚播宜密；高水肥地宜稀，低水肥地宜密。一般中水肥地适宜密度为0.8万~1万株/亩，播量2.5~3千克/亩，播深3厘米左右。

③田间管理。第2片三出复叶展开时，按密度要求定苗。一般施优质农家肥1000~2000千克/亩，或施N、P、K复合肥30千克/亩作基肥。当田间持水量低于60%时，应适量灌溉，尤其要保证花荚期水分供应。苗期注意防治蚜虫、地下害虫的为害，花荚期注意防治棉铃虫、豆荚螟、蓟马等害虫为害。

④收获。当田间70%~80%豆荚成熟时，要及时收获。收获后及时用磷化铝熏蒸籽粒，防止豆象的为害。

16. 保红947

河北省保定市农业科学研究所以京农2号红小豆为母本、以"小豆414×冀红3号"F2代材料为父本，利用阶梯式杂交方法选育而成的小豆新品种。2006年通过国家小宗粮豆品种鉴定委员会鉴定。适宜在黑龙江、吉林、辽宁、内蒙古、陕西、甘肃等生态区春播种植，在河北、陕西、北京等生态区夏播种植。优质产区以陕西的岐山和大荔、辽宁沈阳、河北保定、陕西榆林、北京等地为主。

（1）特征特性。株型直立，根系发达，茎绿色。叶色浓绿，花黄色，略大，荚淡黄褐色，粒大。粒型为短圆柱形，粒色鲜艳。春播株高57.5厘米，主茎分枝3.4个，主茎节数11.3节，单株荚数30.9个，荚长8.6厘米，荚粒数6.2个，百粒重17.4克，生育期111天。夏播株高52厘米，主茎分枝4.1个，主茎节数14.5节，单株荚数21.2个，荚长7.8厘米，荚粒数6.4粒，百粒重18.8克，生育期87天，属早熟小豆品种。抗倒伏。

（2）品质性状。经测定，籽粒中粗蛋白含量为22.92%，粗淀粉含量为53.37%，粗脂肪含量为1.04%，可溶性糖含量为3.19%。

（3）产量表现。2004—2005 年，参加国家小豆区域试验。在春播组试验中，两年平均产量为 1 602.2 千克/公顷，比对照品种冀红 4 号增产 10.4%；在夏播组试验中，两年平均产量为 1 684.1 千克/公顷，比对照品种冀红 4 号增产 0.6%。2005 年参加国家小豆生产试验，平均产量为 1 876.5 千克/公顷，较统一对照品种冀红 4 号增产 19.9%，较当地对照品种增产 12%。

（4）栽培技术。

①播期。在北方春播区种植，播期在 5 月 20 日左右；在夏播区播期 6 月 20 日左右，最晚不超过 6 月 30 日。

②密度。春播留苗 9.75 万～11.25 万株/公顷，夏播留苗 12 万～13.5 万株/公顷，播量 30～37.5 千克/公顷，播深 3～4 厘米。

③田间管理。播种后要及时喷施都尔防除杂草。一般施优质农家肥 15 000～30 000 千克/公顷，或施 N、P、K 复合肥 225 千克/公顷作基肥。花荚期遇旱要及时灌溉。苗期用 10% 吡虫啉 2 000 倍液防治蚜虫，花荚期用乐斯本、福奇 2 000 倍液，或菊酯类药物 1 000 倍液，防治棉铃虫和豆荚螟等害虫的为害。一般从田间见花开始喷药，每隔 3～5 天喷一次，连续 2～3 次，可有效地防治害虫。70%～80% 的豆荚成熟时，及时收获。

（四）南方夏小豆区主要栽培品种

17. 苏红 1 号

江苏省农业科学院蔬菜研究所以中红 4 号为母本、以盐城红小豆 1 号为父本，通过有性杂交选育而成的小豆新品种，2011 年通过江苏省农作物品种审定委员会的鉴定。适宜在江苏夏播小豆产区种植，春、夏播均可；可麦后复播，也可与棉花等作物间作、套种。

（1）特征特性。株型较松散，直立生长，有限结荚习性，夏播株高 98 厘米。出苗势强，幼苗基部无色，叶深绿色，卵圆形，中等大小，花黄色。主茎节数 15.2 节左右，单株有效分枝 6.2 个，主茎分枝 5～6 个，单株结荚 33～40 个，单荚粒数 9.5 粒；荚圆筒形，成熟荚黑色，结荚集中，不裂荚，适于一次性收获。籽粒长圆柱形，光泽强，种皮红色，脐白色，百粒重 15.7 克左右。全生育期 99 天左右，属中熟小豆品种。对小豆病毒病抗性达中抗以上水平。

（2）产量表现。2008—2009 年，参加江苏省夏播小豆区域试验，两年平均产量为 107.29 千克/亩，较对照品种启东大红袍增产 6.03%；2010

年，参加江苏省夏播小豆生产试验，平均产量为98.61千克/亩，较对照品种启东大红袍增产21.09%。

（3）栽培技术。

①适期播种。适宜播期为6月中下旬，可于6月15日至28日播种。

②合理密植。春播留苗6万株/公顷，行距为70厘米，株距为23厘米；夏播留苗9万株/公顷，行距为50厘米，株距为22厘米；穴播2～3粒，每穴留苗1株，用种37.5～45千克/公顷。

③肥水管理。在中等肥力的田块种植，用25%复合肥600千克/公顷，或45%复合肥450千克/公顷作基肥，开花期视苗情用75～150千克/公顷尿素作促花肥。花荚期遇旱及时灌溉。

④病虫草害防治。可在播后苗前用精异丙甲草胺土壤封闭，开花结荚期用菊酯类农药防治花荚螟1～2次。

⑤适时采收。下雨前及时采收，防止霉烂。可选用磷化铝、敌敌畏熏蒸等方法，进行仓库贮藏期间豆象的防治。

18. 苏红2号

江苏省农业科学院蔬菜研究所以盐城小豆1号为母本、淮安大粒为父本，通过有性杂交选育而成的小豆新品种，2011年通过江苏省农作物品种审定委员会的鉴定。适宜在江苏省夏播小豆产区种植，春、夏播均可；可麦后复播，也可与棉花等作物间作、套种。

（1）特征特性。株型较松散，直立生长，有限结荚习性。春播株高79厘米左右，叶卵圆形，中等大小，花黄色。主茎节数15.2节左右，单株有效分枝6.2个，单株结荚26～36个，荚长7.7厘米，单荚粒数为7粒左右，单株粒数260粒左右。荚圆筒形，成熟荚黄白色，不裂荚，结荚集中，成熟一致，适宜一次性收获。籽粒短圆柱形，光泽强，种皮红色，脐白色，百粒重13.5克左右。春播生育期140天，夏播119天，属晚熟小豆品种。对小豆病毒病抗性达中抗以上水平。

（2）产量表现。2008—2009年，参加江苏省夏播小豆区域试验，两年平均产量为109.29千克/亩，较对照品种启东大红袍增产8.02%；2010年，参加江苏省夏播小豆生产试验，平均产量为92.81千克/亩，较对照品种启东大红袍增产13.96%。

（3）栽培技术。

①适期播种。适宜播期为6月中下旬，可于6月15日至28日进行

播种。

②合理密植。春播留苗 6 万株/公顷，行距为 70 厘米，株距为 23 厘米；夏播留苗 9 万株/公顷，行距为 70 厘米，株距为 22 厘米；穴播 2～3 粒，每穴留苗 1 株，用种 37.5～45 千克/公顷左右。

③田间管理。在中等肥力的田块种植，用 25% 的复合肥 600 千克/公顷，或 45% 的复合肥 450 千克/公顷作基肥，开花期视苗情用尿素 75～150 千克/公顷作促花肥。在开花结荚期，遇旱要及时灌溉。可在播后苗前用金都尔土壤封闭。开花结荚期用菊酯类农药防治花荚螟 1～2 次。

④适时采收。在下雨前应适时采收。可选用敌敌畏、磷化铝熏蒸等方法，进行仓库贮藏期间豆象的防治。

19. 苏红 3 号

江苏省农业科学院蔬菜研究所以苏小豆 1 号为母本、苏红 2 号为父本，配制杂交组合，经过多年选育而成的小豆新品种。2015 年通过江苏省农作物品种鉴定委员会的鉴定。适宜在江苏省夏播种植，可以单作，也可以与棉花等作物间作、套种。

（1）特征特性。株型紧凑，直立生长，有限结荚习性，夏播株高 49 厘米左右。出苗势强，幼茎绿色，叶卵圆形，中等大小，花黄色。主茎节数 18 节左右，单株有效分枝 4.1 个，单株结荚 32 个左右，平均每荚 5.8 粒；荚圆筒形，成熟荚黄白色，结荚集中，不裂荚，适宜一次性收获。籽粒圆柱形，种皮红色，白脐，百粒重 15.6 克左右。全生育期 96 天左右，属中熟小豆品种。对小豆病毒病抗性达中抗以上水平。

（2）品质性状。江苏省农业科学院蔬菜研究所进行品质分析，每 100 克籽粒中含有蛋白质 18.59 克，脂肪 0.37 克，碳水化合物 55 克，粗纤维 4.1 克。

（3）产量表现。2013 年，参加江苏省红小豆新品种鉴定试验，平均产量为 2 158.44 千克/公顷，比对照品种苏红 1 号增产 10.66%。2014 年，参加江苏省小豆新品种生产试验，平均产量为 2 087.7 千克/公顷，比对照品种苏红 1 号增产 23.09%。两年平均产量为 2 123.25 千克/公顷，比对照品种苏红 1 号增产 16.45%。

（4）栽培技术。

①适时播种。在江淮之间，播种期可从 4 月中下旬播至 7 月上旬。最适宜播期为 6 月中下旬。

②合理密植。一般采用垄作栽培，畦面宽0.8～1米，畦高15厘米，沟宽40厘米，沟深25～30厘米。行距50厘米，穴距10～15厘米，每穴2～3粒，每穴留苗1株，每个畦面种植2行，种植密度为10万～15万株/公顷。

③水肥管理。中等肥力地块施入有机肥7 500千克/公顷和45%复合肥750千克/公顷作基肥，苗期追施尿素600千克/公顷。开花结荚以后，追施尿素150千克/公顷，追肥2～3次，促进开花结荚。

④除草治虫。可在播后出苗前用金都尔900～1 275毫升/公顷，土壤封闭除草。开花结荚期用2.5%溴氰菊酯乳油3 000～4 000倍液，防治花荚螟1～2次。

⑤适时采收。应根据天气情况，在下雨前适时采收。

20. 通红2号

江苏省沿江地区农业科学研究所以天津红为母本、启东大红袍为父本，杂交选育而成的小豆新品种，2011年通过江苏省农作物品种审定委员会的鉴定。适宜在江苏省作夏播小豆种植。

（1）特征特性。植株直立生长，有限结荚习性。出苗势强，幼苗基部无色，叶卵圆形，叶色深，花浅黄色。株高73.2厘米，主茎节数15.6节，有效分枝8.4个，单株结荚24.2个，荚长7.5厘米，单荚粒数6.5粒，百粒重13.8克。成熟荚黄白色，荚圆筒形，落叶性较好，不裂荚。籽粒短圆柱形，有光泽，种皮红色，脐白色。生育期98天，属晚熟小豆品种。

（2）产量表现。2008—2009年，参加江苏省夏播红小豆区域试验，两年平均产量为105.64千克/亩，较对照品种启东大红袍增产4.41%；2010年，参加江苏省夏播红小豆生产试验，平均产量为97.22千克/亩，较对照品种启东大红袍增产19.39%。

（3）栽培技术。

①适期播种。选择前两茬未种过豆类作物的田块种植，4月中旬至7月底均可播种，最适播期为6月10日至28日。

②合理密植。春播种植密度为0.4万株/亩，夏播为0.6万株/亩，行距50～70厘米，株距23厘米左右，一般用种2.5～3千克/亩，迟播要适当增加播种量。

③田间管理。一般基肥施纯氮1.5千克/亩、五氧化二磷2.5千克/亩、氧化钾1千克/亩，花期根据苗情追施纯氮2.5千克/亩左右，并注意抗旱

排涝。播前使用土壤杀虫剂防治地下害虫，播后及时防病治害除草，注意防治花荚螟。

④及时采收。在下雨前及时采收，防止霉烂。仓库贮藏期间注意防治豆象。

三、豌豆

（一）半无叶株型硬荚品种

1. 科豌一号

中国农业科学院作物科学研究所 1994 年从法国农业科学院引进，原品系代号为 Baccaice；2003 年经与辽宁省农业科学院经济作物研究所合作，系统选育而成的豌豆新品种。2006 年通过辽宁省种子管理局非主要农作物品种审定委员会审定，是辽宁省审定的第一个豌豆品种。适宜在辽宁、河北等地区种植。

（1）特征特性。半无叶直立（托叶正常，羽状复叶全部变异为卷须，互相缠绕直立），株高 50～60 厘米。叶深绿，多花多荚，花白色，种皮白色，粒色黄白。单株结荚 8～11 个，单荚粒数 4～5 粒。硬荚，荚长 5.5～6 厘米，荚宽 1.4～1.6 厘米，百粒重为 25～27 克。生育期 95 天左右。抗病，抗倒伏，抗旱，适应性广。

（2）品质性状。经检测，籽粒中蛋白质含量为 21.74%，淀粉含量为 54.61%。主要是粒用，适于加工制作豌豆粉、豌豆糕、豌豆脆等不同食品，也可青食。

（3）产量表现。2003 年，参加辽宁省品种比较试验，产量达 3 751.5 千克/公顷，比对照品种"美国大粒豌"增产 2 223 克/公顷。2004—2005 年，参加辽宁省品种多点鉴定试验，两年平均产量达 3 000 千克/公顷以上。2000—2003 年，参加河北省多点鉴定试验，平均产量达 2 347.5 千克/公顷，最高产量为 2 788.5 千克/公顷，比当地主栽品种草原 11 号增产 580 千克/公顷，增产 32.81%。

（4）栽培技术。

①施肥。要注意有机肥与无机肥结合，豌豆根瘤菌能固氮，不必多施氮肥，一般施有机肥 15 000 千克/公顷左右，过磷酸钙 300 千克/公顷、氯化钾 225 千克/公顷，播种时施入。

②播种。当平均气温稳定在 0～5℃，在 3 月中下旬，即可顶凌播种。

播种量一般为 150～225 千克/公顷，条播，行距一般为 25～30 厘米，留苗 45 万～60 万株/公顷为宜，播种深度以 4 厘米为宜。

③田间管理。中耕除草 2～3 次。如遇干旱应及时灌溉。豌豆常见的病害有豌豆锈病，虫害主要有蚜虫及豌豆象等，应注意及时防治。

④收获。豌豆荚由下而上逐渐成熟，持续时间多达 50 天。当荚壳变黄时收获，干燥后脱粒。

2. 科豌 2 号

中国农业科学院作物科学研究所从法国农业科学院引进，经与辽宁省农业科学院经济作物研究所合作，系统选育而成的豌豆新品种。2007 年通过辽宁省农作物品种审定委员会审定。适宜在辽宁、河北及周边地区早春种植。

（1）特征特性。半无叶株型，植株矮生，无分枝，株高 60～70 厘米，花白色，每花序花数 1～3 个，单株结荚 6～8 个，单荚粒数 5～8 粒。成熟籽粒黄白色，种脐白色，表面光滑，干籽粒百粒重为 25～27 克。全生育期 95 天，抗倒伏，抗病性强。

（2）品质性状。经检测，籽粒中蛋白质含量为 25.12%。主要是粒用，也可青食。

（3）产量表现。2005—2006 年，在辽宁省黄泥洼镇、河北省固安县等地进行多点鉴定试验，鲜荚平均产量为 13 192 千克/公顷，最高产量 16 500 千克/公顷；干籽粒平均产量为 3 825 千克/公顷，最高产量 4 500 千克/公顷。

（4）栽培技术。

①适期播种。当平均气温稳定在 0～5℃，在 3 月中下旬，即可顶凌播种。

②合理密植。播种量一般为 150～225 千克/公顷，条播，行距一般为 25～30 厘米，留苗 45 万～60 万株/公顷，播种深度以 4 厘米为宜。

③水肥管理。施肥要注意有机肥与无机肥结合，由于根瘤菌能固氮，所以不必多施氮肥，一般施有机肥 15 000 千克/公顷左右、过磷酸钙 300 千克/公顷、氯化钾 225 千克/公顷，播种时施入。中耕除草 2～3 次。如遇干旱应及时灌溉。

④病虫害防治。豌豆常见的病害有豌豆锈病，虫害主要有蚜虫及豌豆象等，应注意及时防治。

⑤及时收获。豌豆荚由下而上逐渐成熟，持续时间多达 50 天。当荚壳变黄时收获，干燥后脱粒。

3. 草原 24 号

青海省农林科学院从德国引进的高代品系，经多年选择优良单株，选育而成的豌豆新品种。2007 年通过青海省农作物品种审定委员审定。适宜在青海省水地，中、高位山旱地及柴达木盆地种植。

（1）特征特性。株高（99.5±3.7）厘米，幼苗直立，绿色，中高茎，主茎粗（0.68±0.02）厘米，主茎节数（20±2.7）节，节间长（4.5±0.3）厘米，有效分枝（2±0.5）个。羽状复叶，深绿色，顶端卷须，复叶由 2～3 对小叶组成，小叶全缘，卵圆形，托叶深绿，有缺刻，小叶卷须，长（5.6±0.2）厘米，宽（4±0.2）厘米。总状花序，花白色。硬荚，刀形，成熟荚淡黄色，长（6.8±0.4）厘米，宽（1.2±0.2）厘米，荚内籽粒自由式排列，不裂荚。籽粒白色，圆形，粒径（0.68±0.07）厘米，种脐淡黄色，种皮不破裂。单株荚数（26.6±4.7）个，双荚率 5.4%±2.3%，单株粒数（97.3±18.9）粒，石粒率 1%～2%，单荚粒数（4.9±0.4）粒。干籽粒百粒重（25.03±1.32）克，单株粒重（23.2±4.3）克。春性，生育期（100±8）天，全生育期（128±5）天。抗倒伏性，中等耐旱，轻感根腐病。

（2）品质性状。经检测，干籽粒中含淀粉 46.58%，粗蛋白质 26.54%，粗脂肪 1.88%。青籽粒中含可溶性糖分 2.32%，粗蛋白质 7.12%，维生素 C 36.9 毫克/100 克。

（3）产量表现。一般水肥条件下，干籽粒产量为 250～350 千克/亩；旱作条件下，干籽粒产量为 220～250 千克/亩。

（4）栽培技术。

①合理施肥。忌重茬连作，整地要秋深翻，春浅翻。施肥原则是以有机肥为基础，重磷补氮，配合微肥。播前施有机肥 22 500～45 000 千克/公顷作基肥，施纯氮 45～60 千克/公顷、五氧化二磷 150～225 千克/公顷作种肥。豌豆种子发芽的适宜温度为 20℃左右，在 5～6℃时可以缓慢发芽，高海拔地区一般在 4 月上旬进行播种，可适时早播。

②播种。机械点播的播种量控制在 13～15 千克/亩，株距 3～4 厘米，行距 25～30 厘米，播种深度为 5～7 厘米，保证种子可充分吸收土壤深层的水分。

③密度。一般在水肥条件较好的地块，种植密度控制在 4 万～4.5 万

株/亩；水肥条件差的地块，应适当密植，密度控制在 5 万~5.5 万株/亩。

④田间管理。苗期需中耕除草 1~2 次。在多雨季节应做好排水防涝，有灌溉条件的地区根据干旱情况，在苗期和花荚期灌溉 1~2 次。可采用 5%氯氰菊酯 20~40 毫升对水 15 千克，或用 0.9%爱福丁 2 000 倍液在苗期进行喷雾，交替使用防治潜叶蝇；在结荚至成熟前，应及时用 48%毒死蜱喷雾防治豌豆卷叶蛾，连续喷施 2~3 次。用种子量 0.3%~0.4%的 50%多菌灵拌种防治根腐病；在盛花期和结荚期用磷酸二氢钾 1.5 千克/公顷对水 450 千克，叶面喷施 2~3 次，以增加粒重，可提高百粒重 0.2 克以上。

⑤适时收获。当大田中 70%~80%的豆荚呈黄白色时，即可收获。一般选择晴天的中午前，豆荚略微潮湿时，用收割机收获，可减少损失。

4. 苏豌 1 号

江苏省沿江地区农业科学研究所以海门白玉豌豆与法国半无叶豌豆杂交，经连续多年定向选育而成的半无叶豌豆新品种。适宜在长江中下游地区秋播种植。

（1）特征特性。硬荚型，矮秆，半无叶，株高 57.5 厘米，纯白花。单株有效分枝 2.8 个，平均每株结荚 12.7 个，单荚粒数 4.5 粒。鲜荚长 7.2 厘米，宽 1.45 厘米，平均百荚鲜重 320.6 克，鲜籽粒百粒重 43 克，鲜籽碧绿色。出籽率 34.3%~40.1%，干籽粒百粒重 27 克，白皮绿仁，种皮半透明。鲜荚 5 月中旬上市，全生育期 208 天左右。

（2）品质性状。经检测，干籽粒中粗蛋白质含量为 23.8%。以生产鲜籽粒为主，可粮菜兼用。

（3）产量表现。2004—2005 年，鲜荚产量为 14 301 千克/公顷，折合鲜籽粒产量 4 900 千克/公顷；干籽粒产量为 3 603 千克/公顷。

（4）栽培技术。

①播种、密度。一般在 10 月底至 11 月初播种，种植密度为 3 万株/亩左右。因土壤肥力不同，密度可在 2.5 万~4 万株/亩范围内调整，瘠地高密度，肥地低密度，合理密植是苏豌 1 号高产的关键。

②合理施肥。重施基肥、花期追肥，基施复合肥（N：P_2O_5：K_2O = 10：8：7）30 千克/亩，盛花期追施尿素 10 千克/亩。

5. 手拉手

甘肃省农业科学院 1993 年引进美国的针叶豌豆 MZ-1，源县种子站从甘肃省康乐种子公司引入选育而成的豌豆新品种，2006 年通过宁夏农作物品种审定委员会审定。适宜在宁夏南部山区以及甘肃水旱地种植。

（1）特征特性。半无叶株型，直立，卷须发达，株高 30~41.2 厘米。幼苗深绿色，白花，白粒，籽粒圆球形，脐白色。有效分枝 0.7~3 个，单株结荚 1.9~4.4 个，每荚粒数 3.6~4.8 粒，单株粒重 1.20~4.57 克，干籽粒百粒重 23.3~29.8 克。生育期 67~88 天，属中熟豌豆品种。春性，耐寒性强，抗旱性中等。

（2）品质性状。经检测，籽粒中含有粗蛋白 18.6%，粗脂肪 1.21%，粗纤维 5.36%，粗淀粉 48.99%，水分 13.76%。

（3）产量表现。2003 年，参加宁夏豌豆区域试验，平均产量为 880.5 千克/公顷，较对照品种固原白豌豆增产 22.7%；2004 年，参加宁夏豌豆区域试验，平均产量为 1 521.3 千克/公顷，较对照品种固原白豌豆增产 17.19%；两年平均产量为 1 275.9 千克/公顷，较对照品种固原白豌豆增产 19.95%。2005 年，参加宁夏豌豆生产试验，平均产量为 2 257.5 千克/公顷，较对照品种固原白豌豆增产 45.7%。

（4）栽培技术。

①适期播种。选择地势平坦的山塬地、川旱地，除重茬外均可种植。适宜播种期为 3 月下旬至 4 月上旬，如因气候影响，可延迟到 4 月中旬，适宜播量 150 千克/公顷。

②田间管理。重施基肥、配施化肥，一般不追肥，在基施农家肥的基础上，施磷酸二铵 75~150 千克/公顷。不宜用化肥作种肥。苗高 5 厘米后，及时除草、松土，注意防蚜虫，拔除大草。

③及时收获。当 80% 豆荚变为淡黄褐色时，即为成熟，成熟后要适时收获，收获后及时拉运、脱粒晾晒、防雨淋。

6. 武豌 1 号

甘肃省古浪县良种场于 1989—2005 年采用 6 亲本复合杂交，系统选育而成的半无叶豌豆新品种。2010 年通过甘肃省农作物品种审定委员会的认定。适宜在甘肃省武威市的凉州区、古浪县、天祝县及同类地区的张掖市、白银市等有灌溉条件的地区种植。

（1）特征特性。植株直立生长，根系发达，须根多，叶色深绿，植株矮，节间短而粗，茎壁厚，株高 75 厘米左右。每节只着生一片羽状托叶，小叶突变成一根卷须，属半无叶型。第 10 至第 11 节着生花序，以后每节均有花，花白色。荚稍扁而长形，长 5~8 厘米，宽 1.1 厘米，双荚率高。

单荚粒数 7 ~ 8 粒，粒球形，嫩籽粒淡绿色，成熟籽粒呈白色，百粒重 22 克。表面光滑，属嫩粒和干粒兼用型豌豆。生育期 90 ~ 95 天。经田间抗性鉴定，较抗根腐病，抗倒伏能力强。

（2）品质性状。经甘肃省农业科学院测试中心检测，籽粒中含粗蛋白质 253.9/千克（干基），粗淀粉 545.4/千克，赖氨酸 19.8/千克，粗脂肪 14.2/千克，水分 106 克/千克。

（3）产量表现。1999—2005 年，在武威市参加品比试验，平均产量为 7 627.5 千克/公顷，比对照品种当地主栽品种麻豌豆增产 21.7%；2006—2007 年，参加武威市多点试验，平均产量为 6 411 千克/公顷，较对照品种麻豌豆增产 36.5%；2005—2007 年，参加武威市生产试验，平均产量为 5 102.4 千克/公顷，比对照品种麻豌豆增产 15.8%。

（4）栽培技术。

①施肥。中等以上肥力的地块，结合整地一次性施入农家肥 45 000 千克/公顷、尿素 225 千克/公顷、磷酸二铵 150 千克/公顷作基肥；瘠薄地块基肥施入后，须增施适量氮磷钾复合肥。

②适期播种。于 3 月中下旬播种，即当 15 厘米土壤稳定通过 0℃左右时，即可顶凌播种，要使盛花期尽可能地避开当地最为敏感的高温胁迫时期。高水肥条件下，保苗 135 万株/公顷为宜；在低水肥条件下，保苗 120 万株/公顷为宜。并以此为标准来确定合理的播量，高产田播量 375 ~ 450 千克/公顷，中低产田 300 ~ 375 千克/公顷。一般墒情播深 3 ~ 7 厘米，墒情好时 4 ~ 5 厘米为宜，墒情差时 6 ~ 7 厘米。播种要均匀，覆土要严。

③水肥管理。5 月 10 日左右，当株高 25 厘米左右时灌溉头水，不追肥。进入 6 月是豌豆营养生长和生殖生长的关键期，对水肥需求达到高峰。因此，开花初期、结荚期应灌溉两次，结荚期结合灌溉追肥一次，追施磷酸二铵 75 ~ 112.5 千克/公顷或尿素 75 千克/公顷。

④病虫草害防治。一般在 5 月上中旬，及时用 40% 绿菜宝乳油 1 000 倍液，或 48% 乐思本乳油 1 000 倍液，或 1.8% 集琦虫螨克乳油 3 000 倍液喷雾，防治豌豆潜叶蝇，交替用药，每隔 7 ~ 10 天喷一次，连续防治 2 ~ 3 次；豌豆蚜选用 2.5% 天王星乳油 3 000 倍液，或 2.5% 溴氰菊酯乳油 2 000 ~ 3 000 倍液，在为害初期交替喷雾，连续防治 2 ~ 3 次；豌豆象在豌豆初花期用 40% 绿菜宝乳油 1 000 倍液，或 48% 乐思本乳油 1 000 倍液，或 2.5% 溴氰菊酯乳油 2 000 ~ 3 000 倍液，喷雾防治，间隔 7 ~ 10 天喷一次，

连续防治 2 ~ 3 次。豌豆根腐病目前无有效的化学防治措施，只有靠 3 ~ 5 年的轮作倒茬等综合农业栽培措施来解决。4 月 25 日左右，待苗高 5 ~ 7 厘米时，中耕除草一次。田间野燕麦可在播种前用 40% 燕麦畏乳油 2 250 克/公顷对水 300 千克，结合耙地喷施土壤进行防治。田间的稗草、牛筋草、马唐、狗尾草等一年生单子叶杂草及部分双子叶杂草，播前用 48% 氟乐灵乳油 3 750 毫升/公顷对水 300 千克，结合耙地进行土壤地表处理防除。

⑤适时采收。鲜食用的嫩豆荚或豆粒，一般在开花后 14 ~ 20 天开始采收，以豆荚深绿或开始变为浅绿色、豆粒长到饱满时为采收适期；作粮食和饲料用的干豌豆，在 70% 的豆荚变黄时即可收获。

（二）普通品种硬荚品种

7. 草原 25 号

青海省农林科学院作物研究所以 78007 为母本、1341 为父本，经有性杂交选育而成的豌豆新品种，2006 年通过全国小杂粮鉴定委员会的鉴定。适宜在我国西北地区的春播区和华北地区的部分春播区种植。

（1）特征特性。幼苗直立，绿色，高茎，蔓生；株高 105 ~ 125 厘米，有效分枝 1.2 ~ 2.8 个；花白色，硬荚，直形，成熟荚黄白色，长 6.6 ~ 7.6 厘米，宽 1.1 ~ 1.3 厘米，荚内籽粒自由式排列，不裂荚；籽粒白色，圆形，粒径 0.75 ~ 0.87 厘米，种脐淡黄色，种皮不破裂；单株荚数 17 ~ 31 个，双荚率 65.7% ~ 84.9%，单株粒数 67.2 ~ 119.2 粒，单荚粒数 3.6 ~ 4.4 粒，干籽粒百粒重 21.2 ~ 26.8 克，单株粒重 1.61 ~ 2.61 克；生育期 103 ~ 109 天，期间 ≥5℃ 积温 1 504.62 ~ 1 622.41℃；全生育期 123 ~ 130 天，期间 ≥0℃ 积温 1 553.49 ~ 1 785.99℃，属中熟豌豆品种，春性。中抗倒伏，抗旱性强，较抗根腐病。

（2）品质性状。经检测，干籽粒中含淀粉 50.98%，粗蛋白质 24.18%，粗脂肪 1.25%。适宜膨化和淀粉加工。

（3）产量表现。2003—2005 年，参加第一轮全国豌豆区域试验和生产试验，在高水肥条件下，平均产量为 4 200 ~ 4 950 千克/公顷；一般水肥条件下，平均产量为 2 400 ~ 3 300 千克/公顷；旱作条件下，平均产量为 2 100 ~ 2 400 千克/公顷。

（4）栽培技术。

①施肥。在中等肥力以上的地块种植，播前施有机肥 22 500 ~

45 000 千克/公顷作底肥，施五氧化二磷 75 ~ 90 千克/公顷、纯氮 30 ~ 45 千克/公顷作种肥。

②密度。播种量 225 千克/公顷，株距 3 ~ 4 厘米，行距 25 ~ 30 厘米，保苗密度 75 万 ~ 90 万株/公顷。

③田间管理。地下害虫严重的地块，播前用药剂进行土壤处理；在生长前期幼苗受潜叶蝇为害时，用药剂喷施 1 ~ 2 次；有灌溉条件的地区，在始花期、结荚期灌溉 1 ~ 2 次，生长期结合除草，松土 2 ~ 3 次，控制杂草生长。

④收获。上部荚干黄发白、茎叶变黄时收获，收后阴干，及早脱粒。

8. 草原 26 号

青海省农林科学院作物研究所以 78007 为母本、1360 为父本，经有性杂交选育而成的豌豆新品种，2006 年通过全国小杂粮鉴定委员会的鉴定。适宜在我国西北地区的春播区和华北地区的部分春播区种植。

（1）特征特性。幼苗直立，绿色，矮茎；株高 60.2 ~ 70.5 厘米，有效分枝 1 ~ 3 个；花白色，硬荚，直形，成熟荚黄白色，长 6.2 ~ 7.2 厘米，宽 1.2 ~ 1.3 厘米，荚内籽粒自由式排列，不裂荚；籽粒白色，圆形，粒径 0.71 ~ 0.83 厘米，种脐淡黄色，种皮不破裂；单株荚数 17.2 ~ 28.4 个，双荚率 52.66% ~ 76.06%，单株粒数 62.7 ~ 81.7 粒，单荚粒数 3.4 ~ 5 粒，干籽粒百粒重 20.8 ~ 26.7 克，单株粒重 12.5 ~ 23.9 克；春性，中熟，生育期 98 ~ 108 天，期间 ≥5℃ 积温 1 384.84 ~ 1 565.9℃，全生育期 116 ~ 125 天，期间 ≥0℃ 积温 1 456.08 ~ 1 717.3℃。抗倒伏，抗旱性较强，较抗根腐病。

（2）品质性状。经检测，干籽粒中含淀粉 53.14%，蛋白质 23.34%，粗脂肪 1.45%。

（3）产量表现。2003—2005 年，参加青海、甘肃、宁夏、陕西、内蒙古等地进行的国家豌豆品种区域和生产试验，在高水肥条件下，平均产量为 4 200 ~ 4 500 千克/公顷；在一般水肥条件下，平均产量为 3 000 ~ 3 450 千克/公顷；在旱作条件下，平均产量为 2 250 ~ 2 700 千克/公顷。

（4）栽培技术。

①播种密度。播种量 225 千克/公顷，株距 3 ~ 4 厘米，行距 25 ~ 30 厘米，保苗密度 75 万 ~ 90 万株/公顷。

②合理施肥。选用中等肥力以上的地块种植；播前施有机肥 22 500 ~

45 000 千克/公顷作底肥，施五氧化二磷 75～90 千克/公顷、纯氮 30～45 千克/公顷作种肥。

③田间管理。地下害虫严重的地块，用药剂播前土壤处理；在生长前期幼苗受潜叶蝇危害时，用药剂喷施 1～2 次；有灌溉条件的地区，在始花期、结荚期灌溉 1～2 次，生长期结合除草，松土 2～3 次，控制杂草生长。

④适时收获。上部荚干黄发白、茎叶变黄时收获，收后阴干，及早脱粒，晒干入库。

9. 草原 28 号

青海省农林科学院和青海鑫农科技有限公司以草原 224 为母本、Ay737 为父本有性杂交，经多年选育而成的豌豆新品种。2011 年通过青海省农作物品种审定委员会的审定。适宜在青海省东部农业区川水地复种、中位山旱地种植。

（1）特征特性。幼苗直立，绿色，矮茎，主茎粗 0.4～0.6 厘米，主茎节数 20～23 节，间间长 3.1～3.3 厘米，半蔓生。株高 65～75 厘米，有效分枝 1～2 个，羽状复叶，顶端卷须，卵圆形，长 3.8～4.8 厘米，宽 1.9～2.7 厘米。总状花序，第一花序位于第 15 至第 17 节，高 30～35 厘米，花深紫红色。硬荚，刀形，成熟荚淡黄色，长 7.5～8.5 厘米，宽 1.4～1.6 厘米，荚内籽粒自由式排列，不裂荚。籽粒紫红色，圆柱形，粒径 0.80～0.86 厘米，种脐褐色，种皮不破裂。单株荚数 10.7～12.9 荚，双荚率 77.5%～84.3%，单株粒数 35～43 粒，石粒率 1%～2%，单荚粒数 3～3.5 粒，干籽粒百粒重 30.1～32.7 克，单株粒重 10.1～12.3 克。春性，全生育期 112～118 天，期间≥0℃积温 1 744.3～1 826.9℃。田间自然鉴定，中抗倒伏，中等耐旱，轻感根腐病及潜叶蝇为害。

（2）品质性状。经检测，干籽粒中含淀粉 55.00%，粗蛋白质 22.99%，粗脂肪 1.07%。

（3）产量表现。2009—2010 年，参加青海省豌豆区域试验，平均干籽粒产量为 4 310 千克/公顷，比双对照品种草原 224 和草原 25 号，分别增产 20.12% 和 25.36%；2009—2011 年，参加青海省豌豆生产试验，平均干籽粒产量为 4 050 千克/公顷，比双对照品种草原 224 和草原 25 号，分别增产 21.45% 和 23.12%。

（4）栽培技术。

①选地整地。选择向阳、排灌方便、中等肥力以上的地块，趁晴天精

耕细作，使土壤疏松，细碎平整，除去杂草。

②合理施肥。需施足基肥，增施磷肥。播前施有机肥 22 500 ~ 45 000 千克/公顷作底肥，施用五氧化二磷 75 ~ 90 千克/公顷、纯氮 30 ~ 45 千克/公顷作种肥。北方地区有机肥撒施，磷肥和氮肥施入犁沟或条播时随种子施入；南方地区肥料均匀撒施于沟底，用细土盖底肥，至与畦面平齐。也可以在播种穴内施用 750 ~ 1 125 千克/公顷的钙镁磷肥。

③播种密度。要适时播种，合理密植，大田生产保苗 75 万 ~ 90 万株/公顷，播种量 225 千克/公顷。

④田间管理。在始花期、结荚期灌溉 1 ~ 2 次；生长期结合除草，松土 2 ~ 3 次，控制杂草生长；地下害虫严重地块，用药剂播前土壤处理，在生长前期幼苗受潜叶蝇危害时，用药剂喷施 2 ~ 3 次。

⑤适时收获。当上部荚干黄发白、茎叶变黄时，收获最为适宜。收后阴干，及早脱粒，晒干熏蒸，入库保存。

10. 定豌 6 号

甘肃省定西市旱作农业科研推广中心以 81 - 5 - 12 - 4 - 7 - 9 为母本、以天山白豌豆为父本，杂交选育而成的豌豆新品种。2009 年通过甘肃省农作物品种审定委员会的审定。适宜在年降水量 350 毫米以上、海拔 2 500 米以下的半干旱山坡地、梯田地和川旱地种植，水地和二阴地种植产量更高。可单作，或与玉米、马铃薯等间作、套种。

（1）特征特性。茎叶绿色，花白色，第一结荚位适中；平均株高 57.6 厘米，单株有效荚数 3.39 个，单荚粒数 11.69 个，百粒重 19.5 克；种皮绿色，粒形光圆。生育期 90 天，属中早熟豌豆品种，春性。经甘肃省农业科学院植物保护研究所田间鉴定，对豌豆根腐病表现为耐病。

（2）品质性状。经甘肃省农业科学院测试中心测定，籽粒中含粗蛋白 286.2 克/千克（干基），赖氨酸 19.1 克/千克，粗脂肪 7.6 克/千克，粗淀粉 389.6 克/千克，水分 10.2%，蛋白质含量超出平均值 4 个百分点，为高蛋白品种。

（3）产量表现。2004—2006 年，参加甘肃省定西市区域试验，三年平均产量为 2 067.3 千克/公顷，较对照品种定豌 1 号增产 15.6%。2006—2008 年，参加全国豌豆区域试验，三年平均产量为 2 150.2 千克/公顷，较对照品种 WD02 - 03 增产 0.9%。

（4）栽培技术。

①轮作播种。与麦类、薯类实行三年以上轮作倒茬，前茬以麦茬为最好，其次为莜麦、马铃薯、糜谷等。

②适宜密度。播种量 195～210 千克/公顷，二阴地或水地种植应适当增加播种量，保苗 75 万～105 万株/公顷。

③合理施肥。施农家肥 30 000 千克/公顷左右、五氧化二磷 75 千克/公顷左右，纯氮 37.5～45 千克/公顷（即尿素 82.5～97.5 千克/公顷）。

④田间管理。应在卷须缠绕前及时除草、松土两次，第一次在 3～4 叶时，重点松土；第二次在 7～8 叶时，重点除草；弱苗地结合第二次松土施尿素 30～45 千克/公顷。苗期及时防治潜叶蝇、黑绒金龟甲，中后期注意防治豌豆象和豌豆小卷叶蛾，在水地及二阴地种植时，中后期应注意防治白粉病。

11. 定豌 7 号

甘肃省定西市旱作农业科研推广中心以天山白豌豆为母本、8707 - 15 为父本杂交选育而成的豌豆新品种，2009 年通过甘肃省农作物品种审定委员会的认定。适宜在年降水量 350 毫米以上、海拔 2 500 米以下的干旱、半干旱山坡地、梯田地和川旱地种植，水地和二阴地种植产量更高。

（1）特征特性。茎叶绿色，紫花，第一结荚位适中，平均株高 60.8 厘米。单株有效荚数 3.2 个，单荚粒数 3.7 个，百粒重 21.2 克。种皮麻色，粒形光圆，生育期 91 天左右，属中早熟豌豆品种。经田间抗病性鉴定，对豌豆根腐病表现为耐病，抗旱性强。

（2）品质性状。经甘肃省农业科学院测试中心测定，籽粒中含粗蛋白 226 克/千克（干基）、赖氨酸 12.6 克/千克、粗脂肪 11.2 克/千克、粗淀粉 642.8 千克、水分 14%。为高淀粉、高赖氨酸品种。

（3）产量表现。2004—2006 年，参加甘肃省定西市豌豆区域试验，三年平均产量为 1 903.35 千克/公顷，较对照品种定豌 1 号平均增产 6.43%。其中，2004 年平均产量为 2 134.95 千克/公顷，较对照品种定豌 1 号增产 7.82%；2005 年平均产量为 2 322.15 千克/公顷，较对照品种定豌 1 号减产 0.66%；2006 年平均产量为 1 252.95 千克/公顷，较对照品种定豌 1 号增产 18.8%。2003—2005 年，参加甘肃省豌豆生产示范，三年累计示范 16.94 公顷，平均产量为 1 684.5 千克/公顷，较对照品种定豌 1 号增产 9.78%。

（4）栽培技术。

①选地施肥。与麦类、薯类实行三年以上轮作倒茬，前茬以小麦为最好，其次为莜麦、马铃薯、糜谷等。前茬作物收获后及时进行翻茬，耙糖保墒，基施农家肥30 000 千克/公顷左右、五氧化二磷75 千克/公顷、纯氮37.5 ~ 45 千克/公顷。

②适期播种。一般选择3 月中下旬播种，行距15 ~ 20 厘米，播深10 ~ 12 厘米，播种量195 ~ 210 千克/公顷，保苗75 万 ~ 105 万株/公顷，二阴地或水地种植适当增加播量。

③田间管理。卷须缠绕前及时除草、松土两次，第一次在3 ~ 4 叶时，着重松土；第二次在7 ~ 8 叶时，着重除草；弱苗地结合第二次松土，施尿素30 ~ 45 千克/公顷。生长过旺的地块可喷施0.3%的磷酸二氢钾，及时控制徒长。

④病虫防治。豆潜叶蝇掌握在幼虫2 龄前（虫道很小时），及时用40%的绿菜宝乳油1 000倍液，或48%乐斯本乳油1 000倍液，或1.8%集琦虫螨克乳油3 000倍液喷雾，每隔7 ~ 10 天喷一次，交替防治2 ~ 3 次；豌豆象可在豌豆开花结荚期防治，盛花期是田间药剂防治的最佳时期，可选用48%毒死蜱乳油1 000倍液，或0.2%爱诺虫清乳油1 200倍液等，对豆荚和叶面进行交替喷雾防治，每隔6 天喷药一次，连续防治3 ~ 4 次。豌豆白粉病可采用种植抗病品种、增施磷钾肥、用25%粉锈宁可湿性粉剂2 000倍液进行田间喷雾等措施，进行防治。

⑤收获贮藏。当植株下部两层豆荚干黄、茎叶变黄、70% ~ 80%豆荚枯黄时，应立即收获，以早晨、上午收获较好，植株收获后应自然风干，及时脱粒晒干入库。入仓前应进行密闭熏蒸，每立方米可用三氯硝基甲烷（氯化苦）30 ~ 50 克，室温16 ~ 30℃，密闭72 小时；或每立方米用磷化铝3 克，室温20℃以上，密闭4 ~ 5 天。

12. 成豌 8 号

四川省农业科学院作物研究所以四川材料7903 作母本、以四川地方品种开江大白作父本进行有性杂交，经多代定向选育而成的豌豆新品种。2006 年通过四川省农作物品种审定委员会的审定。适宜在四川省的平坝、丘陵、低山地区秋播种植。

（1）特征特性。株高72.4 厘米，单株粒数47 粒，矮茎，角果多，分枝多。叶色灰绿，叶表面有明显蜡质灰色斑点，复叶有卷须，无限花序，花白色。成熟种子种皮灰绿色，近圆形，硬荚，粒大，荚长，百粒重 21.6 克。全生育期 178 天左右，属中早熟豌豆品种。耐菌核病、白粉病。

（2）品质性状。经检测，干籽粒中粗蛋白含量为 29.7%。是粮、饲、菜及加工兼用型豌豆品种。

（3）产量表现。2004—2005 年，参加四川省豌豆区域试验，2004 年平均产量为 75.3 千克/亩，较统一对照品种青豌豆增产 14.1%，较地方对照品种增产 4.4%；2005 年平均产量为 136 千克/亩，较统一对照品种青豌豆增产 27.8%，较地方对照品种增产 36.9%；两年平均产量为 105.7 千克/亩，较统一对照品种青豌豆增产 21%，较地方对照品种增产 20.7%。2005 年，参加四川省豌豆生产试验，平均产量为 155.3 千克/亩，较对照品种青豌豆增产 19.9%。

（4）栽培技术。

①播期。盆地内，以 10 月 25 日至 11 月 5 日播种为宜。

②播量。用种 6 千克/亩。单作行距 50～60 厘米，窝距 25 厘米，每窝精选种子 5 粒，保苗 3 株。

③施肥。播种时，施过磷酸钙 30 千克/亩，有机渣肥 2 000 千克/亩或清粪水 30 担/亩，苗期视情况可追加一次。

④田间管理。苗期遇旱应灌溉一次，及时中耕除草，花期注意防治豆象。

⑤收获。成熟后及时收获，脱粒晒干，灭豆象后再贮藏。

13. 汾豌豆 1 号

山西省农业科学院经济作物研究所以 JW－16 作母本、JW－8 作父本有性杂交，经多年定向选育而成的豌豆新品种。2012 年通过山西省品种审定委员会的审定。适宜在山西省北中部及同纬度地区春播种植。

（1）特征特性。株型直立，株高 75 厘米左右；根圆锥状，须根发达，茎叶淡绿，有卷须，花白色；主茎分枝 2.1 个；成熟荚黄白色，镰刀形，完整荚内着生籽粒 4.8 粒，荚长 5.7 厘米；籽粒光滑无皱，白色，圆形，百粒重 21.5 克。春播生育期 85 天左右。幼苗耐寒性好，抗病，中抗叶潜蝇。

（2）品质性状。根据农业部谷物及制品质量监督检验测试中心（哈尔滨）检测，籽粒中含粗蛋白（干基）25.41%，粗脂肪 2.45%，粗淀粉 38.57%。

（3）产量表现。2010—2011 年，推荐参加山西省豌豆直接生产试验，2010 年平均产量为 2 160 千克/公顷，比对照品种晋豌豆 2 号增产 12.1%；2011 年平均产量为 3 105 千克/公顷，比对照品种晋豌豆 2 号增产 16%；两年平均产量为 2 633 千克/公顷，比对照品种晋豌豆 2 号增产 14.3%。

（4）栽培技术。

①适期播种。北方春播区，在不受冻害的前提下尽量早播。当土壤温度稳定在 0~5℃时，顶凌播种，具体时间因当地气温而异，播量 60~75 千克/公顷。

②田间管理。播前施足基肥，苗期中耕除草两次；开花前期遇干旱及时灌溉，涝时适时排水；注意控肥。

③病虫防治。蚜虫、红蜘蛛等虫害发病初期，可用 10% 吡虫啉可湿性粉剂 2 000 倍液喷施茎叶；豌豆潜叶蝇，可采用菊酯类农药诱杀成虫、防治幼虫；豌豆线虫病，可实行作物轮作、用杀线虫剂处理土壤等防治。

④适时收获。在豆荚成熟 70% 时，及时收获，防止炸荚。

14. 科豌 4 号

中国农业科学院作物科学研究所与辽宁省经济作物研究所合作，经有性杂交选育而成的豌豆新品种。2009 年通过辽宁省农作物品种审定委员会的审定。适宜在辽宁、河北及周边地区种植。

（1）特征特性。有限结荚型，株高 30~35 厘米，主茎节数约 10 个。叶深绿，鲜茎绿色。初花节位在第 4 至第 5 节，花白色，单花花序。鲜荚绿色，长 7~8 厘米，宽 1.5 厘米左右，荚直形，尖端呈钝角形。单荚粒数一般 5~7 粒，单株结荚 5 个左右，鲜荚重 5.5~6 克，单株鲜荚重 25~30 克。干籽粒绿色，绿子叶，表面褶皱，种脐灰白色，鲜籽粒百粒重为 47 克，干籽粒百粒重为 23 克。从播种到嫩荚采收 65 天左右，全生育期 80 天。

（2）品质性状。经检测，干籽粒中蛋白质含量为 25.9%，淀粉含量为 57.54%，脂肪含量为 1%。

（3）产量表现。一般青荚产量为 800~1 000 千克/亩。

（4）栽培技术。

①精细整地。豌豆的根比其他食用豆类作物根系弱，根群较小，适当深耕，疏松土壤，促使根系发育，使出苗整齐，幼苗健壮，抗逆性强。在上一年的秋作物收获后，先灭茬除草，然后施肥耕翻。

②施足基肥。应以基肥为主，一般施农家肥 1 500~2 000 千克/亩、过

磷酸钙 20～30 千克/亩、草木灰 40～50 千克/亩作为基肥。如缺少农家肥可施用磷酸二铵作基肥，条施 5～7.5 千克/亩，撒施 10～15 千克/亩。

③播种。在不受霜冻的前提下，及早播种，一般 3 月中下旬顶凌播种，条播，行距 30～35 厘米，播种量 17.5 千克/亩，留苗约 6.5 万株/亩。

④田间管理。幼苗至开花期要注意防治潜叶蝇，当叶背面发现潜道时，及时喷施蝇螨一次净 1 000～1 500 倍液防治，每隔 7 天喷施一次，连续防治 2～3 次；开花结荚期遇干旱，要及时灌溉 2～3 次，遇连雨天，要及时排水。

⑤及时收获。鲜食豌豆一般在开花后 18～20 天采收，采收后要及时销售，或速冻加工后冷库贮藏。

（三）荷兰豆、甜脆豌豆

15. 晋豌豆 4 号

山西省农业科学院右玉试验站以 8721 - 1 号为母本，以 6731 - 2 号为父本有性杂交，采用混合选择法选育而成的豌豆新品种。2010 年通过山西省农作物品种审定委员会的审定。适宜在山西、内蒙古和甘肃等无霜期短的高寒区春播种植。

（1）特征特性。半直立株型，无限结荚习性，株高 85～110 厘米；主茎节数 7.2 个，有效分枝 3 个左右，最低结荚位 45～50 厘米，单株结荚 11.8 个，荚长 6 厘米左右，百粒重 24 克；叶色翠绿，花紫红色；种皮麻色，光滑无皱，圆形硬粒。抗豌豆食心虫，抗旱性较强，抗寒性较强，田间有白粉病发生。

（2）品质性状。经农业部谷物品质监督检验测试中心分析，籽粒中粗蛋白含量 23.76%，粗脂肪含量 1%，粗淀粉含量 54%，总糖含量 5.41%。

（3）产量表现。2008—2009 年，参加山西省豌豆品种区域、生产试验，2008 年平均产量为 1 756.5 千克/公顷，比对照品种晋豌豆 2 号增产 15.5%；2009 年平均产量为 1 707 千克/公顷，比对照品种晋豌豆 2 号平均增产 15.9%。

（4）栽培技术。

①合理轮作，疏松土壤。应轮作，忌连作。于播种前适当深耕细耙，疏松土壤，利于根系发育，使豌豆出苗整齐、健壮。

②科学施肥，适时播种。一般施农家肥 22 500 千克/公顷。一般在 4 月中旬前后播种，具体时间应根据当地降雨规律进行调节，尽量使豌豆开花

等主要需水阶段与降水高峰相吻合，开花结荚期间避开高温期。

③种植密度与田间管理。依地力状况确定播量，一般旱地密度为50万~60万株/公顷，高肥力旱地密度为60万~75万株/公顷。及时中耕除草，遇旱灌溉，及时防治病虫害。豌豆荚从下而上逐渐成熟，持续时间长。应在植株茎叶和荚大部分转黄稍枯干时收获。

16. 浙豌 1 号

浙江省农业科学院蔬菜研究所以 1998 年引进的 GW10 为材料，经系统选育而成的豌豆新品种。2006 年通过浙江省非主要农作物品种认定委员会的认定。适宜在浙江省及全国各地适宜同类型品种栽培的地方种植，尤其适宜在平原冬闲田种植和高山春季种植。

（1）特征特性。植株蔓生，株高约 110 厘米，主侧蔓均可结荚，每株3~5蔓，每株结荚20~25荚。茎叶浅绿色，托叶大，白花，始花节位在第11 至第 12 节。嫩荚绿色，平均荚长 9.3 厘米，荚宽 2.1 厘米，每荚含籽粒7~8粒，单荚重约 10 克，剥鲜率约 475 克/千克，百粒鲜重约 66 克。青荚产量约 1 000 千克/亩。播种至鲜荚采收 135~140 天，全生育期约 165 天。

（2）品质性状。经农业部农产品质量监督检测测试中心检测，籽粒中可溶性总糖含量为 25.84%，维生素 C 含量为 140.79 毫克/100 克，粗蛋白含量为 26.7 毫克/100 克。

（3）产量表现。2001—2002 年，参加杭州市豌豆品种比较试验，平均产量分别为 16 238 千克/公顷和 15 648 千克/公顷，分别比对照品种中豌 6号增产 60.8% 和 53%。2002—2003 年，在宁波、金华、丽水等地进行生产试验，比对照品种中豌 6 号平均增产 54.14%。

（4）栽培技术。

①整地施肥。选择肥沃疏松、排灌方便、肥力中上的田地。翻耕后，作成连沟宽 1.2 米的畦，一般施腐熟有机肥 2 000 千克/亩、磷肥 30 千克/亩、钾肥 10 千克/亩。

②适时播种。长江中下游地区，一般在 11 月上中旬播种；海拔 500 米以上地区，可于翌年 1 月份播种。其他地区可相应提早或推迟。一般采用穴播，行距 30 厘米，株距 15 厘米，每穴播 2~3 粒种子，用种量 2 千克/亩，播后覆土 2 厘米。

③田间管理。出苗后，及时查苗补苗，并追施腐熟人粪尿1 000 千克/亩或少量尿素，12 月下旬可再进行一次中耕，并结合中耕进行

培土。立春后再追肥一次，施入腐熟人粪尿 1 500 千克/亩或尿素 10 千克/亩。一般于 2 月底，苗高 30 厘米时，设立支架。2 月下旬至 3 月上旬，搭架前再中耕一次。干旱时，可沟灌或滴灌，保持土壤湿润。

④病虫害防治。潜叶蝇、菜青虫、斜纹夜蛾和蚜虫是豌豆的主要害虫，应在苗期抓好防治工作。根腐病和立枯病是土传病害，防治方法是实行水旱轮作，并用多菌灵等药剂在苗期防治。

⑤适时采摘。当豆粒已充分长大，荚色由浓绿开始转白时，为采收适期，根据销售或消费需要，及时分期分批采摘。

17. 陇豌 2 号

甘肃省农业科学院泥土肥料与节水农业研究所从美国引进的豌豆品种 MZ-1 中选育而成的豌豆新品种，2010 年通过甘肃省农作物品种审定委员会的认定。适宜在甘肃省海拔 3 100 米以下、有效积温 1 300℃·天以上的河西灌区、中部引黄灌区、半干旱雨养农业区及高寒阴湿区种植。

（1）特征特性。株高 35～85 厘米，复状针叶，前端为卷须状。无蔓，竖立，花白色，无限花序，有限结荚 1～2 个。每株着生 6～12 荚，双荚率达 75%以上，豆荚长矩形，荚长 5～7 厘米，荚宽 1～1.2 厘米，不易裂荚。每荚 5～7 粒，中粒，种皮黄白色，粒型光圆，光彩好，百粒重 25.5～29.7 克。全生育期 80～85 天。田间鉴定，高抗豌豆根腐病。

（2）品质性状。经检测，水分含量 10.6%，籽粒中含粗蛋白（干基）25.9%，粗淀粉 51.8%，赖氨酸 15%，粗脂肪 0.9%。

（3）产量表现。2000—2001 年，代表高寒阴湿区、河西灌区、沿黄灌区的 10 个点进行多点试验，两年平均产量为 412.9 千克/亩，比对照品种增产 31.5%。其中，高寒阴湿区平均产量为 608.2 千克/亩，比对照品种增产 30.8%；河西灌区平均产量为 390 千克/亩，比对照品种增产 29.4%；沿黄灌区平均产量为 369.7 千克/亩，比对照品种增产 28.6%。

（4）栽培技术。

①播种。播量在常规豌豆播量的基础上，加大 1/3～1/2。

②施肥。适期早播，改春施肥为秋施肥，多施农家肥及有机肥。

③防治病虫草害。用 1.8% 爱福丁或 1.8% 的集琦虫螨克交替喷施，防治斑潜蝇及潜叶蝇。用仲丁灵、高效盖草能、氟磺胺草醚等，结合人工除草，防除田间杂草。

18. 食荚甜脆豌 3 号

四川省农业科学院作物研究所以育成品种食荚大菜豌 1 号为母本、引进材料中山青为父本，进行有性杂交选育而成的豌豆新品种。2009 年通过四川省农作物品种审定委员会的审定。适宜在四川省及长江以南秋播区的不同土质、不同台位、不同耕作制度上单作或间套作种植。

(1) 特征特性。生长矮健，幼苗半直立，株型紧凑，不需搭架。平均株高 70.8 厘米，有效分枝 2~5 个，主侧蔓均可结荚，叶色深绿，有须，花白色。嫩荚绿色，果皮肉质厚，无硬皮层，果肉率达 83.2%。平均荚长 8.1 厘米，荚宽 1.7 厘米，单荚重约 5.5 克。播种到始收嫩荚平均 158.7 天，全生育日数 170.9 天。

(2) 品质性状。经农业部农产品质量监督检验测试中心（成都）品质检验，鲜荚蛋白质含量 2.29%，粗纤维含量 0.528%，糖分含量 4.3%。干籽粒中粗蛋白含量达 29.7%，脂肪含量 1.94%。

(3) 产量表现。2007—2008 年，参加四川省豌豆区域试验，两年平均产量为 572.4 千克/亩，较对照品种食荚大菜豌 1 号增产 12.1%。2008 年，参加四川省豌豆生产试验，平均产量为 603 千克/亩，较对照品种食荚大菜豌 1 号（平均产量 559.5 千克/亩）增产 7.8%。

(4) 栽培技术。

①适时播种。四川盆地内冬播，丘陵区一般在 10 月底左右，山区在 10 月中旬播种为宜。肥土宜迟，瘦土宜早；平坝宜迟，丘陵宜早。单作行距 50~60 厘米，窝距 25 厘米，每窝精选种子 5 粒，保苗 3 株。适当密植，用种 8~10 千克/亩。

②田间管理。播种时用过磷酸钙 30 千克/亩、有机渣肥 2 000 千克/亩或清粪水 30 担/亩，苗期视情况可追加一次清粪水；花荚期可适当追施磷钾肥，荚期可喷施磷酸二氢钾壮荚果；及时拔除高草，中耕结合培土，保护根系免受冻害；田间注意适当排灌。

③病虫害防治。白粉病发生初期，可喷施 25% 粉锈宁可湿性粉剂 2 000 倍液、50% 苯菌灵可湿性粉剂 1 500 倍液、70% 十三吗啉乳油 3 000 倍液、70% 甲基托布津可湿性粉剂 1 000 倍液、50% 多菌灵可湿性粉剂 500 倍液等，发病严重时，间隔 7~10 天再喷一次。褐斑病发病初期，可喷施 50% 多菌灵可湿性粉剂 600 倍液、70% 代森锰锌可湿性粉剂 500 倍液、75% 百菌清可湿性粉剂 500 倍液、58% 甲霜灵锰锌可湿剂粉剂 500 倍液等，每隔

7～10 天喷一次，连续防治 2～3 次。防治幼龄时期的斑潜蝇，可在上午 8～11 时露水干后，喷施 25% 斑潜净乳油 1 500 倍液、或 1.8% 爱福丁乳油 3 000 倍液、或 1% 增效 7051 生物杀虫素 2 000 倍液，进行防治。防治豆象，可在豌豆开花前期进行田间防治，选用常规杀虫剂，间隔 7～10 天后再防治一次。

④适时采收。当豆粒开始膨大，荚色转绿时为采收适期。根据销售或消费需要，及时分期分批采摘，采收后应及时追肥。

19. 食荚大菜豌 6 号

四川省农业科学院作物研究所以引进的新西兰食青豆粒品种麦斯爱为母本、地方材料 JI1194 为父本进行有性杂交，经系统选育而成的豌豆新品种。2010 年通过四川省农作物品种审定委员会的审定。适宜在四川省食荚菜豌豆栽培区种植。

（1）特征特性。株高 72.1 厘米，矮健，幼苗半直立，叶色灰绿，托叶斑点密集，白花。青荚绿色，果皮肉质厚，嫩荚单荚重 5.7 克，百荚重 573.9 克，平均荚长 11.6 厘米，荚宽 2.5 厘米，果肉率 82%。种皮白色，百粒重 27.7 克，果肉率达 82%。播种到始收嫩荚平均 159 天，熟性和脆性较强。

（2）品质性状。经检测，嫩荚中蛋白质含量 2.68%，粗纤维含量 0.74%，糖分 2.57%。干籽粒中粗蛋白含量 26.5%（干基），粗脂肪含量 1.3%。

（3）产量表现。2007—2008 年，参加四川省豌豆区域试验，两年平均产量为 625.1 千克/亩，较对照品种食荚大菜豌豆增产 16.3%。

（4）栽培技术。

①播期。盆地内冬播，丘陵区在 10 月底左右，山区在 10 月中旬播种，适当密植，一般用种 8～10 千克/亩。

②密度。单作行距 50～60 厘米，窝距 25 厘米，每窝精选种子 5 粒，保苗 3 株。

③肥水管理。播种时用过磷酸钙 30 千克/亩、有机渣肥 2 000 千克/亩或清粪水 30 担/亩，苗期视情况可追加一次。幼苗期遇旱应灌溉一次，及时中耕除草。

④病虫害防治。花期预防豆象、蚜虫为害。成熟后及时收获，晒干后灭豆象，入库贮藏。

20. 漳豌 1 号

福建省漳州市农业科学研究所从双丰 1 号豌豆的变异株中，经系谱法选育而成的软荚豌豆新品种。2012 年通过福建省农作物品种审定委员会的认定。适宜在福建省秋冬季种植。

（1）特征特性。植株生长势强，蔓生，株高 155 厘米左右。茎叶浅绿色，花白色。分枝数 3～5 个，单株结荚 130～170 个，双荚率 35% 以上，鲜荚绿色，荚长 8.5～10 厘米，荚宽 1.7 厘米左右，每荚含籽粒 7～9 个，单荚重 2.5～3.2 克。播种至鲜荚始收 60～70 天，属早中熟豌豆品种。经漳州市植保植检站田间病害调查，白粉病、炭疽病的发生程度与对照品种改良台中 11 号相近，褐斑病的发生程度较对照品种轻。

（2）品质性状。经漳州市农业检验监测中心检测，每 100 克鲜样中含粗蛋白质 2.6 克，维生素 C 56.1 毫克，总糖 4.8 克，粗纤维 55 克。

（3）产量表现。2009—2010 年，进行区域试验，比对照品种当地主栽品种 604（改良台中 11 号）增产 8.8%～14.5%；2008—2010 年，进行生产示范，平均产量为 12 750 千克/公顷。

（4）栽培技术。

①适时播种。福建省内一般 10 月中下旬播种，11 月以后播种产量较低。选用籽粒饱满、无病虫害的种子，播种量 1～1.25 千克/亩，穴播，行距 150 厘米，株距 30 厘米。

②间苗定株，插竹引蔓。苗期间苗两次，每穴留 1 株，播种后约 20 天搭"人"字架，同时拉绳。架材一般选用拇指粗的竹竿，然后随蔓生长横拉绳子上引。

③肥水管理。播种后 5～7 天即可齐苗，出苗后保持土壤湿润，及时中耕除草，并进行培土，避免豆秆蝇为害，高温期或植株太大时则不宜中耕，以免伤根。雨天应注意排水，切忌积水，做到雨停沟干，以免烂根及染病。苗齐后 5～6 天，结合灌溉进行第一次追肥，施三元复合肥 5～7 千克/亩；苗齐后 12～15 天，进行第二次追肥，点施三元复合肥 22.5 千克/亩；在始花期进行第三次追肥，施三元复合肥 20 千克/亩；进入结荚期，每两周左右追一次肥，施三元复合肥 15～20 千克/亩。在微量元素比较缺乏的水稻田、茭白田和沙质土壤种植，采收期用 0.2% 硼砂、0.05%～0.1% 钼酸铵、0.3% 磷酸二氢钾溶液，连续进行几次根外追肥，可显著提高鲜荚成品率。

④病虫害防治。主要病虫害有豆秆黑潜蝇、潜叶蝇、炭疽病和白粉病。

防治豆秆黑潜蝇，首先要清洁田园，减少虫源，同时苗期应尽早培土保苗，出苗后可用 10% 灭蝇胺 700~800 倍液防治，每隔 5~7 天喷一次；豌豆潜叶蝇可用 10% 灭蝇胺 700~800 倍液防治，每隔 5~7 天喷一次，连续防治 2~3 次；炭疽病可在发病初期，喷施 10% 苯醚甲环唑可湿性粉剂 1 000~1 500 倍液，或多·硫悬浮液 500 倍液防治，每隔 7~10 天喷一次，连续防治 2~3 次；白粉病可喷施多·硫悬浮液 500 倍液，或 12% 腈菌唑 1 200~1 500 倍液防治，每隔 7~10 天喷一次，连续防治 3 次。

四、豇豆

1. 彩蝶一号

江西省华农种业有限公司以赣豇 35 变异株为母本、特早 30 变异株为父本，杂交选育而成的常规豇豆新品种。2007 年通过江西省农作物品种审定委员会的认定。适宜在江西全省各地种植。

（1）特征特性。植株蔓生，主蔓结荚为主，分枝中等，主蔓长 250~300 厘米。叶色深绿，阔卵圆形，始花节位在第 3 至第 4 节，连续结荚能力强。商品荚绿白色，荚长 65~70 厘米，荚粗 0.83 厘米，单荚重 38 克左右，单荚种子数 18~20 个，种子百粒重 13.5 克左右。种皮红褐色，种子肾形。口感脆嫩，清香，风味好。春季种植全生育期 90~96 天，属早中熟豇豆品种。抗性好，不早衰。

（2）产量表现。春季生产种植，平均产量为 2 853.6 千克/亩，比对照品种之豇 28 - 2 增产 35.8%；夏季生产种植，平均产量为 2 759.9 千克/亩，比对照品种之豇 28 - 2 增产 41.1%。

（3）栽培技术。

①播种密度。露地栽培，3 月中旬至 8 月上旬均可播种。深翻土地，起垄种植，一般行距 75 厘米，株距 30 厘米，双行定植，穴播 3~4 粒，每穴留苗 2~3 株，用种量 1.5~2 千克/亩。

②田间管理。施有机肥 1 500 千克/亩、复合肥 25 千克/亩、钾肥 7.5 千克/亩、过磷酸钙 10 千克/亩作基肥。采收期每隔 5~7 天，追施复合肥一次，连追 2~3 次，每次追施复合肥 10 千克/亩。前期少灌溉，待苗长到 20~25 厘米时，及时搭架，抽蔓后及时引蔓上架。同时注意防虫防病，前期防菜青虫，结荚盛期防豆荚螟和钻心虫。

③及时采收。一般在开花后 7~9 天可采收上市，以后每隔 1~2 天采

收一次。豆荚变黄变软后，可选晴朗天气的早晨分批采收，晒干后脱粒，放干燥凉爽处贮存。一般 3 ~ 4 次收完。贮藏豇豆种子，要注意防潮防虫，可用药剂熏杀豌豆象为害。

2. 彩蝶二号

江西省华农种业有限公司以赣豇 35 变异株为母本、以 A71 号豇豆为父本，杂交选育的常规豇豆新品种。2007 年通过江西省农作物品种审定委员会的认定。适宜在江西省各地春、夏季种植。

（1）特征特性。植株蔓生，株高 2 ~ 3 米，分枝力较强，单株有效分枝约 3 个。叶片中等，叶色深绿，阔卵圆形。主侧蔓均可结荚，以主蔓结荚为主，始花节位在第 3 至第 4 节，每株有效荚数 20 个左右。条荚嫩绿色，长 60 厘米左右，籽粒饱满，单荚重 20 ~ 30 克，荚面光滑顺直，上下粗细均匀，不露仁，无鼠尾。种皮红褐色，种子肾形。荚果肉质厚，口感脆嫩，清香，耐老化，耐贮运。播种后 50 天左右采收嫩荚，可连续采收 30 天以上，属早熟豇豆品种。综合抗性强，植株不早衰。

（2）产量表现。春季生产种植，平均产量为 2 906.3 千克/亩，比对照品种之豇 28 - 2 增产 38.3%；夏季生产种植，平均产量为 2 794.4 千克/亩，比对照品种之豇 28 - 2 增产 41.5%。

（3）栽培技术。

①选地。选择土地平整、排水良好的田块进行栽培。要土层深厚，保水保肥力强，疏松肥沃，通透性好，以利于豇豆健壮生长。

②播种。夏季栽培，可于 6 月初播种。播种前精细整地，结合深翻整地施足底肥，一般均匀撒施腐熟优质有机肥 2 000 ~ 3 000 千克/亩、三元复合肥 25 ~ 30 千克/亩、过磷酸钙 10 ~ 15 千克/亩。地整平后起垄种植，穴播 3 ~ 4 粒，每穴留苗 2 ~ 3 株，播种 3 000 穴/亩，保苗 8 000 株/亩左右。

③田间管理。生长期间一般要保持土壤湿润，特别是中后期，要适时灌溉；若雨水过多，土壤积水，易造成落花落荚，应注意排水。苗期追施两次肥，间隔 15 天左右，追肥结合培土进行，每次追施进口复合肥 15 ~ 20 千克。进入采收期，再施用尿素 15 千克/亩，15 天后，追施 45% 洋丰复合肥 25 千克/亩。待苗长到 20 ~ 25 厘米时，注意搭设栽培架，抽蔓后及时引蔓上架。

④病虫防治。一般在幼苗期，用 10% 吡虫啉溶液喷雾防治蚜虫；斜纹夜蛾和豆野螟可喷施康宽，连续防治 3 ~ 4 次。要及时采摘上市，防止老化

降低商品性。收获期一般在 30 天左右。

3. 绿豇 1 号

浙江省宁波市农业科学研究院、余姚市种子站从宁波绿带品种中，经系统选育而成的豇豆新品种。2008 年通过浙江省品种审定委员会的认定。适宜在浙江省春、秋季种植。

（1）特征特性。植株蔓生，生长势强，以主蔓结荚为主，分枝 2～3 个，茎绿色，较粗壮；花浅紫色，第一花序着生节位较低，平均为 4.3 节，每穗花序结荚 2～4 条，每株结荚 13～16 条。嫩荚绿色，长圆棍形，上下粗细均匀，色泽一致，荚嘴无杂色，老熟荚的荚色转淡，平均荚长约 58.1 厘米，荚横径 0.72 厘米，单荚鲜重 18.6 克左右，单株产量 228.8 克。种子肾形，棕红色，种皮光滑有浅纵沟，平均百粒重 12.53 克。平均单荚种子数 15 粒左右。从播种至嫩荚采收，春季约 61 天，夏季约 48 天；开花到嫩荚采收一般 10～12 天，全生育期 80～100 天，属早熟豇豆品种。嫩荚商品性佳，炒后色泽翠绿，质地脆嫩，风味好。对光周期不敏感，抗逆性较强。田间鉴定，对锈病、白粉病、煤霉病具有一定的耐病性。

（2）产量表现。1999—2000 年，参加品比试验，春季平均产量为 2 044.6 千克/亩，比对照品种宁波绿带增产 9.6%；秋季平均产量为 1 839 千克/亩，比对照品种增产 5.6%。2001—2006 年，参加生产试验，平均产量为 2 006.8 千克/亩，比对照品种增产 10.9%。

（3）栽培技术。

①整地施肥。选择地势高、排水良好、且在前两年内没有种过豆类蔬菜的地块，中间开沟施入基肥，用量为优质腐熟厩肥 3 000 千克/亩、复合肥 25 千克/亩、过磷酸钙 15 千克/亩，整地做成龟背形畦面，要求畦宽（连沟）1.5 米，畦高 30 厘米。

②适时播种。春季播种应在断霜后进行，平均气温要稳定在 15℃以上，浙东地区春季露地地膜覆盖栽培，最适播种期为 4 月上旬。既可直播，也可育苗移栽，用种量约为 1.5 千克/亩，每畦种 2 行，穴距 25 厘米，每穴定苗 2～3 株，种植密度 0.7 万～1.1 万株/亩。直播每穴点播 3～4 粒种子，播后覆盖细土，镇压畦面，视土壤情况灌溉，然后喷施 90% 敌百虫晶体 800 倍液，防治地下害虫。防除杂草可用 33% 除草通乳油 150～200 毫升/亩，对水 40～50 千克，播后均匀喷雾于土壤表面，然后盖上地膜，膜四周用土压紧。

③破膜间苗。播种 3~4 天，当豇豆出苗现青时，要及时破膜，否则高温易伤苗。划膜时顺着苗头略偏方向划口放苗，膜口不能太大，一般 3~5 厘米，不要伤到豆苗子叶。如遇寒潮，放苗后应及时封窝。两周后间去弱、病、虫苗，每穴留 2~3 苗，确保密度 0.8 万~1 万株/亩。发现缺苗时要及时补栽，移栽时要灌溉足定根水。

④搭架整枝。当植株生长到 5~6 片叶时可搭架，每畦对称两穴的支架顶部扎成一束"人"字形架，上边再加一横竹竿连接各"人"字架，架高 2 米左右，既有利于通风透光，又便于采摘。并要及时引蔓上架，引蔓应选晴天午后进行。在生长前期抹去第一花序下的侧芽、侧枝，生长中期（主蔓长至架顶时）摘除顶端生长点，及时去除老、病、残叶片。

⑤肥水管理。幼苗期控制肥水，尤其注意氮肥的施用，以免茎叶徒长，分枝增加。盛花结荚期需重施肥，促使开花结荚增多，并防止早衰。在第一花序坐荚后，每次施复合肥 10~15 千克/亩，每隔 7~10 天施一次，共施 3~4 次。同时用 0.3% 尿素加 0.3% 磷酸二氢钾混合液进行叶面追肥。另外，应逐渐增加灌溉次数和灌溉量，既要保持土壤湿润，又要注意控制田间湿度。雨季排除田间积水。

⑥病虫害防治。根腐病可用 50% 多菌灵可湿性粉剂 800 倍液，加 25% 粉锈宁可湿性粉剂 1 500 倍液灌根防治，每次每穴用量 0.25 千克；白粉病和锈病可在发病初期，用 25% 粉锈宁可湿性粉剂 1 500 倍液，或 40% 福星乳油 8 000 倍液等防治；煤霉病用 70% 甲基托布津可湿性粉剂 1 000 倍液，或 65% 代森锌 500 倍液防治，每隔 7~10 天喷一次，共防治 2~3 次。豆荚螟可用 2.5% 菜喜悬浮液 1 000~1 500 倍液，或 1% 灭虫灵乳油 2 500~3 000 倍液等防治，注意要喷到花蕾、花和豆荚上，落地花也要喷施药液，喷药应在上午 6~8 时进行；蚜虫主要在苗期为害，并能传播豇豆花叶病毒病，可用 10% 吡虫啉可湿性粉剂 1 500~2 000 倍液，或 25% 凯素灵（溴氰菊酯、敌杀死）乳油 2 500~3 000 倍液等喷雾防治，每隔 5~7 天喷一次，连续防治 2~3 次。

⑦适时采收。豇豆一般在谢花后 7~8 天采收，豆荚饱满、组织脆实且不发白变软、籽粒未显露时为采收适期。初产期 4~5 天采收一次，盛产期 1~2 天采收一次。由于每穗花序有 2~4 朵花，采收时要避免损伤留存花朵而引起减产。也可待豆荚充分老熟、枯黄时分次采收，采后可带荚捆成小束，晒干后脱粒。置于阴凉干燥处，用容器密封，并放入磷化铝颗粒剂，

以防豆象为害。

4. 鄂豇豆 6 号

湖北省江汉大学以高产 4 号为母本、以竹叶青为父本配成杂交组合，经系谱法选育而成的蔓生豇豆新品种。2006 年通过湖北省农作物品种审定委员会的审定，商品名"柳翠"。适宜在全国大部分省份春、夏、秋季栽培。

（1）特征特性。蔓生型，主茎粗壮，生长势强，绿色，节间较短，分枝少。叶片较小，叶色深绿。始花节位在第 3 至第 4 节，一般除第 5 或第 6 节外，各节均有花序。花紫色，每花序多生对荚。单株结荚 14 个左右。鲜荚浅绿色，荚条直，肉厚，平均荚长 57.6 厘米，荚粗 0.8 厘米，平均单荚质量 18.88 克。种子短肾形，种皮红棕色，平均每荚种子 19 粒，千粒质量 140 克。春播全生育期 88 天左右，从播种到始收嫩荚 48 天左右，延续采收 40 天；秋播全生育期 68 天左右，从播种到始收嫩荚 38 天左右，延续采收 30 天。对光周期反应不敏感，田间自然鉴定，枯萎病、锈病发病率低。

（2）品质性状。经农业部食品质量监督检验测试中心（武汉）测定，鲜豆荚中维生素 C 含量 160.4 毫克/千克，粗蛋白含量 3.12%，总糖含量 2.48%，粗纤维含量 0.98%。

（3）产量表现。多季试种表明，比主栽品种早熟 6 天，早期产量达 11 500 千克/公顷，总产量为 27 000 千克/公顷。

（4）栽培技术。

①整地作畦，施足基肥。南方多雨地区选择沙壤土地块，采用高畦栽培，要畦面平整，排灌方便，土层深厚。畦宽 120 厘米（包括沟宽 25 厘米），基肥施优质农家肥 30 000 ~ 37 500 千克/公顷、复合肥 375 千克/公顷，在畦中间开 20 ~ 30 厘米深的条沟深施。每畦种两行，穴距 17 ~ 20 厘米，每穴播种 3 ~ 4 粒，定苗 2 株。

②播期。可从 3 月下旬播到 7 月下旬，春季密度 10 万株/公顷左右，秋季可增至 15 万株/公顷。早春采用保护地栽培，4 月中旬后播种可以露地栽培。

③田间管理。出苗后结合中耕，追施速效肥 2 ~ 3 次，或喷施叶面肥提苗。蔓长 10 厘米时搭架，以"人"字架为宜。生长期要注意防除杂草，遇旱时及时灌溉。每采收 1 ~ 2 次，可以结合灌溉追施尿素 150 千克/公顷、复合肥 150 ~ 225 千克/公顷。病虫防治以预防为主，保持田间干燥，勿渍

水。鲜荚充分长成后及时采收。

5. 鄂豇豆8号

湖北省襄樊市农业科学院利用 2002 – 2 – 7 的变异株，经系统选择育成的豇豆新品种。2008 年通过湖北省农作物品种审定委员会的审（认）定。适宜在湖北省露地种植。

（1）特征特性。植株蔓生，无限生长型，生长势强，叶片中等偏大，三出复叶顶生，小叶长 13 厘米，宽 8 厘米，叶色深绿；茎粗壮，绿色，光照部位带红色，花淡蓝紫色；主茎第 2 至第 3 节开第一花，花枝粗壮，以后每节都可以开花结荚；嫩荚浅绿色，荚条直，荚面平滑，无鼠尾，不鼓粒，不易老化，嫩荚长 68.6 厘米，粗 0.88 厘米，单荚重 27.1 克；每荚种子粒数 19.6 粒，种子肾形，棕色有纵向纹，种脐乳白色，种皮光滑。通过两年多点试验，煤霉病平均发病率 12%，锈病平均发病率 8.1%。抗热性强，后期不早衰。

（2）品质性状。根据农业部食品质量监督检验测试中心（武汉）检测，可溶性糖含量 2.84%，粗蛋白含量 2.26%，粗纤维含量 1.2%，维生素 C 含量 123.4 毫克/千克。

（3）产量表现。2005—2006 年，进行品比试验，两年前期平均产量为1 552 千克/亩，比对照品种增产 30.8%；两年平均产量为 2 138.8 千克/亩，比对照增产 26.2%。在不同试点、不同气候因素、不同土壤条件下，进行生产示范，平均产量为 2 651 千克/亩。

（4）栽培技术。

①适时播种，合理密植。春播露地栽培一般在 4 月上旬播种，栽种密度 3 700穴/亩左右，每穴定植 2 株；秋季栽培一般在 7 月上中旬播种，栽种密度 4 400穴/亩，每穴定植 2 株。

②肥水管理。底肥一般施腐熟的农家肥 2 500 千克/亩、复合肥 25 千克/亩；追肥掌握前控后促的原则，第一次采收前不施追肥，第一次采收后应重施追肥，一般施复合肥 20 千克/亩、钾肥 5 千克/亩，以后每采收一次及时追肥一次，防止脱肥早衰。水分管理掌握开花前控制，结荚后适当增加的原则，注意清沟排渍，防止田间积水。

③搭架整枝。5 ~ 6 片叶后即可搭架，一般搭"人"字架；及时抹除上蔓第一花穗以下的侧芽侧枝，及时打顶摘心。

④防治病虫害。重点防治煤霉病、根腐病、锈病、病毒病、蚜虫、豆

野螟、地老虎等病虫害。

⑤适时采收。一般在花谢后 7~8 天采收商品荚。

6. 鄂豇豆 9 号

湖北省武汉市蔬菜科学研究所用浙江萧山地方豇豆品种新塘六月豆的变异株，经系谱法选择育成的豇豆新品种。2010 年通过湖北省农作物品种审定委员会的审（认）定。适宜在湖北省露地种植。

（1）特征特性。植株蔓生，无限生长型，生长势较强，分枝性中等。叶片中等大小，绿色。主茎第一花序着生于第 3 至第 5 节，花浅紫色。植株中层结荚集中，双荚率较高，荚形顺直，鼠尾率低，荚浅绿色，荚长 63 厘米，荚粗 1 厘米左右，单荚重约 20 克。种皮红色，每荚种子 19 粒左右。一般春季栽培从播种到开始结荚为 50 天左右，秋季栽培为 40 天左右，属早中熟豇豆品种。耐高温能力一般，耐渍性较差。

（2）品质性状。经湖北省农业科学院农业测试中心测定，干物质含量 12.8%、蛋白质含量 2.72%、总糖含量 4.11%、维生素 C 含量 147.2 毫克/千克。适于腌制加工。

（3）产量表现。2003—2009 年，在武汉、孝感等地试验、试种，一般春播鲜荚产量为 30 000 千克/公顷左右，秋播产量为 22 500 千克/公顷左右。

（4）栽培技术。

①适时播种。选择微酸性的沙壤土，春播一般在 4 月上旬播种，起畦穴播，密度 52 500 穴/公顷左右；秋播一般在 7 月上中旬播种，密度 60 000 穴/公顷左右，每穴留苗 3 株。

②科学肥水管理。基肥一般施腐熟的农家肥 22 500~37 500 千克/公顷、过磷酸钙 750 千克/公顷、复合肥 450 千克/公顷；开花结荚期每采收 2~3 次，追肥一次，施复合肥 150~180 千克/公顷。始花后保持田间湿润。

③搭架整枝。抽蔓前及时搭架，一般搭成花格架或"人"字架。注意打顶摘心，抹除主蔓第一花序以下的侧芽侧枝。抽蔓后及时理蔓，引蔓上架。

④防治病虫害。注意防治根腐病、疫病、锈病、煤霉病和美洲斑潜蝇、蚜虫、豆野螟、斜纹夜蛾等病虫害。

7. 鄂豇豆10号

湖北省襄阳市农业科学院（湖北省农业科技创新中心鄂北综合试验站）以西铭2为母本、以黑眉黄籽王为父本，经过多年品种间杂交育成的豇豆新品种，2011年通过湖北省农作物品种审定委员会的审定。适宜在湖北省露地种植。

（1）特征特性。植株蔓生，无限生长型，生长势强，叶片中等偏大，三出复叶，顶生小叶长16.8厘米，宽8.3厘米，叶色绿，茎粗壮，浅绿，花白色；主茎第一花序节位在第2至第4节，嫩荚浅绿色，荚条直，荚面平滑，无鼠尾，不鼓粒，不易老化；嫩荚长71.2厘米，粗0.87厘米，单荚重25.6克，每荚种子18粒左右，种子肾形，褐黄色。通过两年多点试验，煤霉病平均发病率11.4%、锈病平均发病率6.1%。后期不早衰。

（2）品质性状。根据农业部食品质量监督检验测试中心（武汉）检测，可溶性糖含量（以干基计）20.6%，粗蛋白含量29.9%，粗纤维含量20.1%，维生素C含量111.6毫克/千克。

（3）产量表现。2008—2009年，连续两年参加多点品比试验，前期平均产量为28 700千克/公顷，比对照品种之豇28－2增产42.79%；平均总产量为32 700千克/公顷，比对照品种增产26.74%。在不同示范点进行生产示范，平均产量为35 400千克/公顷，最高产量达42 600千克/公顷。

（4）栽培技术。

①适时播种，合理密植。春播露地栽培一般在4月上旬播种，栽种密度55 500穴/公顷左右，每穴定植2～3株；秋播栽培一般在7月上中旬播种，栽种密度66 000穴/公顷左右，每穴定植2～3株。

②肥水管理。底肥一般施腐熟的农家肥37 500千克/公顷、复合肥400千克/公顷；追肥掌握前控后促的原则，第一次采收后应及时追肥，一般施复合肥300千克/公顷、钾肥100千克/公顷。以后每15天追肥一次，防早衰。水分管理掌握开花前控制、结荚后适当增加的原则，注意清沟排渍，防止田间渍水。

③搭架整枝。幼苗生长至5～6片叶后，即可搭架，用2米长的竹竿搭成"人"字架，及时引蔓上架、清理侧芽侧枝和打顶摘心。

④防病治虫。重点防治煤霉病、根腐病、锈病、病毒病、蚜虫、豆野螟、地老虎等病虫害。

⑤适时采收。春播豇豆宜在花后8～10天采收，秋播豇豆宜在花后7～

9 天采收。

8. 白沙 17 号

广东省汕头市白沙蔬菜原种研究所以夏宝为母本、以白沙 4 号为父本杂交，经系统选育而成的豇豆新品种。2006 年通过广东省农作物品种审定委员会的审定。适宜在华南地区推广种植。

（1）特征特性。植株蔓生，叶色浓绿，分枝 1~2 个，主蔓长 3 米以上，茎蔓缠绕能力强，以主蔓结荚为主，结荚性能强。花紫红色，第一花穗着生节位在第 3.8 至第 4.1 节，单花穗能结荚 2~6 个。荚色绿白，荚长 65~75 厘米，横径约 1 厘米，单荚重约 32 克。种子红褐色，肾形，百粒重 14.5~15 克。播种至初收时间，春播为 55~58 天，夏秋播约为 40 天，属早熟豇豆品种。经广东省农业科学院植物保护研究所田间调查与鉴定，抗枯萎病，轻感白粉病，较耐高温高湿。

（2）品质性状。经检测，每 100 克鲜荚中含还原糖 2.66 克，粗蛋白 1.93 克，粗纤维 1.1 克，维生素 C 47 毫克，商品率 93.1%~97.9%。适宜炒食、腌渍和速冻加工。

（3）产量表现。2003 年春季和 2005 年秋季，参加广东省豇豆区域试验，总产量分别为 1 215 千克/亩和 923.8 千克/亩，分别比对照品种丰产二号、珠江 1 号增产 10.2% 和 1.87%；前期产量分别为 420 千克/亩和 522.2 千克/亩，分别比对照品种丰产二号、珠江 1 号增产 8.9% 和 6.42%。2003—2006 年，在广东省内及福建、江西、海南等省进行试种和示范，产量达到 2 000~2 600 千克/亩。

（4）栽培技术。

①适期播种。在华南地区露地栽培，适播期为 3—9 月。选择微酸性的沙壤土，起畦直播，畦宽 90 厘米（包沟），每穴播 2~3 粒，穴距 20~25 厘米，播种量约 2 千克/亩。

②施肥。播种前施足基肥，施腐熟土杂肥 1 500~2 500 千克/亩、过磷酸酸钙 50 千克/亩、复合肥 30 千克/亩。

③田间管理。抽蔓前用长 2.8~3 米、横径 1 厘米以上的小竹条，约 20 厘米插 1 条，搭成双行"人"字架。开花结荚期应及时追肥，每采收豆荚 2~3 次需追肥一次，每次施复合肥 10~12 千克。始花至采收结束，应保持田间湿润。

④病虫害防治。生长期间要及时防治病虫害，其中苗期要注意防治蚜

虫，可用 10% 吡虫啉可湿性粉剂 1 500 倍液喷雾；开花结荚期注意防治豆荚螟、斜纹夜蛾，可用 90% 敌百虫 1 500 倍液或 48% 乐斯本 2 000 倍液，于上午开花时喷雾防治；潜叶蝇可选用 20% 好年冬 1 500 倍液，或赛宝 800 倍液喷雾防治；白粉病可用胶体硫 500 倍液，或 75% 圣克 1 000 倍液防治，每隔 5 ~ 7 天喷 1 次，连续防治 3 ~ 4 次。

9. 天畅一号

湖南省常德天成种业有限责任公司从优良地方品种 87 - 3 的变异株中，经过多年系统选育而成的长荚型豇豆新品种。2009 年通过湖南省农作物品种审定委员会的审定。适宜在湖南省及周边地区春秋露地栽培。

（1）特征特性。植株蔓生，主蔓长 2.8 ~ 3.2 米，节间长 18.6 厘米左右，花序枝长 31.2 厘米。叶深绿色，第一花序节位在第 6 至第 8 节，每一花序可结荚 1 ~ 4 条。主侧蔓均可结荚，花淡紫色，豆荚白绿色，平均荚长 85 厘米，单荚重 22 ~ 28 克。种子肾形，褐色，单荚种子数 12 ~ 18 粒，百粒重 15.5 克左右。属中熟豇豆品种。春季栽培，播种至始花期需 55 ~ 60 天，播种至始收期为 62 ~ 67 天，全生育期 85 ~ 95 天。夏季栽培，播种至始花期为 35 ~ 40 天，播种至始收期为 42 ~ 47 天，全生育期 70 ~ 80 天。生长势强，耐高温，不易早衰，对枯萎病表现为轻度感病，较抗煤霉病，中抗锈病。

（2）品质性状。经南京农业大学进行品质测定，鲜豆荚中含干物质 11.16%，维生素 C 16.4 毫克/100 克，蛋白质 5.29 毫克/克，总糖 3.28%。腌制加工或鲜食均可。

（3）产量表现。2006 年，进行多点品比试验，平均产量达到 2 308.6 千克/亩，比对照品种之豇 28 - 2 增产 14.5%。2007 年，进行比较试验，平均产量为 2 022 千克/亩，比对照品种之豇 28 - 2 增产 12.7%。两年平均产量为 2 165.3 千克/亩，比对照品种之豇 28 - 2 增产 13.9%。一般春季栽培平均产量为 2 000 ~ 2 500 千克/亩，夏季、秋季栽培平均产量为 1 800 ~ 2 200 千克/亩。

（4）栽培技术。

①适时播种。湖南地区 4 月上旬至 7 月下旬播种，保护地栽培可适当提早或推迟。直播，一般用种量 1.5 千克/亩左右。高畦栽培，每畦播种 2 行，行距 70 厘米，株距 35 厘米，播种密度 2 700 穴/亩左右，每穴保苗 2 ~ 3 株。

②田间管理。整地时，施入腐熟人畜粪 1 500～2 000 千克/亩，饼肥 25 千克/亩，三元复合肥 50 千克/亩。进入抽蔓期，及时引蔓支架，搭"人"字架。进入结荚期，加大追肥量，间隔 3～5 天追肥一次，以灌根为主，可结合叶面喷施。苗期主要防治蚜虫，始花期重点防治豆荚螟，结荚期重点防治煤霉病、锈病、白粉病。

③适时采收。开花 7 天左右开始采收，结荚初期每隔 2 天采一次，结荚盛期每天采收一次。

10. 贺研 1 号

湖南省贺家山原种场种业科学研究所从常德收集到的农家资源贺 H－18 中选择优良变异株，经系统选育而成的极早熟豇豆新品种。2008 年通过湖南省农作物品种审定委员会的认定。适宜在湖南省城郊蔬菜种植区作春提早鲜荚上市栽培的专用品种。

(1) 特征特性。植株蔓生，主蔓长约 3 米，分枝 0.8 个，节间长约 18.5 厘米，花序枝长约 35.8 厘米。叶深绿色，复叶中间小叶最大长 17 厘米，宽 9.5 厘米，第一花穗节位在第 3 至第 5 节，每一花穗可结荚 4～6 个。主蔓结荚为主，侧蔓可开花结荚，花淡紫色。豆荚淡绿色，荚长约 71 厘米，荚横径 0.88～0.93 厘米，单荚质量 25.8～27.4 克，单荚种子数约 19 粒。种子肾形，黑色，百粒重 16.3 克。春季栽培，全生育期 80～90 天，播种至始花 40～45 天，播种至始收 50～55 天。夏季栽培，全生育期 70～80 天，播种至始花 30～35 天，播种至始收 40～45 天。属极早熟豇豆品种，适合作春季早熟栽培抢早上市，亦可夏秋栽培。田间抗病性鉴定表明，前期抗病性好，结荚中后期抗病性略差，发病盛期中感枯萎病、锈病、煤霉病。

(2) 品质性状。经湖南农业大学园艺园林学院进行品质测定，干物质含量为 9.85%，维生素 C 含量为 29.07 毫克/100 克，蛋白质含量为 7706.7 微克/克，总糖含量为 1.75%，纤维素含量为 2.98%。

(3) 产量表现。2006—2007 年，参加全省多点联合区域试验，采用早春露地栽培。2006 年各点的平均总产量、平均前期产量分别为 34 000 千克/公顷、19 180 千克/公顷，分别比对照品种全能豆角增产 22.02%、112.1%。2007 年各点的平均总产量、平均前期产量分别为 33 870 千克/公顷、18 240 千克/公顷，分别比对照品种全能豆角增产 19.7%、106.6%。2006—2007 年，进行新品种生产示范与展示。2006 年平均总产量、平均前期产量分别为 32 830 千克/公顷、18 600 千克/公顷，分别比对照品种全能豆角增产 20.2%、108.1%；2007 年平均总产量、平均前期产量分别达到 36 130 千克/公顷、19 940 千克/公顷，分别比对照品种全能豆角增产 25.7%、102.8%。

（4）栽培技术。

①播期。春、夏、秋三季均可栽培，最适于春提早栽培，播种可从 3 月底持续到 7 月下旬，保护地栽培播期可适当提早或推迟，用种量 22.5 千克/公顷左右。

②定植。深沟高畦栽培，株距 30 厘米，行距 80 厘米，双行定植，每穴 3 ~ 4 株，保苗 18 万 ~ 22.5 万株/公顷。

③肥水管理。整地时按每公顷施入生石灰 750 千克、腐熟人畜粪 22 500 千克、复合肥 450 千克、菜枯 750 千克、尿素 150 千克作底肥；进入始花期后，每 2 ~ 3 天追肥一次，结合打药喷施叶面肥，保证整个生育期有充足的肥水供给，防止早衰。

④病虫害防治。栽培上避免重茬种植，结荚盛期注意防治煤霉病、锈病；始花期后注意防治豆荚螟、豇豆螟，做到打花不打荚，治卵不治虫，要求每 3 ~ 5 天防治一次。

⑤豆荚采收。前期每 1 ~ 2 天采收一次，中后期每天采收一次。

11. 贺研 2 号

湖南省贺家山原种场种业科学研究所以全能豆角为母本、以丰产二号为父本杂交，经系统选育而成的豇豆新品种。2008 年通过湖南省农作物品种审定委员会的认定。适宜在湖南省春季及越夏延秋栽培。

（1）特征特性。植株蔓生，主蔓长约 3 米，有效分枝 2.2 个，节间长约 19.6 厘米，花序枝长约 32 厘米。叶深绿色，复叶中间最大小叶长 16.6 厘米，宽 9.5 厘米，第一花序位于主蔓第 5 节左右，每花序可结 4 荚。主蔓结荚为主，侧蔓也可开花结荚，花淡紫色。豆荚淡绿色，无鼠尾，不易老化，鲜食口感佳，荚长 54 ~ 59 厘米，横径 0.84 ~ 0.86 厘米，单荚重 24.5 克左右，单荚种子数约 20 粒。种子肾形、红褐色，百粒重 14.9 克左右。春季栽培全生育期 90 ~ 100 天，播种至始花 45 ~ 50 天，播种至始收 55 ~ 60 天；夏季栽培全生育期 70 ~ 80 天，播种至始花 40 ~ 45 天，播种至始收 45 ~ 50 天。属早熟豇豆品种。湖南省农业科学院植物保护研究所进行田间抗病性调查，抗枯萎病，中抗锈病、煤霉病。

（2）品质性状。湖南农业大学园艺园林学院进行鲜荚品质测定，干物质含量 9.8%，维生素 C 294.9 毫克/千克，蛋白质 6.1 毫克/克，总糖 1.79%，纤维素 3.01%。

（3）产量表现。2006—2007 年，参加湖南省多点区域试验，早春露地栽培。两年平均前期产量为 985.4 千克/亩，平均总产量为 2 450.6 千克/亩，分别比对照品种全能豆角增产 65.9% 和 30.9%。2006—2007 年春，进行生产示范，两年平均产量为 2 447.1 千克/亩，比对照品种全能豆角增产 31%。

（4）栽培技术。

①播期。春、夏、秋季均可栽培，亦可作保护地栽培，播期可从 2 月中下旬持续到 8 月中旬，一般用种量 2 千克/亩左右。

②密度。深沟高畦栽培，畦宽 1.2 米，沟宽 0.3 米，畦面略成龟背形；株距 30 厘米，行距 80 厘米，双行定植，每穴 3 株，留苗密度 12 000 株/亩左右。

③施肥。整地时施入石灰 50 千克、腐熟农家有机肥 1 000 ~ 1 500 千克/亩、三元复合肥 25 千克/亩、菜枯 50 千克/亩作基肥。

④治虫。从始花期开始，防治豆荚螟、豇豆螟、蚜虫等害虫，做到喷花不喷荚、治卵不治虫。

12. 湘豇 2001 - 4

湖南农业大学以长豇 3 号为母本、齐尾青为父本进行杂交，经系统选育而成的豇豆新品种，2011 年通过湖南省农作物品种审定委员会的审定。适宜在湖南省春、夏、秋季栽培。

（1）特征特性。植株蔓生，有效分枝 3 ~ 5 个，主蔓长约 3 米，节间长约 20 厘米。叶深绿色，最大叶片长 12.4 厘米、宽 7.9 厘米。第一花序节位在第 3 至第 5 节，每一花序结荚 2 ~ 4 根。主侧枝均能开花结荚，花淡紫色。豆荚绿白色，荚长约 59 厘米，横径约 0.84 厘米，单荚重 28 克，单荚种子数 18 粒，种子肾形，红褐色，百粒重约 13.9 克。春季栽培，全生育期 100 ~ 110 天，播种至始花 65 ~ 75 天；夏秋栽培全生育期 90 ~ 100 天，播种至始收 45 ~ 50 天。属早熟豇豆品种。抗煤霉病和锈病。

（2）品质性状。经湖南农业大学分析测试中心品质分析，总糖含量为 32.4 克/千克，维生素 C 385.4 毫克/千克，蛋白质 2.46%，纤维素 2.31%，干物质 9.89%。

（3）产量表现。2009—2010 年，进行区域试验，2009 年平均产量为 2 536.9 千克/亩，比对照品种当地主栽品种之豇 28 – 2 增产 25.6%；2010 年平均产量为 2 546.3 千克/亩，比对照品种之豇 28 – 2 增产 24.6%。2009—2010 年，进行生产试验，2009 年平均产量为 2 441 千克/亩，比对照品种之豇 28 – 2 增产 24.35%；2010 年平均产量为 2 466 千克/亩，比对照品种之豇 28 – 2 增产 24.61%。

（4）栽培技术。

①播种。春、夏、秋三季均可栽培，用种量 1.5～2 千克/亩。厢宽（包沟）1.7 米，双行种植，穴距 35～40 厘米，每穴 3～4 株。

②搭架。搭篱桓架或 "人" 字架，当植株开始抽蔓时，应及时插竿引蔓。

③施肥。施足基肥，施石灰 100 千克/亩，菜枯 100 千克/亩，腐熟人畜粪 2 000～2 500 千克/亩，复合肥 40 千克/亩，整地时作一次施入。始花前期，根据苗情追肥 3～5 次，始花期后，每 4～5 天追肥一次，整个生育期需保持充足的肥水，防止早衰。

④防病虫害。注意防治豆荚螟、蚜虫和豇豆螟。春季栽培，还应采用深沟高畦以利排水，防止根腐病的发生。

⑤适时采收。前期每 3 天采收一次，中后期每 2 天采收一次。

13. 成豇 7 号

四川省成都市农林科学院园艺研究所以优选早熟株系 31 为母本、以成豇 3 号为父本进行杂交，通过系统选育而成的极早熟豇豆新品种，2008 年通过四川省农作物品种审定委员会的审定。适宜在四川省豇豆产区种植，特别是早春保护地和露地早熟栽培。

（1）特征特性。植株蔓生，蔓长 3.5～4 米，生长势强，分枝少；叶绿色，中等偏小；花浅紫色，第一花序着生于第 2 至第 4 节位，每花序成荚 2～3 对；主蔓结荚为主，荚密，荚长 60～65 厘米，商品荚浅绿色，单荚重 25～30 克，种皮红色。豆荚肉厚，顺直不弯曲。春季从播种到始收 45～50 天，秋季从播种到始收 35～40 天。属极早熟豇豆品种。前期产量占总产量的 50% 以上。田间抗病性调查发现，抗苗期根腐病、白粉病和锈病。

（2）品质性状。经四川省农业科学院分析测试中心测定，含水量为 90.23%，粗蛋白含量 2.22%，可溶性糖 3.7%。适宜制作泡豇豆，久泡不软。

（3）产量表现。2005—2006 年，进行多点区域试验，平均前期产量为 1 196.6 千克/亩，占总产量的 52.3%，比对照品种之豇 844 增产 83.9%；平均总产量为 2 286.1 千克/亩，比对照品种之豇 844 增产 16.5%。2007 年春，进行生产试验示范，对照品种为当地主栽的早熟品种，平均产量为 1 902.5 千克/亩，比对照品种增产 24.6%。

（4）栽培技术。

①播期密度。四川盆地适宜播期为 3 月 20 日前后，采用地膜覆盖，用种量 1.5~2 千克/亩。1.3~1.5 米包沟开厢，窝距 35 厘米，密度 8 000~9 000 株/亩。

②施肥。重施底肥和追肥，开花前追施 1~2 次提苗肥，保证营养生长。及时搭架引蔓；以"人"字架为好。

③病虫害防治。及时防治根腐病、病毒病、锈病、灰霉病、豆野螟、春蟓等病虫害，出苗 10 天后，采用多菌灵灌根 1~2 次，预防根腐病的发生。

14. 苏豇 1 号

江苏省农业科学院蔬菜研究所以宁豇 3 号为母本、以镇豇 1 号为父本，杂交选育而成的豇豆新品种，2009 年通过江苏省品种审定委员会的审定。适宜在江苏地区春季大棚或秋季露地大面积栽培。

（1）特征特性。属长蔓菜用豇豆，株高 3.5m，叶浅绿色，花紫红色，豆荚扁圆形，荚长 70~75 厘米，粗 0.9 厘米，单荚重 27.32 克。播种至采收嫩荚约 55 天，采收期 25~30 天，全生育期 88 天左右。属中熟豇豆品种。耐热性强，耐低温弱光。春苗期接种及大棚病圃鉴定结果显示，锈病发病率为 0，炭疽病发病率为 0。

（2）产量表现。2007—2008 年，参加江苏省豇豆区域试验，两年平均产量为 3 051 千克/亩，比对照品种早豇 1 号增产 27.2%；2009 年，参加江苏省豇豆生产试验，平均产量为 3 062 千克/亩，比对照品种早豇 1 号增产 29.6%。

（3）栽培技术。

①适时播种。大棚栽培可于 3 月中下旬播种，用种量 3 千克/亩，秋播在 7 月中旬左右。穴播 3~4 粒，每穴定苗 2~3 株，大行距 70 厘米，小行距 30 厘米，穴距 20 厘米，定植 3 000~4 000 穴/亩。若育苗，则在真叶展开后带土定植，搭高 2.5 米以上的"人"字架。

②施足基肥，做畦前施用腐熟厩肥3 000～3 500 千克/亩和过磷酸钙25 千克/亩；结荚2 周后，追施尿素及硫酸钾各15～20 千克/亩，追肥同时视墒情灌溉。

③病虫害防治。及时防治蚜虫，可用10%吡虫啉可湿性粉剂2 000倍液或0.9%爱福丁2 000倍液，喷雾防治。

15. 苏豇2 号

江苏省农业科学院蔬菜研究所以早豇1 号为母本、以苏豇78－29 为父本，经杂交后系统选育而成的蔓生型豇豆新品种。2012 年通过江苏省农作物品种审定委员会的鉴定。适宜在江苏省及周边类似生态区春季大棚或秋季露地、大棚栽培。

（1）特征特性。春栽幼叶呈淡绿色，圆披针形，侧蔓始花节位为第5 至第5.5 节，结荚集中。叶浅绿色，花紫红色，豆荚扁圆形。株高3.5 米，荚长60～65 厘米，单荚重23.8 克。播种至采收嫩荚约65 天左右，采收期35～40 天，全生育期105 天左右，属中熟豇豆品种。耐热性强，耐低温弱光。春季苗期接种及大棚病圃鉴定，对锈病和叶霉病的抗性均强。

（2）产量表现。2010—2011 年，参加江苏省区域试验，两年鲜荚平均产量分别为2 071.37/亩、1 728.39 千克/亩，分别比对照品种早豇4 号（江苏省蔓生豇豆主栽品种）增产10.97%、8.24%。2011 年，参加江苏省生产试验，鲜荚产量达到1 979.33 千克/亩，比对照品种早豇4 号增产36.28%。

（3）栽培技术。

①地块选择。忌与豆类作物连作，一般需要选择地势高、排水较好的地块种植。

②播种时间。长江中下游地区露地栽培，4～7 月均可播种，云南、贵州、福建等地可延至8 月底至9 月初播种，云南西双版纳可延到9 月底播种。江苏省内保护地采用地膜套大棚栽培，可于2 月中下旬播种。

③种植方式。一般双行种植，畦面连沟宽135～140 厘米，株距25.3 厘米，每穴2～3 株，用种量1.75～2 千克/亩，搭2.5 米高的"人"字架。施腐熟农家肥2 000 千克/亩和适量磷钾肥作底肥。

④科学肥水。初花期前控制肥水，开花结荚期灌溉足量水，及时追施氮肥，结荚后继续增加肥水，促进生长，多开花，多结荚。采收嫩荚期加大肥水量，结合防病治虫，用0.3%～0.5%磷酸二氢钾根外追肥。

⑤田间管理。阴雨天时避免田间渍水，及时排水，防止豇豆烂根。及时采摘。同时，针对当地病虫害的发生规律，中后期加强防治锈病、豆荚螟、蚜虫、潜叶蝇等病虫害。

16. 早豇 4 号

江苏省农业科学院蔬菜研究所以早豇 1 号为母本、扬豇 40 为父本进行杂交配组后，再经过系统选育而成的豇豆新品种。2009 年通过江苏省农作物品种审定委员会的鉴定。适宜在江苏省各地及邻近省份作春季大棚保护地或秋季露地栽培。

（1）特征特性。株高 3.5 米，结荚节位在第 3 至第 4 节，结荚率高。豆荚扁圆形，荚长 75 ~ 80 厘米，荚厚 1.1 厘米，单荚重 28.32 克。叶浅绿色，花紫红色。播种至采收期约 50 天左右，采收期 25 ~ 30 天，全生育期为 85 天左右。经田间鉴定，高抗豇豆锈病与炭疽病，中抗豇豆病毒病。耐热性强。

（2）品质性状。经测定，鲜荚干物质率为 9.8%，总糖含量为 3.63%，粗纤维含量为 1.21%。糯性强，腌制时不易腐烂。

（3）产量表现。2007—2008 年，参加江苏省豇豆区域试验，平均鲜荚产量为 46 344 千克/公顷，比对照品种早豇 1 号（目前江苏省蔓生豇豆主栽品种）增产 28.77%；2009 年，参加江苏省豇豆生产试验，鲜荚产量达到 48 357 千克/公顷，比对照品种早豇 1 号增产 36.43%。

（4）栽培技术。

①适时播种。大棚栽培于 3 月中下旬播种，秋播于 7 月中旬左右播种，用种 60 千克/公顷。穴播 3 粒，每穴定苗 2 株，大行距 65 厘米，小行距 35 厘米，穴距 20 厘米，定植 60 000 穴/公顷。育苗在子叶展开后，带土定植，搭高于 2.5 米的"人"字架。

②合理施肥。要求施足基肥，用腐熟厩肥 4.50 ~ 5.25 千克/公顷，再加 375 千克/公顷过磷酸钙，做畦前施入。结荚后两周，追施尿素及硫酸钾各 225 ~ 300 千克/公顷，追肥同时视墒情灌溉。

③病虫害防治。防治蚜虫，可用 0.9% 爱福丁 2 000 倍液，或 10% 吡虫啉粉剂 2 500 倍液，喷雾防治。

17. 高科早豇

陕西省杨凌农业高科技发展股份有限公司以夏宝 2 号的变异株，经系统选育而成的豇豆新品种。2006 年通过陕西省农作物品种审定委员会的鉴定。适宜在陕西省及同类生态区种植。

（1）特征特性。植株蔓生，藤蔓坚韧，节间短，侧蔓少，叶片小，叶深绿色，花紫白色。第一花序着生节位于第4至第5节，结荚多，双荚率高，荚长平均60厘米，荚粗0.95厘米，荚白绿色。全生育期100天左右，春季播种至初收60天，夏季播种至初收45天，属早熟豇豆品种。肉质厚而细密，较耐储运，较耐低温，耐热。经西北农林科技大学植物保护学院田间抗病性鉴定，对豇豆尾孢叶斑病和锈病均表现抗病。

（2）品质性状。经西北农林科技大学测试中心测定，蛋白质含量为2.37%，纤维素含量为1.13%，碳水化合物含量为4.52%，维生素C含量为0.194毫克/克，总糖含量为2.94%。

（3）产量表现。一般大田产量为1 600千克/亩。

（4）栽培技术。

①播期。陕西地区4~7月均可种植。保护地栽培于3月初育苗，4月初定植。

②播量。播量约2千克/亩。

③合理密植。选择排灌方便的田块，实行深沟高畦双行栽培，行距66厘米，株距20~25厘米，栽培4 000穴/亩，每穴2~3株。

④肥水管理。播前施足基肥，施充分腐熟人畜粪肥5 000千克/亩以上，过磷酸钙25~30千克/亩，钾肥15~20千克/亩，或草木灰75~100千克/亩，在基肥中，适量加大磷、钾肥的比例，降低氮肥的比例，防止豇豆后期徒长；基肥施用应与深耕整地结合。开花前宜适当控制肥水，抑制过旺的营养生长，结荚后追肥1~2次，保持土壤湿润。结荚盛期，需肥水更多，要及时重施追肥，以防止早衰。

⑤合理整蔓。将主蔓第一花序以下侧芽抹掉，促早花早荚；在植株生长中后期，主蔓中上部长出的侧蔓，应及早摘心，打群尖。如肥水充足，植株健壮，摘心不可过重，可利用侧蔓结荚；当主蔓长到2~2.3米时打顶，以促进各花序上的副花芽形成，以利采收豆荚。另外，应适时搭架引蔓，架竿长最好2.5米左右。

⑥病虫害管理。播种时随耕地处理土壤，施用3%辛硫磷颗粒剂3千克/亩防治地下害虫；蚜虫用0.5%阿维菌素500倍液防治；豆荚螟在花期现蕾后用2.5%功夫乳油4 000倍液，或灭扫利1 000倍液防治；锈病用25%粉锈宁2 000倍液喷施。一般以2~3周喷药一次为宜。

18. 长青102

河北省农林科学院经济作物研究所以98－21优选单株为母本、丰产王优选单株为父本，杂交选育而成的豇豆新品种，2011年通过河北省科技成果转化服务中心的鉴定。适宜在东北、华北地区及长江流域种植。

（1）特征特性。蔓生，主蔓、侧蔓均可结荚，生长势强。花淡黄色，每花序结荚3～4条，荚长约88厘米，商品荚横径约0.8厘米，单荚重约43克。嫩荚整齐一致，粗纤维含量少，质地脆嫩。种子肾形，平均百粒重13.2克。从播种至嫩荚采收约50天，全生育期90～110天，属中早熟豇豆品种。抗病性田间调查结果，高抗锈病、根腐病。

（2）产量表现。2007—2008年，进行了区域试验，前期平均产量为17 896千克/公顷，较对照品种三尺绿增产3.1%；平均总产量为50 733千克/公顷，较对照品种三尺绿增产13%。2009年，进行了生产示范，前期平均产量为22 169千克/公顷，较对照品种三尺绿增产1.37%；平均总产量为53 532千克/公顷，较对照品种三尺绿增产10.45%。

（3）栽培技术。

①播期。春季栽培，东北地区可在5月上旬播种，华北地区及长江流域于4月上旬播种，小拱棚栽培可提前15天左右；夏秋栽培，于7月上中旬播种。大小行种植，大行距1～1.1米，小行距0.5～0.6米，株距25～30厘米，64 500穴/公顷，每穴2～3粒种子。

②肥水管理。播种前施农家肥30～45m³/公顷、过磷酸钙200千克/公顷以及N－P－K（15－15－15）复合肥450千克/公顷，第一次采收后及时追肥，施N－P－K（15－15－15）复合肥300千克/公顷，以后每15天追肥一次；适时灌溉，保持见干见湿。

③防治病虫害。幼苗生长至5～6片叶后搭架。重点防治根腐病、锈病、叶斑病，以农业防治、物理防治和生物防治为主。

④及时采收。春季种植时，开花后16～18天采收，秋季种植时，开花后18～20天采收。

19. 中豇3号

中国农业科学院作物科学研究所选育的早熟型蔓生豇豆新品种，2012年通过省级鉴定。适宜在全国各地露地、保护地春秋季栽培。

（1）特征特性。叶片中等，主蔓第二、第三节位开始结荚，有弱短分枝，肉质粗厚，荚长60～80厘米，淡绿色，有光泽，不显籽。初次采收时间为 35 ~ 45 天，采摘时间长，抗病强，耐储运，耐重茬，耐热性强。

（2）产量表现。一般产量为 1 500 ~ 2 500 千克/亩。

（3）栽培技术。

①播期。适宜栽培温度 18 ~ 35℃。

②播量。一般种子用量 2 千克/亩。一般行距 75 厘米，株距 25 厘米，每穴 2 株。

③田间管理。结荚期要加强水肥管理，及时上架，保证通风透光。

20. 安豇 3 号

河南省安阳市农业科学院以 6983 为母本、2613 为父本进行杂交，通过对杂交后代定向系选育而成的青条豇豆新品种。2009 年通过河南省科技厅的成果鉴定。适宜在黄河流域春秋露地及保护地栽培。

（1）特征特性。植株蔓生，株高 3 ~ 3.5 米，生长势中等，分枝 2 ~ 3 个，叶片中等，深绿色，主蔓结荚为主，结荚率高达 65% 以上。第一花序着生于主蔓第 4 至第 5 节，花冠紫红色，每花序结荚 2 ~ 3 对，嫩荚青绿色，平均荚长 75 ~ 80 厘米，最长 90 厘米以上；种子肾形，黑色，平均每荚种子数 18 ~ 20 粒；嫩荚肉质紧实，无鼓籽，无鼠尾，纤维少，荚条顺直。早春播种到开花 42 ~ 45 天，属早熟豇豆品种。抗病性强，对白粉病和锈病有很高的抗性。

（2）品质性状。经农业部农产品质量监督检验测试中心（郑州）检测，含维生素 C 为 34.8 毫克/100 克，蛋白质 2.48%，粗纤维 1.34%，水分 92%。适宜鲜食及加工。

（3）产量表现。2004—2005 年，进行区域试验，两年平均产量为 2 638.12 千克/亩，比对照品种之豇 901 增产 28.42%。春夏秋均可种植，一般露地种植产量为 2 600 千克/亩左右，最高可达 4 500 千克/亩。

（4）栽培技术。

①精细选地。要选择土层深厚、排水良好的沙壤土。最好选择三年不种豆类作物的田块种植，要灌排水方便，早耕深翻，做到精细整地，多施有机肥，改良土壤结构，提高土地肥力。

②施足基肥。整地前施足底肥，施充分腐熟有机肥 5 000 千克/亩，三元复合肥 50 千克/亩，过磷酸钙 25 千克/亩，硫酸钾 15 千克/亩。深耕细耙，作高畦，畦宽 1.1 米。

③适期播种。春夏秋均可种植，春播一般在 3 月下旬至 4 月上旬，秋

播在 6 月下旬至 7 月上旬。早春大棚、小拱棚保护设施栽培，可提早播种。露地种植一般采用直播，播前要精选种子，剔除破损、已发芽、未成熟及不饱满的种子。每畦双行，穴距 30 厘米，每穴 2~3 粒种子，保苗 2 株。直播用种 2 千克/亩左右。播后覆盖地膜，灌溉透水。出苗后，及时破孔，将幼苗露出膜外，周围用土封严。

④搭架引蔓。植株开始甩蔓时及时搭架，用竹竿搭成"人"字形架，并注意将蔓引到竹竿上去。第一花序以下的侧芽要全部抹去，主蔓长到架顶时摘心，中上部侧枝留 4 节摘心，及时除去病老残叶。出苗后要及时中耕除草，松土保墒，从出苗到开花需中耕 3~4 次，植株封垄后不宜再中耕。

⑤田间管理。整个生长期要掌握前期防止茎蔓徒长，后期避免早衰的原则。苗期注意控制灌溉，严防徒长，开花结荚后要加强肥水管理。结荚初期，结合灌溉，追施尿素 10 千克/亩，进入结荚盛期，随水追肥一次，每次施专用冲施肥 15~20 千克/亩。根据天气情况，旱时及时灌溉，雨后注意排水，保持地面见干见湿。开始采收嫩荚后，喷施 0.3% 磷酸二氢钾和 0.3% 尿素混合溶液，每隔 7~10 天喷施一次，可以防止植株早衰，延长开花结荚期，提高产量。

⑥病虫害防治。要采取以防为主，防治结合的方针，通过加强栽培管理，增强植株抗性，使用防虫网、生物农药进行防治，并注意安全间隔期。当豆荚发育饱满，种子刚刚显露时，要及时采收，以确保豆荚鲜嫩松脆。采收时，不要碰伤基部花芽，以利于回头花结荚，提高产量。

五、鹰嘴豆

1. A - 1 号

新疆维吾尔自治区农业科学院粮食作物研究所从乌兹别克斯坦共和国引进的鹰嘴豆商品原料中，经系统选育而成的鹰嘴豆新品种。2004 年通过新疆维吾尔自治区（全书简称新疆）非主要农作物品种登记委员会登记。适宜在新疆南北部冷凉地区春播种植，包括在阿勒泰地区、塔城盆地、伊犁河谷西部、昌吉州东三县、阿克苏地区乌什谷地和拜城盆地种植。

（1）特征特性。株高 60~70 厘米，底荚高度 25~30 厘米，主茎节数 20~25 节，有效分枝总数 20~25 个，无效分枝总数 4~7 个，单株荚数 60~80 个，单株粒数 65~85 个，花白色，成熟荚为黄白色。籽粒光滑无棱，较大，粒形似鹰头，粒色奶黄白色，种脐黄褐色，属卡布里类型品种，百粒重 24~34 克。全生育期 95~110 天。

（2）品质性状。经检测，干籽粒中蛋白质含量为 21.2%，脂肪含量为 5.4%。

（3）产量表现。2003 年，参加新疆鹰嘴豆生产试验，平均产量为 3 508.95 千克/公顷。

（4）栽培技术。

①土壤选择。切忌与豆科作物连作，选择中等肥力沙壤土，弱盐碱和中性土壤均可种植，深松或深耕 20~30 厘米。

②深施基肥。每亩需施有机肥 1 500 千克、氮肥 10 千克、磷肥 20 千克、钾肥 5 千克。

③精量播种。春季地温稳定在 5℃以上时，即可播种，适宜播期为 4 月中旬。播深 5~6 厘米，用种 2.5~3 千克/亩，保苗 1.8 万~2.2 万株/亩。要下籽均匀，播深一致，播后覆土镇压确实。

④田间管理。苗期需蹲苗，及时中耕除草，也可用 10.8% 盖草能 40 毫升/亩、对水 30 千克叶面喷雾防治。初花期、籽粒膨大期遇旱要及时灌溉。及时防治根腐病，用 37% 枯萎立枯 50 克/亩、对水 30 千克叶面喷雾防治。苗期的象鼻虫可用菊酯类杀虫剂 800 倍液喷施防治；籽粒膨大期有豆荚螟、棉铃虫为害时，用乐斯本 1 000 倍液喷雾；花荚期用磷酸二氢钾 200 克/亩、对水 30 千克叶面喷雾，防止干热风为害。

⑤收获贮藏。当 70% 豆荚呈黄白色，要及时收获，摊开晾晒，含水量达到 12% 以下时，入库贮藏。

2. 88-1

新疆农业科学院粮食作物研究所从新疆昌吉州木垒县农家鹰嘴豆品种中，经系统选育而成的鹰嘴豆新品种。2004 年通过新疆维吾尔自治区非主要农作物品种登记委员会登记。适宜在新疆南北部冷凉地区春播种植，包括在阿勒泰地区、塔城盆地、伊犁河谷西部、昌吉州东三县、阿克苏地区乌什谷地和拜城盆地种植。

（1）特征特性。株高 50~60 厘米，底荚高度 18~22 厘米，主茎节数 15~20 节，有效分枝总数 11~13 个，无效分枝总数 3~4 个，单株荚数 60~70 个，单株粒数 65~75 个。花紫色，荚椭圆形，成熟荚为黄白色。籽粒表皮皱褶，有棱，较小，粒形酷似鹰头，粒色黄褐色，种脐褐色，属迪西类型品种，百粒重 16~20 克。全生育期 95~110 天。

（2）品质性状。经检测，干籽粒中蛋白质含量为 22.51%，脂肪含量为 4%。

（3）产量表现。2003 年，参加新疆鹰嘴豆生产试验，平均产量为 1 782.75 千克/公顷。

（4）栽培技术。

①播前准备。一般选择前茬为小麦、玉米，且保肥保水性能良好的地块。整地时施磷酸二氢钾 10 千克/亩、腐熟的优质农家肥 3 立方米/亩，深翻 22 厘米以上，精细整地，达到"齐、平、松、碎、净、墒、直"七字标准。

②适时播种。最佳适播期为 4 月 5 日至 10 日，播种量 6~7 千克/亩。密度 13 500~15 000 株/亩。

③田间管理。要及时中耕除草，开花结荚期用磷酸二氢钾 100~150 克/亩对水 30 千克，喷施 1~2 次；5 月中旬开始，喷施 48% 的乐斯本 30 毫升/亩、5% 美除乳油 30 毫升/亩，对水 30 千克均匀喷雾，防治棉铃虫，每隔 7 天喷施一次。

④适时收获。完熟初期收获，叶片全部脱落，茎、荚和籽粒均呈现出原有品种的色泽，籽粒含水量下降到 25% 左右时，适时收获。

3. 木鹰 1 号（4527）

新疆农业科学院粮食作物研究所选育的鹰嘴豆新品种，2011 年通过新疆维吾尔自治区品种审定委员会的审定。适宜在新疆南北部冷凉地区春播种植，包括在阿勒泰地区、塔城盆地、伊犁河谷西部、昌吉州东三县、阿克苏地区乌什谷地和拜城盆地种植。

（1）特征特性。株型较紧凑，植株呈伞形，无限结荚习性，多式果枝。株高 50~55 厘米，单株结荚 22~28 个，单荚粒数 1~2 粒。叶色深绿，有腺毛，茎秆绿色，花白色。籽粒奶白色，卵圆形，百粒重为 41.2~43.4 克，属大粒型品种，成熟种子具有喙，种子长度 0.8~1 厘米、宽度 0.6~0.8 厘米。生育期 95~100 天。抗干旱，耐瘠薄，高抗褐斑病，是目前新疆推广的大粒品种。

（2）品质性状。经测定，籽粒中各营养元素含量为，粗蛋白质 24.6%，氨基酸总和 20.5%，粗脂肪 4.8%，水解后还原糖 4.96%，不溶性膳食纤维 3.16%；维生素 E 3.11 毫克/100 克，维生素 B_1 0.6 毫克/100

克，维生素 B_2 0.35 毫克/100 克，钾 1013.84 毫克/100 克，钙 89.5 毫克/100 克，铁 4.51 毫克/100 克，磷 312 毫克/100 克，豆粉具有板栗味。

（3）产量表现。2007 年，参加品种对比试验，平均产量为 175 千克/亩，比对照品种 A－1 增产 25.9%；2008 年，参加品种比较试验，产量为 183 千克/亩，比对照品种 A－1 增产 27.1%。大田示范产量一般在 150 千克/亩。

（4）栽培技术。

①播前准备。切忌与豆类作物连作，前茬以小麦、大麦、玉米、油料较好。作物秋收后，及时深翻、晒垡、蓄水保墒，清除杂草。春季适墒时，及时抢墒整地，质量标准达到"齐、平、松、碎、净、墒"六字标准。

②播种。春季地温稳定在 5℃ 以上时，即可播种，适宜播期为 4 月上、中旬。播种时带好种肥，用磷酸二铵 8～10 千克/亩，硫酸钾 3 千克/亩，播种深度 5～6 厘米。播量 6～6.5 千克/亩，保苗 1.7 万～2 万株/亩。

③田间管理。苗期需蹲苗，并中耕除草两次，单子叶杂草用 10.8% 盖草能 40 毫升/亩对水 30 千克，进行叶面喷雾。在初花期、盛花期、籽粒膨大期，遇旱要及时灌溉 2～3 次。苗期要预防褐斑病，可喷施 50% 的多菌灵 100 克/亩对水 16 千克，或 70% 代森锰锌 500 倍液，进行叶面喷雾；初发病期，用 75% 百菌清 800 倍液进行叶面喷雾，连续 2 次，间隔时间 8～10 天。籽粒膨大期要及时防治棉铃虫为害，用康宽 2 000 倍液，或用瓢甲敌 30 克/亩对水 16 千克，进行喷雾。花荚期用磷酸二氢钾 200 克/亩对水 30 千克，叶面喷雾，防止干热风为害，以增加粒重。

④适时收获。当全株 80% 以上豆荚变黄，籽粒与荚之间白色薄膜消失，呈现出本品种特征时，要及时收获。

4. 科鹰 1 号

中国科学院植物研究所在大量收集鹰嘴豆国内外种质资源和充分评价的基础上，经多年的选优纯化工作，选育出的药食兼用鹰嘴豆新品种，2013 年获得新疆维吾尔自治区非主要农作物品种登记办公室颁发的农作物品种登记合格证。适宜在南北疆生产鹰嘴豆地区种植。

（1）特征特性。株高 50～58 厘米，单株结荚 22～28 个，单荚粒数 1～2 粒，叶色深绿，有腺毛，茎秆绿色。花白色，种皮奶白色，属中粒型品种，百粒重为 30～34 克，卵圆形，成熟种子具有喙，种子长度 0.6～0.8 厘米。全生育期 90～95 天。抗干旱，耐瘠薄，适应性强，高抗褐斑病。

（2）品质性状。经检测，籽粒中粗蛋白质含量为 23.6%，氨基酸总和 19.5%，粗脂肪 4.8%，水解后还原糖 4.96%，钾 1 013.84 毫克/100 克。

（3）产量表现。2009—2010 年参加新品系比较试验，2010—2011 年参加区域试验，2011—2012 年参加生产示范。在肥力中等条件下，旱地一般产量为 120 ~ 180 千克/亩，比当地主栽品种增产 20% ~ 30%。

（4）栽培技术。

①土壤选择。选择中等肥力土壤，以沙壤土为佳，弱盐碱土和中性土地上均可种植，秋季整地时要深松或深耕 20 ~ 30 厘米，切忌与豆科作物连作。

②深施基肥。需施有机肥 1 500 千克/亩、氮肥 10 千克/亩、磷肥 20 千克/亩、钾肥 5 千克/亩。种肥需施腐熟细碎的有机粪肥 1 500 千克/亩，配施磷酸二铵 20 千克/亩，肥料深施 15 厘米。

③精量播种。春季地温稳定在 5℃ 以上，即可播种，适宜播期为 4 月中旬。行距 40 ~ 50 厘米，株距 11 ~ 13 厘米，播深 5 ~ 6 厘米，播量 2.5 ~ 3 千克/亩，保苗 1.8 万 ~ 2.2 万株/亩。要下籽均匀，播深一致，播后覆土镇压确实。

④田间管理。苗期需蹲苗，并及时中耕除草两次，也可用 10.8% 盖草能 40 毫升/亩对水 30 千克，叶面喷雾防治。初花期、籽粒膨大期遇旱，需灌溉 2 ~ 3 次。及时防治根腐病，用 37% 枯萎立枯 50 克/亩对水 30 千克，叶面喷雾防治。苗期有象鼻虫为害时，可用菊酯类杀虫剂 800 倍液喷施防治。籽粒膨大期有豆荚螟、棉铃虫为害时，用乐斯本 1 000 倍液喷雾。花荚期用磷酸二氢钾 200 克/亩对水 30 千克，叶面喷雾，防止干热风为害。

⑤收获与贮藏。当 70% 豆荚呈黄白色、籽粒与荚之间已经分离、白色薄膜消失、呈现出本品种特征时，要及时收获。籽粒清选后，及时摊开晾晒；含水量达 12% 以下时，入库贮藏。贮藏期间须注意通风、降温和防湿。

5. FLIP81 – 71C

中国农业科学院作物科学研究所从国际干旱地区农业研究中心引进，甘肃张掖地区农业科学研究所选育定型的鹰嘴豆新品种。适宜在新疆南北部冷凉地区春播种植，包括在阿勒泰地区、塔城盆地、伊犁河谷西部、昌吉州东三县、阿克苏地区乌什谷地和拜城盆地种植。

（1）特征特性。株型半直立，株高 70 ~ 80 厘米，花白色，干籽粒百粒重 35 克左右，生育期 117 天左右。

（2）品质性状。经检测，籽粒中蛋白质含量为 23.7%，脂肪含量为 6.5%，维生素含量为 27.1 毫克/100 克。

（3）产量表现。在中等肥力土壤条件下，旱地一般产量为 120～150 千克/亩，高肥水地块产量能达到 180～200 千克/亩。

（4）栽培技术。

①土壤选择。选择中等肥力土壤，以沙壤土为佳，切忌与豆科作物连作。

②深施基肥。基肥每亩施有机肥 1 500 千克、氮肥 10 千克、磷肥 20 千克、钾肥 5 千克。种肥需施腐熟细碎的有机粪肥 1 500 千克/亩，配施磷酸二铵 20 千克/亩。

③精量播种。4 月中旬，地温稳定在 5℃以上时，即可播种。行距 40～50 厘米，播深 5～6 厘米，播量 2.5～3 千克/亩，保苗 1.8 万～2 万株/亩。

④田间管理。苗期需蹲苗，及时中耕除草两次，或用 10.8% 盖草能 40 毫升/亩对水 30 千克，叶面喷雾防治。初花期、籽粒膨大期遇旱要及时灌溉 2～3 次。用 37% 枯萎立枯 50 克/亩对水 30 千克，叶面喷雾防治根腐病；可用菊酯类杀虫剂 800 倍液喷施，防治象鼻虫；用乐斯本 1 000 倍液喷雾，防治豆荚螟、棉铃虫；花荚期用磷酸二氢钾 200 克/亩、对水 30 千克叶面喷雾，防止干热风为害。

⑤收获与贮藏。当 70% 豆荚呈黄白色，要及时收获。籽粒清选后晾晒，含水量达 12% 以下时入库贮藏。

6. 陇鹰 1 号

甘肃省农业科学院土壤肥料与节水农业研究所，从国际豆类干旱研究中心（叙利亚）引进的鹰嘴豆品种，原代号 FLIP94-80C。2008 年通过甘肃省农作物品种审定委员会的认定。适宜在甘肃省河西灌区、定西、天水的干旱半干旱地区和高寒阴湿地区种植。

（1）特征特性。一年生草本，直立，近地面分枝，单株分枝 3～5 个，株高 60～85 厘米，主茎长 30～70 厘米；主根长 15～30 厘米，并有四排侧根；全身覆以腺毛，茎主干圆形；羽状叶，蝶形花，两侧对称。一般每株结荚 30～150 个，每荚籽粒 1～3 个，荚呈偏菱形至椭圆形，长 14～35 毫米，宽 8～20 毫米，荚皮厚约 0.3 毫米，单荚重 0.48～0.75 克。成熟时种子具喙，为圆形，半起皱，无胚乳，种皮为乳黄色，在种脐的附近有喙状突起，种皮光滑或皱折，种脐小呈白红色。百粒重 30～40 克。全生育期 99

天左右，属中熟鹰嘴豆品种。

（2）品质性状。经检测，籽粒中蛋白质含量为25.23%。

（3）产量表现。2003—2005年，进行多点试验，平均籽粒产量为176.4千克/亩，较古浪地方鹰嘴豆品种增产19.4%。平均鲜草产量为2 579.9千克/亩，较当地豌豆品种增产26.3%。

（4）栽培技术。在海拔1 800米以下地区，一般在3月上旬播种；在海拔1 800米以上地区，一般在3月下旬至4月上旬播种。种植密度以0.7万~0.9万株/亩为宜，播种量一般4~8千克/亩。河西灌区在开花期和荚果形成期，需灌溉1~2次，以确保高产。

7. 陇鹰2号

甘肃省农业科学院土壤肥料与节水农业研究所，从国际豆类干旱研究中心（叙利亚）引进，系统选育而成的鹰嘴豆新品种，原代号FLIP95－68C。2010年通过甘肃省农作物品种审定委员会的认定。适宜在甘肃河西灌区、定西、天水的干旱半干旱地区和高寒阴湿地区种植。亦可在我国西北、东北、华北地区推广种植。

（1）特征特性。一年生草本，直立，近地面分枝，单株分枝3~5个，株高70~83厘米；主根长15~30厘米，并有四排侧根；全身覆以腺毛，茎主干圆形；羽状叶，蝶形花，两侧对称。一般每株结荚30~150个，每荚有1~3粒种子，荚呈偏菱形至椭圆形，长14~35毫米，宽8~20毫米，荚皮厚约0.3毫米，单荚重0.48~0.75克。成熟时种子具喙，为圆形，半起皱，无胚乳，种皮为乳黄色，在种脐的附近有喙状突起，种皮光滑或皱折，种脐小呈白红色。百粒重30~40克。具有抗旱性极强、速生、蛋白质含量高等优良特性。田间调查抗枯萎病。

（2）品质性状。经检测，籽粒中蛋白质含量为24.87%。

（3）产量表现。2002—2003年进行品种比较试验，2003—2007年在凉州区、古浪、民乐、金昌、定西的干旱地区和在岷县、张家川高寒冷凉地区进行多点区域试验和生产示范，籽粒平均产量达154.6千克/亩，较古浪地方鹰嘴豆品种增产4.6%。平均鲜草产量达2 672.7千克/亩，较当地豌豆品种增产30.6%。

（4）栽培要点。

①种子处理。播种前对种子精选，去除病粒、虫蛀粒和破碎粒，精选后需用大豆种衣剂进行包衣。

②施肥。一般施过磷酸钙磷肥 25～50 千克/亩，尿素 10～15 千克/亩，氯化钾 6～10 千克/亩。微量元素施用钼肥对鹰嘴豆的增产有效，其次是锌肥。

③ 适期播种。在甘肃省一般为春季播种，应适当早播，以顶凌播种为好。在海拔 1 800 米以下地区，一般在 3 月上旬播种，海拔 1 800 米以上地区在 3 月下旬至 4 月上旬播种。

④合理密植及间作方式。种植密度以 0.7 万～0.9 万株/亩为宜。播种量 4～8 千克/亩。以条播为主，行距 40～50 厘米，株距 10～20 厘米，播深 5～10 厘米。除单作外，鹰嘴豆也可与大麦、小麦、马铃薯、亚麻等矮秆作物间作，提高单位面积上的产量，降低成本，增加收入。

⑤水分管理。河西灌区在开花期和荚果形成期，需灌溉 1～2 次，以确保高产。

第三章　食用豆高产栽培技术

食用豆类作物种类多，种植区域广，适应性强，在我国和世界各地均有种植。下面主要介绍绿豆、小豆、豌豆、豇豆、鹰嘴豆五种主要食用豆的高产栽培技术。

第一节　绿豆高产栽培技术

一、种植区划与种植方式

（一）种植区划

绿豆在我国各地都有种植，根据各地的自然条件和耕作制度，我国绿豆可以划分为四个主要种植区域，分别是北方春播绿豆区、北方夏播绿豆区、南方夏播绿豆区、南方夏秋播绿豆区。

1. 北方春播绿豆区

该区位于北纬40°~45°，长城以北各省、自治区，包括黑龙江、吉林、辽宁、内蒙古自治区的东北部、河北张家口与承德、山西大同与朔州、陕西榆林与延安、甘肃庆阳等地。春季干旱，日照率较高，无霜期较短，雨量集中在7—8月，一年一熟制。绿豆春播，通常在4月下旬至5月上旬播种，8月下旬至9月上中旬收获。

2. 北方夏播绿豆区

该区位于北纬34°~40°，包括辽东半岛，以及长城以南的冀中、冀南、晋中、晋南至淮河以北地区中部。年降水量600~800毫米，雨量多集中在7—9月，阳光充足，日照率达60%；无霜期180天以上，年平均温度12℃左右，两年三熟制。6月上中旬麦收后播种，9月上中旬收获。也可采用4月下旬播种、9月收获的春播绿豆。

3. 南方夏播绿豆区

该区位于北纬24°~34°，长城以南大部分地区，以及长江中下游广大地区。包括湖北、浙江、江苏、安徽、湖南、江西等省，河南省黄河以南、陕西秦岭以南地区、四川盆地。温度较高，无霜期长，雨水较多，日照率较低。一年两熟制。一般在麦类、油菜等秋播作物收获后，5月下旬至6月上旬播种，8月上中旬收获。

4. 南方夏秋播绿豆区

该区位于北纬24°以南，包括岭南亚热带地区及海南、台湾两省。高温多雨，年降水量1 500~2 000毫米，年均温度20~25℃，无霜期310天以上。一年三熟制。一般在春、夏、秋季均可播种，2—3月为春播，6—7月为夏播，8—9月为秋播。

（二）种植方式

绿豆生育期短，适应性广，抗逆性强，常作为填闲和救荒作物种植，栽培方式多种多样。绿豆的种植栽培方式有单作、间作、套种、混作和复种。

1. 单作模式

单作即一年种一季绿豆，多在无霜期较短以及贫瘠的沙薄地、岗地或坡地种植，尤其是气候干燥、土层薄的干旱地区，以及地广人稀、无霜期短、管理粗放地区，实行绿豆单作，获得一定产量。单作绿豆省工，投资少，管理方便，便于轮作倒茬。

绿豆为重要的肥地作物，是禾谷类作物的优良前作。绿豆忌连作，最好与禾本科作物小麦、玉米、高粱、瓜菜轮作，尽量避免与甜菜、豆科作物迎茬，一般以相隔2~3年为宜。合理轮作不仅有利于绿豆生产，减少绿豆的感病几率，还能提高下茬作物产量。绿豆轮作模式有：①一年一作，如绿豆—谷子、高粱或玉米；②一年两作，如小麦—绿豆；③两年三作，如小麦—绿豆—棉花、小麦—绿豆—谷子。

2. 间作模式

绿豆对光照不敏感，较耐荫蔽，利用其植株矮、根瘤固氮增肥的特点，常与高秆作物间作，通风透光，以光补肥，有利于提高主作物的产量，可一地两熟，达到既增收又养地的目的。

主要间作模式有：

（1）绿豆、玉米（高粱）间作。①2行玉米，4行绿豆。②2行玉米

（高粱），2 行绿豆。③4 垄玉米，2 垄绿豆。以玉米为主，增收绿豆；或以绿豆为主，增收玉米。

（2）绿豆、谷子间作。俗称"谷骑驴（绿）"，2 行谷子，4 行绿豆。绿豆、谷子都可增产 10%。

3. 套种模式

（1）绿豆套甘薯。埂上栽甘薯，沟内穴播或条播 1 行绿豆，可多收 600～750 千克/公顷绿豆，甘薯不少收。

（2）棉花套绿豆。宽行 1.2 米种绿豆，窄行 0.5 米种棉花。棉花、绿豆同期播种，在棉花铃期收完绿豆。棉花套绿豆是抗灾避害、夺取粮棉双丰收的好形式，经济可行，适于黄淮棉区和江淮棉区采用，尤其以山冈薄地经济效益更佳。

4. 混作模式

一般在玉米或高粱行间或株间撒种绿豆或掩种绿豆。通常用于玉米等主栽作物补缺，使缺苗主栽作物少减收。并可在瘠薄地上，以绿豆养地，达到增收。

5. 复种模式

主要是在多熟地区，利用麦类或其他下茬作物种植绿豆，实行一地多收，提高土地利用率。尤其在南方地区，热量资源丰富，复种指数很高。有小麦—绿豆、水稻—绿豆、油菜—绿豆等多种种植方式。

二、选地与整地

（一）选地

绿豆喜温热，耐旱耐瘠，适应性强，对土壤要求不严格，生长期也较短，很多地方都能栽培，在沙质土、沙壤土、壤土、黏壤土、黏土上均可种植。但如果想要获得高产，最适合其生长发育的还是高肥水地。因此，应选择地势高、疏松肥沃、耕作层深厚、富含有机质、排灌方便、保水保肥能力好的地块种植绿豆，并加强田间管理。一般在中等肥力的地块种植，沙壤、轻沙壤土均可。要求远离工厂以防止污染，一般直线距离 500 米以上。绿豆有一定的耐旱耐瘠性，但不耐涝，要尽量选择禾本科作物的茬口，不要选择重茬、迎茬、盐碱度过大、低洼易涝的地块。在轻度盐碱或酸性土壤也能生长，但一般产量较低。适宜种植绿豆的土壤 pH 值以 6～7 为宜。

（二）整地

由于绿豆是双子叶作物，出苗时子叶出土，幼苗顶土能力弱，如果土壤板结或坷垃太多，易造成缺苗断垄或出苗不齐的现象。因此，春播绿豆播种前，要在上年秋季进行深耕细耙，精细整地，耙碎坷垃，使土壤疏松，蓄水保墒，防止土壤板结，做到上虚下实无坷垃、深浅一致、地平土碎，以利于出苗。一是要早秋深耕，加厚活土层，耕深 20～30 厘米。二是结合深耕增施农家肥。施肥以有机肥为主，有机肥和无机肥相结合；以磷肥为主，氮磷配合；以基肥为主，追肥为辅。一般施有机肥 30～37.5 吨/公顷，复合肥 225～300 千克/公顷，过磷酸钙 300～450 千克/公顷；有机农家肥均匀撒开，整地时翻入土中，化肥混合后随犁施入犁底。结合整地，要防治地下害虫。可用 3% 辛硫磷颗粒剂或 5% 毒死蜱颗粒剂 15～22.5 千克/公顷，撒于地面，杀死土壤内和土表的多种害虫。

麦茬夏播绿豆，在 6 月小麦收获后，要抓紧时间，机械灭茬，灌溉造墒，适墒播种，并在苗期及时追肥。麦茬绿豆夏播种植，翻耕比铁茬播种可增产 10% 以上，但由于夏播绿豆播种越早产量越高，加上受栽培习惯的影响，一般采用麦后造墒，铁茬直播。

三、适期播种

（一）适宜条件

绿豆生育期短，播种适期长，既可春播，也可夏秋播。一般地温稳定在 16～20℃ 时，即可播种。南方适播期较长，春播一般在 3 月中旬至 4 月下旬，夏播一般在 6—7 月，个别地区最晚可以推迟到 8 月初播种；北方适播期较短，一年一季春播区，一般在 4 月下旬至 5 月上旬播种，夏播一般在 5 月下旬至 6 月上中旬，早熟品种最晚可在 7 月下旬进行播种。夏播前茬收获后要尽量早播，播期越早，产量越高。适期播种，一般应掌握春播适时、夏播抢早的原则。

（二）优良品种

选用优良品种是绿豆增产的一项有效措施。应根据当地的自然条件、土壤肥力及商品价值，选择适宜的优良品种。一般要选择适宜当地生态区域栽培种植，并且粒大、色泽好、品质佳、抗病能力强、产量高的优良品种。有时也会根据需要选择适宜的绿豆品种。一般瘠薄地块可选择矮秆半匍匐、亚有限结荚习性品种，中高肥力地块应选高产直立品种；大面积种植的地块，应选择株型直立紧凑、有限结荚习性、结荚集中、成熟一致、不炸荚、适宜一次性机械收获的品种，小面积种植可选择多次结荚的品种。此外，用途不同选种也有区别，一般出售绿豆籽粒的可选择高产、粒大、色泽好的品种，加工豆沙的要选择粒大、皮薄、出沙高的品种，而食用的要选择蛋白质含量高的品种等。夏播较晚或秋播绿豆种植宜选择生育期短、产量高、品质好、熟期在 60 天左右的品种。

（三）精心选种

绿豆种子要求纯度在 98% 以上、发芽率在 97% 以上、含水量在 14% 以下的二级以上良种。最好选择包衣种子，以防止种传、土传病虫的为害，减少打药次数，省工省时安全，降低成本，提高经济效益。如果不是包衣种子，播种前要进行种子处理，包括选种、晒种、拌种。首先要精细选种，清除秕粒、小粒、病粒、杂质，选留干净、饱满、粒大的种子，以提高品种纯度和商品质量；其次要进行晒种，选择晴天中午，将种子摊在晒场上，翻晒 1~2 天，要勤翻动，使之受热均匀，以增强种子活力，提高发芽势；第三是药物拌种，每千克绿豆种子用 0.5 克钼酸铵或 1% 磷酸二氢钾拌种，都有增产效果，用 25% 的多菌灵按种子总量的 0.2%~0.5% 拌种，可防治根腐病。

（四）播种方法

播种前要灌溉造墒，适墒播种。绿豆的播种方法有条播、穴播和撒播，生产上以条播较多。根据土壤墒情，播种深度一般 3~5 厘米，要均匀一致，防止覆土过深。一般播种量 15~22.5 千克/公顷，防止下种过多或漏播，一般行距 40~50 厘米，株距 15~20 厘米；间作套种和零星种植多为穴播，每穴 3~4 粒，行距 60 厘米，穴距 15 厘米；撒播种子要均匀，以防草荒发生。播量要依据品种特性、气候条件、土壤肥力等而定，整地质量好、种子粒小可适当减少播量，反之，适当增加播量。

（五）夏季播种

夏播要尽量早播，可充分利用光温条件，为植株提供良好而充足的生长发育环境，使幼苗生长健壮，而且荚多，粒多，粒重增加，产量提高。要抢时抢墒，在 5 月下旬至 6 月初播种，产量最高。播种方式多采用条播，留苗密度要因地制宜，中高肥水地块要稀些，低肥水地块可适当密植。一般按行距 40 厘米、株距 15~20 厘米留苗，播深 3~5 厘米，黏土和湿土宜浅些，疏松土和干旱条件下宜稍深。

四、苗期管理

苗齐苗壮、防倒伏是绿豆丰产的重要前提。因此，苗期管理的重点是确保一播全苗，苗齐，苗匀，苗壮。为了保证绿豆在苗期生长整齐，群体发育良好，多现蕾多开花多结荚，荚大粒多粒大，高产优质，播种后应做好以下几点。

（一）播后除草

绿豆生长初期，行株间易发生杂草。一是在播后苗前，要进行土壤封闭化学除草。用96%金都尔乳油700～800毫升/公顷，对水450千克，地面均匀喷雾。墒情差时可适当增加水量，墒情好时可适当减少水量。二是苗期田间杂草比较多时，可用10%精喹禾灵乳油600毫升/公顷，对水450千克，茎叶喷雾，同时，人工铲除田间大草。

（二）视情镇压

绿豆是双子叶植物，幼苗顶土能力较弱。播种时要视墒情镇压，对墒情较差或土壤沙性较大的地块，要及时镇压，随种随压，以减少土壤空隙，使种子与土壤密切接触，增加表层水分，促进种子发芽和幼苗发育，早出苗，出全苗，根系生长良好。

（三）查补间定苗

绿豆出苗后，要及时查苗，发现缺苗断垄，应在7天内及时补种或移苗；苗全后，在第一片复叶出现时，要及时剔除疙瘩苗，在第一片复叶展开时，要适当间苗，要间小留大，间杂留纯，间弱留壮；在第二片复叶展开后，要及时人工定苗，做到去杂，去劣，去弱，保证苗全，苗匀，苗壮，苗纯，无草。条播要按确定的密度，实行单株均匀留苗，穴播每穴留壮苗2～3株。间苗、定苗时，要本着肥地宜稀、薄地宜密的原则。

（四）中耕培土

中耕不仅能消灭杂草，还可破除土壤板结，疏松土壤，减少蒸发，提高地温，促进根瘤活动，是绿豆增产的一项措施。绿豆在生长初期，田间易生杂草，从出苗至开花封行前，应进行三次中耕。在第一片复叶展开时，结合间苗进行第一次浅耕，同时除草，松土；在第二复叶展开后，结合定苗进行第二次中耕，同时进行蹲苗，去除田间杂草；现蕾前结合第三次中耕进行培土，预防中后期倒伏，也是提高产量的重要措施。中耕深度应掌握浅—深—浅的原则。

（五）防旱排涝

绿豆是需水较多、又不耐涝、怕水淹的作物。幼苗期抗旱性能较强，需水较少，一般不需要灌溉；如遇到干旱也应及时灌溉，苗期在中午出现叶片萎蔫时，应进行灌溉。如果苗期水分过多，会使根部病害加重，引起烂根死苗；生长后期遇涝，植株会生长不良，出现早衰，花荚脱落，产量下降，因此，绿豆在雨季要及时排水防渍。开花期是绿豆的需水临界期，花荚期达到需水高峰，因此，在开花与结荚期，应满足绿豆对水分的需求。

（六）适宜密度

应根据品种、播期、水肥条件、管理水平等因素的不同，因地制宜，选择合理的种植密度。一般条播播量为 22.5 ~ 30 千克/公顷，撒播量为 60 ~ 75 千克/公顷。早熟直立型品种密度为 12 万 ~ 22.5 万株/公顷，半蔓生型品种密度为 11.25 万 ~ 18 万株/公顷，晚熟蔓生型品种密度为 9 万 ~ 15 万株/公顷；肥力高的地块留苗密度 12 万 ~ 18 万株/公顷，肥力中等的地块留苗密度 19.5 万 ~ 22.5 万株/公顷，瘠薄地块留苗密度 22.5 万 ~ 27 万株/公顷。间作套种的密度应根据主栽作物的种类、品种、种植形式及绿豆的实际播种面积进行相应的调整。

（七）病虫害防治

绿豆苗期的病害主要有叶斑病、茎腐病、白粉病、枯萎病。

1. 叶斑病

在轮作的基础上，选用抗病品种，增施磷钾肥，并于发病初期喷施 70% 甲基托布津 600 ~ 800 倍液，每隔 5 ~ 7 天喷一次，连续防治 2 ~ 3 次。

2. 茎腐病

用种子重量 0.2% ~ 0.5% 的 25% 多菌灵拌种；或用绿豆根保颗粒剂 30 千克/公顷与种肥混合施入土壤。

3. 白粉病

合理的轮作，并在发病初期用 80% 金乙嘧·晴菌唑可湿性粉剂 2 500 倍液，每隔 5 ~ 7 天喷一次，连续防治 2 ~ 3 次。绿豆苗期虫害主要是蚜虫，用 10% 的吡虫啉可湿性粉剂 225 ~ 300 克/公顷，对水 300 千克，喷雾防治。

五、追肥与灌溉

（一）追肥

绿豆的生育期短，耐瘠性强，其根系又有共生固氮能力，生产上往往不施肥，但为了提高中、低产地块的绿豆产量，还是应该增施肥料。绿豆施肥要按照施足基肥、适当追肥的方针。追肥要巧施苗肥，重施花荚肥。

夏播绿豆，如果来不及翻地施基肥，可在苗期开沟浅施，进行追肥，要施入一定数量的氮、磷肥，以增强根瘤菌的固氮能力和增加花芽分化，绿豆根瘤菌能供给的氮可达到绿豆所需要总氮量的 50% ~70%。在绿豆第二片复叶展开时，结合中耕追施尿素或复合肥作为提苗肥，可追施尿素 90~120 千克/公顷。在肥力较高的地块，苗期应以控为主，不宜再追肥，氮肥过多，会导致营养生长过旺，茎叶徒长，田间荫蔽，植株倒伏，落花落荚严重，降低绿豆的产量。

绿豆根瘤菌虽有固氮能力，但增施农家肥和磷、钾肥，有明显的增产效果。施农家肥可在播种前一次施入，施后耕翻入土。如来不及施底肥，应在生长前期即分枝、始花期追肥，绿豆在开花、结荚期是需肥的高峰期。追肥最好是在初花期结合封垄一起进行，初花期可追施硝铵、尿素等氮肥 40~60 千克/公顷、硫酸钾 100~120 千克/公顷，可促花增荚，增产效果最好；较瘠薄的地块，在结荚期可进行根外追肥，叶面喷施磷酸二氢钾等叶面肥料，增产效果较明显。绿豆是对磷肥、钼肥敏感的作物，增施磷肥并配施适当钼肥和钾肥，能促进植株健壮生长，提高产量。所以开花、结荚期分别叶面喷施 2% 的尿素、0.3% 的磷酸二氢钾溶液、0.15% 的钼酸铵溶液 1~2 次，每次喷肥液 600~750 千克/公顷，可以延长花荚期，增加荚数，使籽粒饱满，防止早衰，达到增产的效果。叶面喷肥应在晴天上午 10 时前或下午 15 时后进行，也可与药液同时喷施。

生育后期在缺肥的情况下，一般不宜土壤施肥，可进行叶面喷肥，如 0.3% 的磷酸二氢钾溶液，不仅吸收速度快，而且肥料利用率高。喷肥时可加入适当农药，兼治虫害，保护叶片。

（二）灌溉

绿豆耐旱，农谚有"旱绿豆，涝小豆"的说法，但在绿豆生育期间土壤也要有适宜的水分，要注意适时灌溉，防旱排涝。根据绿豆的需水规律，苗期和鼓粒后期需水量不多，要求土壤相对干旱一些，不宜灌溉，以防徒长。但绿豆苗期耐旱不耐涝，尤其怕水淹，如苗期水分过多，会使根病加重，引起烂根死苗，造成缺苗断垄，或发生徒长，导致后期倒伏。因此，遇大雨要及时排水防涝，绿豆在三叶期以后，需水量逐渐增加。

绿豆在开花与结荚期需水较多，遇旱容易落花落荚，降低产量，要及时灌溉，防旱保产。开花期为绿豆的需水临界期，花荚期达到需水高峰期，此期灌溉有增花、保荚、增粒的作用。实践证明，当土壤最大持水量为30%时，开花期灌溉可增产32.7%，若推迟到结荚期灌溉仅增产18.9%，如开花期和结荚期都灌溉，比不灌溉增产62.3%。当土壤持水量在20%时，开花期灌溉可增产59.8%，推迟到结荚期灌溉仅增产36.6%，若开花期和结荚期都灌溉，比不灌溉增产106.1%。因此，在绿豆生长期，如遇干旱应适当灌溉。有条件的地区可在开花前灌溉一次，以促进单株荚数及单荚粒数；在结荚期再灌溉一次，以增加粒重并延长开花时间。在水源紧张时，应集中在盛花期灌溉一次。在没有灌溉条件的地区，可适当调节播种期，使绿豆花荚期赶在雨季。如花期土壤缺水干旱，将会严重减产甚至绝产。

绿豆耐湿性差，不耐涝，在开花结荚期，如遇雨天，地表水分过多易造成绿豆根系及植株生长不良，出现早衰，花荚脱落，产量下降；地面积水2~3天，会导致根系腐烂，植株死亡，因此，在多雨季节或低洼地要及时排水。另外，土壤过湿，根瘤菌活动差，固氮能力减弱。对根瘤菌最适宜的土壤水分，是最大田间持水量的50%~60%。因此，绿豆的排水除渍工作很重要。在一些多雨、潮湿地区流传有"只要开好沟，绿豆年年收"的农谚，是有一定道理的。采用深沟高畦沟厢种植是绿豆高产的一项重要措施。夏播因时间紧迫，往往来不及作畦，可在三叶期或封垄前，在绿豆行间冲沟或用锄头、铁锹开沟培土，使明水能排、暗水能泄，不仅防旱防涝，还能减轻根腐病的发生。

虽然鼓粒后期需水量不多，但土壤缺水会影响绿豆灌浆，降低粒重，从而降低产量和品质。所以，干旱情况下，应及时进行灌溉。

六、病虫草害防治

（一）主要病害

绿豆病害较多，有十多种，但常见的病害主要有以下几种，分别是根腐病、病毒病、叶斑病、白粉病、枯萎病、锈病等。要坚持预防为主、综合防治的原则，优先采用农业预防措施和物理、生物等方法防治，再科学地使用化学农药防治。

目前，常用的农业预防措施主要有：①选用抗病品种和无病种子；②与禾本科植物倒茬轮作，做到不重茬、不迎茬，深翻土地；③加强田间管理，及时清除田间病株，并将其掩埋或烧掉；④进行药剂拌种，用种子量0.3%的百菌清可湿性粉剂和种子量0.1%的50%辛硫磷乳油混合拌种，既可防病，又可治虫。

下面介绍绿豆几种主要病害的化学防治方法。

1. 根腐病

（1）为害症状。发病初期，心叶变黄，若拔出根系观察，可见茎下部及主根上部呈黑褐色，稍凹陷。剖开茎看，维管束变为暗褐色。当根大部分腐烂时，植株便枯萎死亡。

（2）发生规律。病原菌主要是从伤口及自然侵入植株的侧根和茎基部。一般种子萌发后，根长3厘米左右时，出现症状，以后随绿豆的生长发育，病情不断加重，影响该病害发生发展的因素很多。因此，在不同条件下，病害发生发展程度也不尽相同。发病最适温度是20～25℃，在适宜的温度条件下，土壤湿度愈大，病害愈重；播种过早、过深、重茬、迎茬、地下害虫发生严重、土地贫瘠的地块，发病重。

（3）防治方法。苗期防治，主要是采用40%的多菌灵胶悬剂750克/公顷。发病初期，可选用75%百菌清600倍液，或15%腐烂灵600倍液，或70%甲基托布津1 000倍液喷雾，每隔7～10天喷一次，连续防治2～3次。如用以上药剂灌溉，效果更好。

2. 病毒病

（1）为害症状。绿豆病毒病又称花叶病、皱缩病。该病发生非常普遍，从苗期至成株期均可发生，以苗期发病较多。在田间表现为花叶斑驳、皱缩花叶和皱缩小叶丛生花叶等症状。发病轻时，在幼苗期出现花叶和斑驳症状的植株，叶片正常；发病重时，苗期出现皱缩小叶丛生的花叶植株，叶片畸形、皱缩，形成疤斑。植株矮化，发育迟缓，花荚减少，甚至颗粒无收。

（2）发生规律。为害绿豆的病毒主要是黄瓜花叶病毒。病毒在种子内越冬，播种带毒的种子后，幼苗即可发病，在田间扩展蔓延，形成系统性再侵染。

（3）防治方法。发病初期，开始喷施抗毒丰（0.5%菇类蛋白多糖水剂）250～300倍液，或20%病毒A可湿性粉剂500倍液，或15%病毒必克可湿性粉剂500～700倍液。间隔7～10天喷一次，一般防治2～3次。

3. 叶斑病

（1）为害症状。叶斑病是绿豆的重要病害，也是绿豆生产上的毁灭性病害，以开花结荚期受害最重。发病初期在叶片上出现水浸斑，以后扩大成圆形或不规则黄褐色至暗红褐色橘斑，病斑中心灰色，边缘红褐色。到后期几个病斑连接形成大的坏死斑，导致植株叶片穿孔脱落，早衰枯死。湿度大时，病斑上密生灰色霉层，病情严重时，病斑融合成片，很快干枯。轻者减产20%～50%，严重的减产可达90%。

（2）发生规律。绿豆叶斑病是由半知菌亚门尾孢真菌侵染所致。病菌随植株残体在土壤中越冬，第二年春条件适宜时，随风和气流传播侵染。叶斑病的发生与温度密切相关，在相对湿度85%～90%、温度25～28℃的条件下，病原菌萌发最快；当温度达到32℃时，病情发展最快。

（3）防治方法。在绿豆现蕾期，开始喷施50%多菌灵1 000倍液，或50%苯来特1 000倍液，或80%代森锌可湿性粉剂400倍液，每隔7～10天喷施一次，连续防治2～3次，能有效地控制此病害流行。

4. 白粉病

（1）为害症状。白粉病是绿豆生长后期经常发生的真菌性病害，主要为害叶片。发病初期，下部叶片出现小白色斑点，以后扩大向上部叶片发展。严重时，整个叶子布满白粉、变黄、干枯脱落。发病后期粉层加厚，叶子呈灰白色。

（2）发生规律。绿豆白粉病是由子囊菌亚门单丝壳菌属真菌引起的病害。病菌在植株残体上越冬，翌年春，随风和气流传播侵染，在田间扩展蔓延。白粉病在温度22～26℃、相对湿度88%～90%时，最易发病。在荫蔽、昼暖夜凉和多湿环境中，发病最盛。

（3）药物防治。发病初期，喷施50%苯来特2 000倍液，或25%粉锈宁2 000倍液，或75%百菌清500～600倍液，对控制病害发生和蔓延有明显效果。

5. 锈病

（1）为害症状。锈病主要为害绿豆叶片，严重时发展到茎、豆荚等部位。发病初期，在叶片上产生黄白色突起小斑点，以后扩大并变成暗红褐色圆形疤斑。到绿豆生长后期，在茎、叶、叶柄、豆荚上长出黑褐色粉状物。发病严重时，茎叶提早枯死，造成减产。

（2）发生规律。绿豆锈病是由担子菌亚门单孢锈菌属真菌侵染引起的病害。病菌冬孢子在土壤的植物病残体上越冬，翌年侵入为害，在7—8月间病害流行。夏孢子侵入为害的适宜温度为15～24℃，遇高温多湿发病较重，低洼地和密度大的地块发病重。

（3）防治方法。发病初期，可用45%微粒硫磺胶悬剂400～500倍液，或15%粉锈宁可湿性粉剂2 000倍液，或65%代森锌可湿性粉剂1 000倍液，或50%百菌清500倍液，进行喷施防治。每隔7～10天喷一次，连续防治2～3次。

6. 立枯病

（1）为害症状。绿豆立枯病又称根腐病。发病初期，幼苗茎基部产生红褐色至褐色病斑，皮层裂开，呈溃烂状。严重时病斑扩展并环绕全茎，导致茎基部变褐、凹陷、缢缩、折倒，直至枯萎，植株死亡。发病较轻时，植株变黄，生长迟缓。病害从绿豆出苗后10～20天开始发生，可一直延续到花荚期。

（2）发生规律。绿豆立枯病是由半知菌亚门细丝核菌侵染引起的真菌性病害。能在土壤中存活2～3年。在适宜的环境条件下，从根部细胞或伤口侵入，进行侵染为害。发生的适宜温度为22～30℃，出苗后4～8天的幼苗，最易被丝核菌侵染。

（3）防治方法。发病初期，用32%恶甲水剂（克枯星）300倍液，或20%甲基立枯磷乳油1 200倍液，30%倍生乳油1 000～1 500倍液灌根，效果比较明显。也可用75%百菌清可湿性粉剂600倍液，或50%多菌灵可湿性粉剂600倍液喷施，每隔7天喷一次，连续防治2～3次。

7. 枯萎病

（1）为害症状。绿豆枯萎病又称萎蔫病。在生育期间一般零星发生，但危害性很大，常造成植株萎蔫死亡。绿豆染病后，植株发育不良，萎蔫矮小，重病株叶片由黄变枯至脱落。后期，病株茎基部出现暗褐色至黑褐色的坏死斑，并有粉色霉状物，病株维管束变褐色而死亡。

（2）发生规律。绿豆枯萎病是由镰刀菌侵染引起的真菌性病害。病原菌可在粪土中存活多年，甚至可腐生10年以上。夏秋之间，气候温暖潮湿，是发病的高峰季节。一般地势低洼、排水不良的地块，枯萎病发生严重，连作地块发病重。

（3）防治方法。在发病初期，可用10%甲基托布津可湿性粉剂800～1 000倍液，或百菌清600倍液，或70%敌可松1 500倍液，喷施植株基部，每隔7～10天喷一次，连续防治2～3次。

8. 轮纹病

（1）为害症状。主要为害叶片，也可为害茎、荚和豆粒。出苗后即可染病，后期发病多。叶部症状初为圆形或椭圆形病斑，略凹陷，深褐色；病斑逐渐扩大，形成中央灰褐色、边缘红褐色病斑，有时具有同心轮纹，后期病斑上产生许多黑色颗粒状分生孢子器。随着病情发展，一些病斑逐渐相连而成为大型不规则的黑色斑块；干燥时，发病部位破裂、穿孔或枯死，发病严重的叶片早期脱落，影响结实。

（2）发生规律。以菌丝体和分生孢子器在病残体或种子中越冬，条件适宜时，病残体中分生孢子器产生的分生孢子借风雨传播，进行初侵染和再侵染。在生长季节，如天气冷凉潮湿、大雾，或种植过密、田间湿度大，有利于病害发生。此外，偏施氮肥种植、植株长势过旺或肥料不足种植、绿豆长势衰弱，导致绿豆抗病力下降，发病严重。

（3）防治方法。发病初期，及早喷施1∶1∶200倍式波尔多液，或77%可杀得可湿性微粒粉剂500倍液，或30%碱式硫酸铜悬浮剂400～500倍液，或47%加瑞农可湿性粉剂800～900倍液，或70%甲基硫菌灵可湿性粉剂1 000倍液加75%百菌清可湿性粉剂1 000倍液，或40%多·硫悬浮剂500倍液，每隔7～10天喷施一次，共防治2～3次。

9. 炭疽病

（1）为害症状。主要为害叶、茎及豆荚。叶片染病初期，呈红褐色条斑，后变黑褐色或黑色，并扩展为多角形网状斑。叶柄和茎染病后，病斑凹陷龟裂，呈褐锈色细条形斑，病斑连合形成长条状。豆荚染病初期，出现褐色小点，扩大后呈褐色至黑褐色圆形或椭圆形斑，周缘稍隆起，四周常具红褐色或紫色晕环，中间凹陷。湿度大时，溢出粉红色黏稠物，内含大量分生孢子。种子染病，出现黄褐色大小不等的凹陷斑。

（2）发生规律。主要以潜伏在种子内和附着在种子上的菌丝体越冬。播种带菌种子，幼苗染病，在子叶或幼茎上产出分生孢子，借雨水、昆虫传播。该菌也可以菌丝体在病残体内越冬，翌春产生分生孢子，通过雨水飞溅进行初侵染，分生孢子萌发后产生芽管，从伤口或直接侵入，经4～7天潜育出现症状，并进行再侵染。温度17℃、相对湿度100%最利于发病；温度高于27℃、相对湿度低于92%，则少发生；低于13℃时，病情停止发展。该病在多雨、多露、多雾、冷凉、多湿地区，或种植过密、土壤黏重下湿地发病重。

（3）防治方法。开花后或发病初期，喷施 25% 炭特灵可湿性粉剂 500 倍液，或 80% 大生 M－45 可湿性粉剂 600 倍液，或 75% 百菌清可湿性粉剂 600 倍液，或 70% 甲基硫菌灵（甲基托布津）可湿性粉剂 500 倍液，或 80% 炭疽福美可湿性粉剂 800 倍液，或 70% 甲基硫菌灵可湿性粉剂 800 倍液加 75% 百菌清可湿性粉剂 800 倍液，每隔 7～10 天喷一次，连续防治 2～3 次。

10. 细菌性疫病

（1）为害症状。细菌性疫病又称细菌性斑点病，主要发生在夏秋之雨季。叶片染病后，病叶上出现褐色圆形至不规则形水泡状斑点，初为水渍状，后呈坏疽状，严重的变为木栓化，经常可见多个病斑聚集成大坏疽型病斑。叶柄、豆荚染病，亦生褐色小斑点或呈条状斑。

（2）发生规律。气温 24～32℃、叶片上有水滴，是细菌性疫病发生的重要温湿条件。一般高温多湿、雾大露重或暴风雨后转晴的天气，最易诱发该病。此外，栽培管理不当，大水漫灌或肥力不足、偏施氮肥，造成长势差或徒长，皆易加重该病的发生。

（3）防治方法。发病初期，喷施 72% 杜邦克露可湿性粉剂 800 倍液，或 12% 绿乳铜乳油 600 倍液，或 47% 加瑞农可湿性粉剂 700 倍液，或 77% 可杀得可湿性微粒粉剂 500 倍液，或 50% 琥胶肥酸铜可湿性粉剂 500 倍液，或 72% 农用硫酸链霉素可溶性粉剂 3 000～4 000 倍液，或新植霉素 4 000 倍液，每隔 7～10 天喷一次，连续防治 2～3 次。

（二）虫害

绿豆虫害主要有蛴螬、地老虎、豆野螟、绿豆象、豆天蛾、豆荚螟、豆秆黑潜蝇、盲蝽象、蚜虫、甜菜夜蛾、斜纹夜蛾等。主要用化学药剂进行防治。

1. 蛴螬

（1）为害症状。蛴螬主要取食绿豆的须根和主根，虫量多时，可将须根和主根外皮吃光、咬断。地下部食物不足时，夜间出土活动，为害近地面茎秆表皮，造成地上部枯黄早死。

（2）发生规律。蛴螬分别以成虫和幼虫越冬。成虫在土下 30～50 厘米处越冬，羽化的成虫当年不出土，一直在化蛹土室内匿伏越冬。到 4 月中下旬，地温上升到 14℃ 以上时，开始出土活动。幼虫一般在土下 55～145 厘米处越冬，越冬幼虫在第二年 5 月上旬，开始为害幼苗地下部分。连作地块，发生较重；轮作田块，发生较轻。

（3）防治方法。播种时，可用40%乐果乳剂或50%辛硫磷乳油，按药、水、种子量1:40:500的比例拌种；也可用3%辛硫磷颗粒剂或5%毒死蜱颗粒剂15~22.5千克/公顷撒施；生长期间用50%辛硫磷乳油250克、对水1 000~1 500千克，或90%敌百虫800倍液灌根；均可取得良好的防治效果。

2. 黑绒金龟子

（1）为害症状。成虫群集取食绿豆叶片，幼苗的子叶和生长点被取食后，全株即枯死，造成田间大量缺苗。

（2）发生规律。一年发生一代，以成虫在20~30厘米土层中越冬。次年，当土壤解冻达到越冬部位时，越冬成虫开始上升。4月中下旬至5月初，5天平均气温在10℃以上时，成虫大量出土，5月上旬至6月下旬为发生盛期。成虫飞行力强，具有假死性和趋绿性，略有趋光性；一般中午出土活动，午夜后入土潜伏。成虫取食一段时间后，开始交配产卵。卵散产在2~5厘米土层里，每个雌成虫可产卵29~109粒；产卵盛期一般在5月末至6月初，末期可延至8月。羽化的成虫多数不出土，在土中越冬。

（3）防治方法。喷施50%辛硫磷乳油1 500倍液，或25%爱卡士乳油1 500倍液，或10%吡虫啉可湿性粉剂1 500倍液，或1.8%阿维菌素乳油2 000倍液，或5%高效氯氰菊酯3 000倍液，可杀灭成虫。

3. 地老虎

（1）为害症状。地老虎又称切根虫，为害绿豆的主要是小地老虎和黄地老虎，地老虎幼虫可将幼苗近地面的茎部咬断，使整株死亡。1~2龄幼虫，昼夜均可群集于幼苗顶心嫩叶处，取食为害；3龄后分散，幼虫行动敏捷，有假死习性，对光线极为敏感，受到惊扰即蜷缩成团，白天潜伏于表土的干湿层之间，夜晚出土从地面将幼苗植株咬断拖入土穴，或咬食未出土的种子，幼苗主茎硬化后改食嫩叶和叶片及生长点。食物不足或寻找越冬场所时，有迁移现象。

（2）发生规律。从10月到第二年4月，都可见地老虎的发生和为害。无论年发生代数多少，在生产上造成严重为害的均为第一代幼虫，全国大部分地区羽化盛期在3月下旬至4月上中旬，成虫多在下午15时至晚上22时羽化，白天潜伏于杂物及缝隙等处，黄昏后开始飞翔、觅食，3~4天后交配、产卵。卵散产于低矮叶密的杂草和幼苗上，少数产于枯叶、土缝中，近地面处落卵最多，每雌产卵 800～1 000 粒，多的可达 2 000 粒；卵期约 5 天左右，幼虫 6 龄，个别 7～8 龄，幼虫期在各地相差很大，但第一代为 30～40 天。幼虫老熟后，在深约 5 厘米土室中化蛹，蛹期 9～19 天。

（3）防治方法。可用 90% 敌百虫晶体 150 克，与 5 千克炒麦麸加适量水，制成毒饵撒施，30～45 千克/公顷；也可用 90% 敌百虫晶体 1 000 倍液，或 50% 辛硫磷乳油 1 500 倍液，顺行浇灌，每株不超过 250 毫升药液；在幼虫 3 龄前，用 90% 敌百虫 1 000 倍液，或 2.5% 溴氰菊酯 300 倍液，或 20% 的蔬果磷 3 000 倍液，喷施防治。

4. 蚜虫

（1）为害症状。成虫和若虫刺吸嫩叶、嫩茎、花及豆荚的汁液，使生长点枯萎，叶片卷曲、皱缩、发黄，嫩荚变黄，甚至枯萎死亡。绿豆蚜虫能够以半持久或持久方式传播许多病毒，是绿豆最重要的传毒媒介。

（2）发生规律。一年发生 20～30 代，完成一代需要 4～17 天，主要以无翅胎生雌蚜和若虫在背风向阳的地堰、沟边和路旁的杂草上过冬，少量以卵越冬。每年以 5—6 月和 10—11 月发生较多，适宜豆蚜生长、发育和繁殖的温度为 8～35℃，最适环境温度为 22～26℃，相对湿度为 60%～70%，此时，豆蚜繁殖力最强，每头蚜虫可产若蚜 100 余头。在 12～18℃，若虫历期为 10～14 天；在 22～26℃，若虫历期仅 4～6 天。豆蚜对黄色有较强的趋性，对银灰色有忌避习性，且具较强的迁飞和扩散能力。

（3）防治方法。可选用 10% 吡虫啉可湿性粉剂 2 500 倍液，或亩旺特 2 000 倍液，或丁硫克百威 1 500 倍液，或 50% 辟蚜雾可湿性粉剂 2 000 倍液，或 20% 康福多浓 4 000 倍液，或 2.5% 保得乳油 2 000 倍液，喷施防治。

5. 朱砂叶螨

（1）为害症状。朱砂叶螨又称红蜘蛛，以成、若螨聚集在叶背刺吸叶片汁液，被害处呈现失绿斑点或条斑，渐变红色，终至脱落。刚开始为害时，不易被察觉；在为害严重时，叶片呈灰白色，逐渐干枯。高温低湿情况下，为害严重，是旱作绿豆的主要害虫之一。

（2）发生规律。一年发生 10～20 代，以雌成螨在杂草、枯枝落叶及土缝中越冬，翌春气温达到 10℃ 以上，即开始大量繁殖。3—4 月，先在杂草或其他寄主上取食，绿豆出苗后，陆续向田间迁移，每雌产卵 50～110 粒，多产于叶背。卵期 2～13 天。可孤雌生殖，其后代多为雄性。后若螨则活泼贪食，有向上爬的习性。先为害下部叶片，而后向上蔓延。朱砂叶螨发育起点温度为 7.7~8.8℃，最适温度为 25~30℃，最适相对湿度为 35%~55%，因此，高温低湿的 6—7 月为害重，尤其是干旱年份，易于大发生。

（3）防治方法。可选用 73% 克螨特乳油 1 000~2 000 倍液，或 50% 三氯杀螨醇乳剂 1 000~1 500 倍液，或 15% 哒螨酮 3 000 倍液，或 1% 甲维盐 1 500 倍液喷雾，每隔 7~10 天喷药一次，视情况防治 2~3 次。喷施农药的重点是叶背面，注意轮换用药。

6. 绿豆象

（1）为害症状。在田间幼虫蛀入荚内，食害豆粒；在仓库内，蛀食贮藏的豆粒。虫蛀率都在 20%~30%，甚至 80% 以上。

（2）发生规律。一年发生 4~5 代，成虫与幼虫均可越冬。成虫可在田间豆荚上或仓库内豆粒上产卵，每雌可产卵 70~80 粒。成虫善飞翔，并有假死习性。幼虫孵化后即蛀入豆荚或豆粒。

（3）防治方法。化学防治要采取田间防治和仓内防治相结合的方法。田间防治，可在绿豆开花至结荚期，用 21% 灭杀毙乳油 1 000~1 500 倍液，每隔 7~10 天喷雾一次，连续防治 2~3 次，防效较好。仓内防治，可在温度 20~25℃ 时，每立方米用磷化铝 1.6 克，熏蒸 3~4 天，也可用二氧化乙烯或溴代甲烷等药物熏蒸防治，温度在 8~10℃ 以上，每立方米用药 30 克。如数量少，还可用开水浸泡 25~28 秒后，迅速移入冷水中冷却，晾干后备用。

7. 夜蛾

（1）为害症状。为害绿豆的夜蛾类主要有甜菜夜蛾和斜纹夜蛾。这两种害虫均以幼虫为害绿豆叶片、花和果实，低龄幼虫取食叶肉，留下表皮和叶脉，形成透明的窗纱状；高龄幼虫可食全叶，仅留叶脉和叶柄，为害严重的造成绿豆光秆，植株死亡。

（2）发生规律。甜菜夜蛾和斜纹夜蛾为杂食性害虫，可为害多种寄主植物，喜温而又耐高温，在 26~30℃ 的范围内，适宜各虫态的发育。成虫对黑光灯灯光的趋性较强，成虫羽化后第一天即具备交尾能力，成虫寿命 7~10 天。一般年发生 5~6 代，多发生在 7—9 月。成虫白天躲在杂草及植物茎叶的浓荫处，夜间活动，无月光时最适宜成虫活动。成虫产卵一般是在夜间进行，产于绿豆叶片背面，卵排列成块，覆以灰白色鳞毛。

（3）防治方法。在夜蛾幼虫 3 龄之前，可用 4.75% 阿维菌素·茚虫威可湿性粉剂 675~750 克/公顷，喷雾防治，要下翻上扣，四面打透，不留死角；对于虫害暴发期，可适当增加施药次数 1～3 次，并根据虫害情况加大用药量，以提高防治效果。对于虫龄 4 龄以上的老熟幼虫，可清早进行人工捕杀，同时利用趋光性、趋化性，用黑光灯、性诱剂诱杀成虫。

8. 豆野螟

（1）为害症状。幼虫蛀食绿豆的花器，造成落花；蛀食豆荚，早期造成落荚，后期造成豆荚和种子腐烂。此外，还能吐丝把几个叶片缀卷在一起，幼虫在其中蚕食叶肉，或蛀食嫩茎，造成枯梢，对产量和品质影响很大。

（2）发生规律。成虫有趋光性，晚上扑白炽灯比黑光灯多，白天潜伏在茂密的绿豆植株叶背下，受惊后可短距离飞翔 3～5 米。成虫产卵于嫩荚或花蕾和叶柄上，散产，一般为 1～2 粒。日平均气温 25.1℃时，卵历期为 3～4 天。幼虫孵化时，先咬破卵壳爬行，直接蛀入花蕾为害，幼虫 3 龄后大多数蛀入荚内，食害豆粒，蛀孔处有虫粪，一般一个蛀孔只有一头幼虫，多的也有 2～3 头。幼虫老熟后，常在叶背吐丝作茧化蛹，少数在荚内化蛹。以老熟幼虫在绿豆周围的表土处结茧化蛹。

（3）防治方法。可用 50% 敌敌畏乳油 800 倍液，或 25% 菊乐合剂 3 000倍液，或 10% 除虫精、2.5% 溴氰菊酯、10% 氯氰菊酯等的 3 000～4 000倍液。从现蕾开始，每隔 10 天喷蕾、花各一次，连续防治 2～3 次。

9. 卷叶螟

（1）为害症状。以幼虫为害，初孵幼虫蛀入花蕾和嫩荚，使蕾容易脱落，豆粒被虫咬伤，蛀孔口常有绿色粪便，虫蛀荚常因雨水灌入而腐烂，影响绿豆品质和产量；幼虫为害叶片时，常吐丝把两叶粘在一起，潜伏在其中取食叶肉和残留叶脉，影响光合作用，组织受损后，致使植株不能正常生长而减产。幼龄幼虫不卷叶，3 龄开始卷叶，4 龄卷成筒状；叶柄或嫩茎被害时，常在一侧被咬伤而萎蔫至凋萎。

（2）发生规律。成虫具有昼伏夜出的生活习性，有趋光性，喜欢在傍晚时分出来活动，取食花蜜，多把卵产在生长茂盛、生长期长、成熟晚、叶宽圆、叶毛少的绿豆品种上，其卵散产在叶片背面，一般 2～3 粒，卵扁圆形，淡黄色，幼虫有转移为害习性，性活泼，遇惊扰后迅速后退逃避，老熟后在卷叶中化蛹。卷叶螟生活史不整齐，一年发生 2～3 代。以蛹在土壤中或残叶中越冬，翌年春季气温升高时，越冬蛹开始羽化，成虫产卵，卵孵化出的幼虫开始为害，幼虫共有 6 龄，卷叶螟一个世代约为一个月左右。

（3）防治方法。在各代卵孵始盛期，即田间有 1% ~ 2% 的植株有卷叶为害时，开始防治，可用 1% 阿维菌素乳油 1 000 倍液，或 2.5% 敌杀死乳油 3 000 倍液，或 20% 杀灭菊酯 3 000 ~ 4 000 倍液，或 5% 高效氯氟氰菊酯水溶液 1 500 倍，每隔 7 ~ 10 天喷施一次，连续防治 2 次。

10. 蟋蟀

（1）为害症状。蟋蟀食性极杂，喜欢啮食绿豆的叶片、嫩茎、籽实和根部，成虫、若虫会咬断近地面绿豆的幼茎，切口整齐，致使幼苗死亡。

（2）发生规律。均以成虫、若虫栖息于土中，昼伏夜出，可整夜活动为害。蟋蟀食量大，一头四龄若虫每小时可取食叶片 0.8 ~ 2.1 平方厘米，一头成虫每小时可取食叶片 2.5 ~ 4.4 平方厘米。为害时间长，从 5 月上旬到 10 月中旬，均有成虫、若虫为害，7—8 月是为害盛期。

（3）防治方法。可用 48% 毒死蜱乳油 1 125 毫升/公顷，或 40% 辛硫磷 3 000 毫升/公顷、对水 30 ~ 45 千克，拌细土 375 ~ 450 千克制成毒土，均匀撒施于田间。若蟋蟀发生密度大，可用 2% 阿维菌素 525 毫升/公顷，加 48% 毒死蜱 750 毫升/公顷，对水喷施。

（三）杂草

绿豆田间杂草很多，单子叶杂草占 70% 左右，双子叶杂草占 30%。主要有稗草、野燕麦、马唐、狗尾草、金狗尾草、野糜子、芦苇、藜、蓼、龙葵、苍耳、铁苋菜、马齿苋、反枝苋、香薷、苘麻、鸭跖草等。

1. 播后苗前除草

为了防止杂草影响绿豆苗期的生长，在播种后出苗前，常利用化学除草剂进行封闭处理。以出苗前 2 天施用效果最佳，可用 96% 金都尔乳油 700 ~ 800 毫升/公顷，对水 450 千克，地面喷雾。墒情好的情况下，可适当减少用药量；墒情差的情况下，应适当增加用药量；当墒情太差时，不宜使用封闭药，可采用出苗后对杂草进行处理。

2. 苗后行间除草

（1）中耕除草。在绿豆生长初期，行间、株间易生长杂草，雨后土壤易板结。因此，及时中耕除草非常必要。中耕应掌握根间浅、行间深的原则，防止切根、伤根，保证根系良好发育。一般在绿豆长到 10 厘米左右时，进行一次中耕除草。这时中耕也可增加土壤的通气性，防止脱氮现象，促进新根大量发生，提高吸收能力，增加分蘖。绿豆开花后枝叶茂盛，可以封垄覆盖杂草，无需再中耕除草。

（2）化学除草。绿豆苗期杂草为害严重时，特别是多雨的年份，由于不能及时除草，往往田间杂草迅速生长，造成绿豆大幅度的减产。化学除草施药早，控草及时，杂草对绿豆生长的影响小，可以起到事半功倍的效果。主要化学除草剂有：①氟磺胺草醚。主要防除绿豆田间的阔叶杂草。在绿豆1～2片复叶期，阔叶杂草2～4叶期，可喷施25%氟磺胺草醚0.9～1.05升/公顷防治。②灭草松（苯达松、排草丹）。用于绿豆田防除阔叶杂草。绿豆苗后1～2片复叶，阔叶杂草在5～10厘米高时，进行叶面喷雾，用48%灭草松3升/公顷。③拿捕净。在绿豆2片复叶期，稗草3～5叶期施药，可用12.5%拿捕净1.2～1.5升/公顷，对水300～450升，均匀喷雾。另外，33%二甲戊灵乳油、50%扑草净可湿性粉剂和96%精异丙甲草胺乳油，对绿豆田一年生杂草也有很好的防效。80%唑嘧磺草胺水分散粒剂，对一年生阔叶杂草的防效较好。

七、收获与贮藏

（一）收获

绿豆的收获时期很重要。绿豆多数品种为无限结荚习性，由上向下逐渐开花结荚，所以豆荚也是自下而上渐次成熟，上下部位豆荚成熟参差不齐，熟期拉得很长。往往先成熟的豆荚已经炸裂，后形成的荚才刚刚长出，所以，不能等到全部豆荚成熟后再收获。一般植株上有60%～70%的豆荚由绿变成黑褐色或出现该品种的特征时，就应及时收获。要及时、分次、细收、轻摘，不要摘掉或撞掉蕾、花、枝、叶。以后每隔6～8天采摘一次，效果最好，在不影响下茬的前提下，可适当延长收割期，分3～4次采摘完成。分批收获时，要随成熟随采收，先成熟的荚先收，后成熟的荚后收，这样产量不受损失。

分批收获后，应及时将绿豆放置在平整干燥的地上，进行平铺晾晒，根据当时的天气情况，晾晒2～3天。要避免雨淋，不要堆垛，以免发热霉变。等到绿豆荚大部分开裂以后，及时进行脱粒处理。脱粒时，少量的可装在袋子中，用木棒敲打，要用力适中，不宜过重，以免敲碎绿豆籽粒，影响产量、质量。大量的要用机械进行脱粒。采收的豆荚经晒干、脱粒、精选、熏蒸后，即可入库贮藏。

机械化收获。如果种植面积大，无条件分批收获，可在田间三分之二的绿豆荚成熟时，一次性机械收获。对大面积生产的绿豆地块，首先要选用茎秆直立抗倒、结荚高度20厘米以上、成熟期一致、不炸荚的绿豆品种；其次是加强田间管理，在绿豆黑荚与黄荚数达90%以上时，可用40%的乙烯利300倍液喷施，处理15天后，叶片全部脱落，此时可进行机械收获。如果选用的绿豆品种成熟一致性非常好，可以选用41%草甘膦（异丙铵盐）水剂300毫升对水30升喷施，7天后，茎叶变黄枯死；此时用小型的小麦联合收割机或者豆类收割机，进行机械化收获，茎秆不会缠绕，产量损失可以减少到10%以下。

在高温条件下，豆荚容易爆裂，因此，绿豆成熟后，最好在上午露水未干前或傍晚时进行收获，以免炸荚落粒。收获过早，青荚多，成熟种子少，影响产量和品质；收获过晚，先成熟的豆荚炸裂，籽粒落地，造成产量损失。

（二）贮藏

在绿豆籽粒含水量13%以下时，可入库贮存。无论是选留的种子还是商品绿豆，都需要保持发芽力。所以，贮藏的关键是保持绿豆种子寿命。如果保存得当，在自然状态下，可保存3~10年。绿豆在贮藏时虫害较严重，一般绿豆在保存过程中，主要是防治绿豆象的为害。绿豆象每年可发生4~6代，在24~30℃时，繁殖最快。

如果是少量贮藏，可选用以下方法。①覆盖法。在绿豆表面覆盖15~20厘米的草木灰或细沙土，防止外来绿豆象或其他害虫在贮藏的豆粒表面产卵。处理40天，防治效果达100%。②开水浸烫法。烧一锅开水，将绿豆用纱布包好或装入网袋中，放入开水锅中浸烫一分钟，立即取出摊薄晒干；或者是把绿豆放在盆子里，将烧好的开水倒入盆中，浸烫5~10分钟，然后捞出晒干。开水浸烫杀虫效果较好，且不影响种子发芽力，但要求种子要充分干燥，浸烫时间也一定要掌握好。此法最好在收获后10~15天，种子晒干后进行。

大量贮存绿豆时，入库前要将绿豆籽粒进行暴晒灭虫；入库后用磷化铝熏蒸效果最好，不仅能杀死成虫、幼虫和卵，而且不影响种子发芽和食用。可按贮存空间，每立方米用磷化铝1~2片，或者按照每250千克绿豆用磷化铝1~2片，也就是3.3~6.6克的标准，将磷化铝放在铁盒内并均匀放入密封的仓库中。仓库室温36~45℃条件下，密闭72小时熏蒸，防治效果可达到100%。入库后也可每立方米用氰化钠1.5千克，熏蒸48小时，杀虫效果可达到100%，而且不影响发芽率。

第二节　小豆高产栽培技术

一、种植区划与种植方式

（一）种植区划

我国的小豆生产可以划分为四个主要种植区域，分别是东北春小豆区、黄土高原春小豆区、华北夏小豆区、南方夏小豆区。

1. 东北春小豆区

包括黑龙江、吉林和内蒙古四个盟（市），优势产区在黑龙江的宝清、宝山、富锦等县（市、区），吉林的农安、九台等县（市、区），内蒙古的赤峰、通辽等地。

2. 黄土高原春小豆区

包括山西的中部、陕西的北部、甘肃的东部，优势产区在山西的浮山、翼城等县，陕西的甘泉、横山等县，甘肃的华池、环县等县。

3. 华北夏小豆区

包括河北、山西等省，优势产区在河北的雄县、霸县、高邑、故城、平山、井陉、永清等县，山西的运城等地。

4. 南方夏小豆区

包括江苏、安徽等省，优势产区在江苏的南通、连云港等市，安徽的明光等县。

（二）种植方式

我国大部分地区种植小豆都与玉米、高粱、谷子等作物实行间作、套种、混作。北方地区有"玉米地里带小豆，玉米不少收，额外赚小豆"的谚语。

1. 单作与轮作倒茬

在北方粮食产区，很少采用大面积单作纯种小豆的方式。但单作便于轮作换茬和田间管理，有利于满足小豆对光、温、气的需要，是提高单产和品质的重要措施。

小豆忌连作，不宜重茬和迎茬。因为连作会导致噬菌体繁衍，抑制根瘤菌的发育，加重病虫害的为害，产量和品质均下降。小豆最好与禾本科作物轮作，既可减少病虫为害，又能调节土壤肥力，提高产量，一般间隔

3～4 年轮作一次为好。轮作模式主要有：小豆—谷子—玉米，小豆—玉米—高粱，小豆—小麦—玉米，等等。

2. 间作套种模式

（1）小豆与夏玉米（谷子）间作。这种种植方式在山区、丘陵地区较多。夏玉米或夏谷子播种时，在大行内播种 1 行小豆，小豆株距 5 厘米左右。

（2）小豆与春玉米（谷子）间作。春季播种，2 行玉米，1 行小豆，或 3 行谷子，3 行小豆间作。一般清明前后播种，玉米定苗后，进行中耕除草，再在玉米的行间种植 1 行小豆，小豆株距 5 厘米左右。

（3）小豆与春甘薯间作。一般是在春甘薯地里隔沟穴播小豆，穴距约 20 厘米左右，一穴 3～4 株。小豆收获后，正值甘薯膨大的第二高峰期，不影响甘薯产量，每亩还能收获几十千克小豆。

（4）小豆与棉花间作。春天待棉花播种出苗后，在大行内穴播 1 行小豆，穴距 33 厘米，每穴 3～5 株。选生育期短且植株小的品种，这样不影响棉花的生长发育。另外，当棉花、花生或甘薯等作物缺苗断垄时，可以成穴补种小豆。

（5）与幼林果树套种。小豆在田埂种植或套入幼林果园的种植方式，也很普遍。

3. 混作模式

在夏玉米或夏谷子播种时，将小豆同时混播下去，玉米或谷子定苗时，在株间适当留一定株数的小豆苗。注意玉米一般应选择矮秆、抗倒、叶片上冲的杂交品种，以防止生育中后期发生倒伏，影响小豆光照。

二、选地与整地

（一）选地

小豆属于短日照喜温作物，生育期短，耐瘠、抗涝、耐阴，适应性强，对土壤要求不严格，在各种类型的土壤上都能种植。但要想获得高产，还是应该选择疏松平整、保水保肥性能良好、耕层深厚、富含腐殖质的中性沙壤土最为适宜。土壤 pH 值在 5～8 范围内，小豆发育良好；pH 值 6 左右的中性土壤，小豆生长最适宜；在轻度盐碱或酸性土壤土上，也能生长。

小豆忌连作，不宜重茬和迎茬。前茬以玉米、谷子、高粱、小麦为最好，要选择两年以上没有种过豆类作物的地块，实行三年轮作，以有效控制豆类作物根腐病以及豆类作物化感物质对小豆根系生长的障碍。因小豆的根瘤是好气性细菌，要求土壤疏松透气，根瘤菌适宜的 pH 值为 6.3～7.3。在无霜期较短的地方，选择轻沙壤土为宜，有利于早熟；在无霜期较长、积温较高地区，宜选择排水良好、保水力强的黏壤土，有利于创高产。

（二）整地

精细整地对于小豆苗全、苗齐、苗壮、促进早开花、多结荚都有重要作用。小豆主根不发达，但侧根能力强。深松土壤，为蓄水保墒、根系生长创造了良好条件。若整地质量差，既不利于小豆出苗，也不利于根系的发育和对水分养料的吸收利用。小豆是双子叶植物，出苗时子叶不出土，顶土能力较弱。为保苗全苗壮，应该精细整地，整平耙碎。

春播小豆，应在上年秋后或早春及时深耕，一般应耕翻20厘米以上，耕翻后及时细耙起垄，平整地面，达到耕层土地表面细碎平整，无坷垃，上松下实，松紧适宜，深浅一致，有利于蓄水保墒，确保一播全苗。结合整地，增施腐熟的优质农家肥30～37.5吨/公顷、过磷酸钙300～450千克/公顷作底肥，结合松土开沟深施；一般肥力土地上种植小豆，还需要施入种肥，一般施入氮、磷、钾各15%的复合肥225千克/公顷，或施磷酸二铵150～180千克/公顷、硫酸钾75千克/公顷，化肥和种子不能混合，要分箱装置。可根据土壤肥力和实际生产情况增减肥料用量，采取底肥一次施足，满足小豆整个生育期的营养需要。除沙荒地外，一般地力种植小豆，生长后期可不追施尿素，或根据小豆长势适当少追尿素，防止贪青晚熟，以开沟深施覆土为好。

夏播小豆，在前茬作物收获后，要及早旋地灭茬。如果时间允许，可精细整地，整平耙实，使耕作层上虚下实，结构良好，保持一定的土壤湿度和空隙度，并结合整地施土杂肥和磷肥。一般施土杂肥22.5～45吨/公顷，过磷酸钙750千克/公顷，钾肥75千克/公顷。

三、适期播种

只有适期播种，才有利于小豆苗全苗壮、多花多荚、适期成熟、提高产量和品质。播种过早，因地温偏低，发芽缓慢，容易造成烂种缺苗，不利于全苗，而且往往生长过盛，导致徒长倒伏；播种过晚，易感染病害，而且营养生长期缩短，花荚减少，百粒重降低，影响产量和质量的提高。

（一）适宜条件

小豆为喜温喜光、短日照作物，适应范围很广，从热带到温带都有栽培，但以温暖湿润的气候最为适宜。自然条件下，影响作物播种期的因素有温度、湿度、无霜期和土质等，但确定播种期的主要因素是温度。小豆全生育期10℃以上的有效积温一般需要2 000~2 500℃·天，小豆种子发芽的最低温度为8℃，最适温度为14~18℃，因此，播种不能过早。当5~10厘米耕层地温稳定在14℃以上时，播种较为适宜。

小豆春播，一般在4月下旬至5月上中旬播种。播种过早，植株底部的豆荚到雨季容易腐烂。夏播应掌握越早越好，一般在6月上旬至6月中旬播种。间套种的小豆从4月下旬至7月上旬都可以播种。另外，有些小豆品种对光反应较敏感，播种过早，生殖生长期延长，生育期延长，但不能提早成熟。

（二）优良品种

优良品种是获得高产的基础，在小豆生产中，为了获得较高的产量和经济效益，选择优质、高产的品种是关键。因此，生产上应选择植株直立、抗倒、结荚多而集中、生育期适中、抗逆性强、光泽度好、产量高、品质好、大粒型的小豆品种。同时，要根据播期和播种方式，因地制宜选用优质、高产品种。春播品种可选用生育期偏长的高产、优质、中晚熟良种；夏播品种可选用生育期短的中早熟、优质良种。

（三）精心选种

谚语有"母大子肥""种大苗壮"之说，说明了种子与壮苗之间的因果关系。为了提高小豆种子的纯度和发芽率，播种前要认真进行选种，可采用筛选、粒选、机选和人工挑选等方法，剔除虫蛀粒、病斑粒、破损粒、秕粒、小粒及杂质，选择干净、粒大、饱满的种子播种。种子质量要达到分级标准二级以上，即纯度不低于98%，净度不低于97%，发芽率不低于90%，含水量不高于13%。播种前进行晒种可以提高种子的生活力，晒过的种子发芽快，出苗整齐，一般可以提前出苗1~2天，特别是成熟度差和贮藏期受潮的种子，晒种的效果更为明显。播种前可选择晴朗的天气，进行晒种2~3天，将种子薄薄摊在席子上，不要将种子直接摊晒在水泥地，以免温度过高灼伤种子。晒种时要勤翻动，使晾晒均匀。

晒种后播种前，采用种衣剂进行种子包衣，可选用50%福美双或50%多福合剂，按种子量的0.4%拌种；或者按种子量的0.3%，用50%辛硫磷加0.6%硫酸锌微肥，对适量水混合拌种。在瘠薄土地上，用750～1 500克/公顷根瘤菌接种，或每千克绿豆种子拌0.5克钼酸铵，可增产10%～20%；在高产地块上，用30%的增产菌拌种，可增产12%～26%，生产水平越高效果越明显。另外，用1%的磷酸二氢钾拌种，也能增产10%左右。药剂拌种后，必须当天用完，不能隔夜。药剂拌种，既可增产，又可防治地下害虫。

（四）播种方法

小豆出苗时，子叶不出土，适墒播种时，不宜过深，一般以3～5厘米为宜。过深会影响出苗，造成缺苗断垄。播种后遇到干旱时，要进行镇压，以利于保墒。春播小豆为防止吊干苗，可适当深些，夏播小豆可适当浅些。播种墒情好，宜浅；墒情不好，宜深一些。应根据小豆籽粒大小、留苗密度及播种方式和播种时期确定适宜的用种量，一般播种量30～37.5千克/公顷为宜。播种方法一般采用条播和穴播。平作条播小豆，一般行距40～50厘米，株距12～18厘米，每穴2～3粒，播种后覆土，并及时镇压。采用垄上开沟条播时，垄距60～65厘米，株距15～20厘米，机械精量点播，一般用种量22.5～30千克/公顷。也可采用穴播，每穴播种4～5粒，定苗时每穴留苗3～4株，株距可适当加大；或者采用双株穴播，既有利于通风，防止倒伏，又可保证密度，增加产量。

（五）夏季播种

小豆夏播，一般在冬作或早春作物收获后，根据农时和降雨情况，及时灭茬，造墒播种。小豆种皮较厚，吸水性差，一定要足墒或抢墒播种，播深以3～5厘米为宜，欠墒可适当深播，但不能超过5厘米。在华北干旱、半干旱地区，播种后要镇压，有利于保全苗。夏播小豆以6月中下旬播种为宜，在灾害性年份作为救灾作物，播期最晚可延迟至7月中旬，播种方法有条播和穴播两种，播种要做到均匀、无断条。

四、苗期管理

（一）播后除草

小豆播种后出苗前，如果杂草基数过大，可用12.5%拿捕净1 250～1 500毫升/公顷和25%虎威1 000～1 500毫升/公顷混合液喷雾，可杀灭小豆田间的各类杂草，但小豆出苗后，此配方会产生药害，因此，必须严格掌握用量和时间。杂草基数少的地块，可不进行封闭灭草，在小豆出苗后，可结合中耕进行除草。

（二）视情镇压

小豆播种时，如墒情不好，播种后要及时进行镇压；如播种后遇到天气干旱，也要进行镇压，以利于保墒，保证出苗。特别是在华北干旱、半干旱地区，播种后一定要进行镇压，以确保全苗。

（三）查补间定苗

小豆出苗后，要及时查田补苗，如发现缺苗断垄现象，要及早补种或移栽，以确保全苗。幼苗出齐后，要适时间苗、定苗，小豆间苗、定苗是控制群体株数、促进壮苗、提高单产的有效措施。在第一片复叶展开后间苗，第二片复叶展开后定苗，去掉病苗、弱苗、劣苗，留大苗、壮苗。盐碱干旱地、病虫害多发区，可适当推迟定苗。

（四）中耕培土

小豆全生育期要进行中耕 2 ~ 3 次。小豆苗出齐后，应结合间苗、定苗，进行第一次中耕、除草、松土，以利于根系和根瘤的生长。此时因苗小，要少放土，防止压苗。幼苗期间，中耕要浅，有利于提高地温。另外，小豆出苗后遇雨，应及时中耕除草，破除板结。封垄前，结合培土、除草，可再一次进行中耕，也可使用化学药物除草。一般在开花前 5 ~ 7 叶期进行中耕，能有效防止或减轻小豆倒伏，控制杂草，增加土壤通透性，促进根系生长和根瘤形成，覆盖肥料，增加肥效等。

（五）防旱排涝

小豆的耐湿性好，农谚有"旱绿豆、涝小豆"之说。小豆虽然具有一定的耐湿性，但也是有一定限度的，不是越湿越好。小豆生长要求有适当的湿润气候，但空气湿度过大，也会降低小豆品质。小豆生长期间，需要适度的水分，但苗期需水较少，较抗旱，一般苗期不需要灌溉，要进行蹲苗。如果小豆苗期遇雨，土壤水分过多，通气不良，会影响小豆根瘤的发育，要及时排涝。

（六）适宜密度

密度应根据当地的生产条件、品种特性、土壤肥力高低来决定。合理密植是小豆增产的重要环节，一般应掌握早熟宜密，晚熟宜稀；旱薄地宜密，肥地宜稀的原则。土壤瘠薄、旱地晚播，适当密植，一般留苗 16.5 万 ~ 18 万株/公顷；高肥水地块则稀播，一般留苗 10.5 万 ~ 12 万株/公顷；中等肥力地块，留苗 12 万 ~ 15 万株/公顷为宜。

小豆可以春或夏播。春播时，可选用中晚熟品种，密度宜稀些，一般行距 50 厘米，株距 10 厘米左右，密度 19.5 万株/公顷左右；夏播时，应尽早抢墒播种，选用早熟或早中熟品种，适当密植，一般行距 40 厘米，株距 8~10 厘米，密度 30 万~37.5 万株/公顷；秋播时，选用早熟品种，播期越早越好，最迟不超过 7 月底，迟播的要增加密度，密度 45 万~60 万株/公顷。

五、追肥与灌溉

（一）追肥

小豆对氮肥的需求量较多，其次是磷肥、钾肥及钙、硼、锰、铜、钼等微量元素，尤其在开花期，植株体内氮和磷的需要量很大。每公顷小豆约需吸收氮 41.7 千克，磷 10.1 千克，钾 26.7 千克。而小豆自身根瘤菌的供氮能力仅占本身生长发育所需的 2/3 左右，氮素来源除共生固氮供给外，另一部分是靠土壤中的氮素来供给。因此，还需要施用有机肥和化肥。种植小豆以施足基肥为主，初花期需追施磷肥和微量元素。夏播小豆因抢收抢种无法施基肥，底肥主要用在前茬小麦上。全部磷肥、钾肥和 1/3 氮肥可作为种肥施入，2/3 氮肥在初花期追施。初花期可喷施 0.04%~0.05% 的钼酸铵溶液 375~450 千克/公顷。

根据小豆的营养特点和需肥规律，其施肥原则是巧施氮肥，重施磷肥，补施钾肥，配施微肥。小豆全生育期应掌握好三肥（种肥、开花肥、鼓粒肥）两水（开花水、鼓粒水）的合理运用。可施入 30 吨/公顷优质农家肥做基肥，播种时再施磷酸二铵或氮、磷、钾复合肥 150 千克/公顷作种肥；在小豆初花期，以 0.3% 的磷酸二氢钾 450 千克/公顷进行叶面喷雾，可促进小豆花芽分化，提高结实率；在小豆末花期，根据小豆长势，追施尿素 90~120 千克/公顷或喷施金牌 655 等叶面肥，可促进小豆生殖生长，使花荚数增多。在小豆鼓粒期喷施 0.2%~0.3% 的磷酸二氢钾溶液，可显著增加粒重，达到增产增收的效果；对大面积心叶发黄的缺铁地块，可用 400 倍的宜铁灵溶液防治；另外，开花结荚期喷施钼酸铵、硫酸锌等微量元素，也有增产效果。微肥的应用可与中后期防治病虫害同时进行。最后一次叶面肥，必须在收获前 20 天喷施。

（二）灌溉

小豆在生育期间比较耐旱，耐瘠。苗期需水量很少，一般不需要灌溉；

开花结荚期是小豆需水的关键时期，要求较多的水分。如果气候干旱，土壤水分不足，会引起花荚大量脱落，还会造成荚秕，粒小，导致减产，因此，要保持土壤湿润，遇旱应及时灌溉，但水量也不宜过大，采取浸润灌溉为宜。灌溉方法根据栽培方式确定，垄作可沟灌，平作地块可畦灌。小豆生长后期需水较少，成熟期间需要晴朗的天气，要求气候干燥，如阴湿多雨天气，则易造成小豆荚实霉烂。小豆的整个生育期，如田间出现渍水现象，应及时排水。

六、病虫草害防治

小豆常见的病害主要有锈病、病毒病、叶斑病、白粉病、枯萎病、根结线虫病、灰霉病、茎腐病、根腐病等。选用抗病品种能有效地控制病害的流行。采用与禾本科作物轮作，增施磷肥和钾肥，或在病害发生初期喷施杀菌剂等措施，都能够减轻病害的发生。

（一）主要病害

1. 锈病

（1）为害症状。小豆锈病主要发生在叶片上，严重时也可为害叶柄和豆荚。开始叶背面生有淡黄色小斑点，逐渐变褐隆起，破裂，散出红褐色粉末，后期形成黑色孢子堆，使叶片变形脱落。有时叶正面也产生凸起的褐色粒点，为病菌的性子器，叶背面产生的黄白色粗绒状物为锈子器。豆荚上染病也能产生孢子堆。

（2）发生规律。该病是由锈菌引起，本菌是专性寄主性菌，只为害小豆，我国北方以冬孢子在病残体上越冬，翌年日均温度达到 21～28℃ 时，经过 3～5 天，孢子借气流传播，产生芽管，侵入小豆为害，连续阴雨条件下，容易流行。

（3）防治方法。发病初期，喷施 15% 粉锈宁可湿性粉剂 1 000～1 500 倍液，或 40% 福星乳油 8 000 倍液，或 50% 萎锈灵乳油 800 倍液，或 50% 硫磺悬浮剂 200 倍液，或 30% 固体石硫合剂 150 倍液，或 25% 敌力脱乳油 3 000倍液，或 65% 的代森锌可湿性粉剂 800～1 000倍液，每隔 10～15 天喷一次，连续防治 2～3 次。

2. 病毒病

（1）为害症状。病毒病是小豆普遍发生的一种病害，表现为斑驳花叶、皱缩花叶和皱缩叶丛、黄花叶、鲜黄斑、黄脉等症状。其发病率在 46%～

100%。一般减产 60% ~80%，严重者绝收。

（2）发生规律。引起我国小豆病毒病的病毒原有长豇豆花叶病毒、豇豆蚜传花叶病毒、蚕豆萎蔫病毒、苜蓿花叶病毒和黄瓜花叶病毒，较为严重的是长豇豆花叶病毒、豇豆花叶病毒和豇豆蚜传花叶病毒。病毒的传染途径有蚜虫传染、带病种子自传、植株间通过摩擦汁液传染。主要是播种带病毒的种子后，幼苗即可发病，形成生长季中的第一次侵染，而后通过蚜虫和汁液传染，扩展蔓延，在田间形成系统性传染。干旱、高温条件有利于蚜虫繁殖和活动，因而小豆感染病毒病较严重。

（3）防治方法。用 10% 吡虫啉可湿性粉剂 2 000 倍液喷雾，及时防治蚜虫，可有效减轻病毒病的发生；防治病毒病，可用 20% 农用链霉素 1 000 ~2 000 倍液，或吗胍·乙酸铜 800 克/公顷，或速停 0.5% 香菇多糖水剂 40 克/公顷，或 20% 病毒 A 可湿性粉剂 500 倍液，或选用诺尔立克、精品菌毒杀星等，喷雾防治。间隔 7 ~10 天喷一次，连续防治 2 ~3 次。

3. 叶斑病

（1）为害症状。小豆叶斑病的为害期长，常常几种病斑混合发生，主要侵染叶片，严重时也侵染茎和荚。使叶片萎黄枯死，常见的有灰斑、褐斑、黑斑等，病斑累累，后期穿孔。严重时，会造成植株早期落叶，豆荚瘦小，甚至绝收。

（2）发生规律。此病多发生在多雨季节，发生与温度、湿度密切相关。在相对湿度达 85% ~90% 的条件下，温度在 25 ~28℃时，发生孢子萌发最快，病情也发展最快。32℃时，菌丝体生长最旺盛，病情发生严重。

（3）防治方法。在发病初期，用 50% 托布津可湿性粉剂 1 000 倍液，或 50% 多菌灵可湿性粉剂 1 000 倍液，或 65% 代森锌可湿性粉剂 500 ~600 倍液，每隔 10 天喷药一次，连续防治 2 ~3 次。

4. 白粉病

（1）为害症状。小豆白粉病是真菌性病害，发生在小豆生长的各个阶段。病菌主要侵染叶片，也可侵染茎和荚。侵染初期为点状褪绿，逐渐在侵染点出现白色菌丝和白色粉状孢子。菌丝在植物组织表面不规则扩展蔓延。生长后期，在菌丝中可以产生黑粒状子囊壳，病叶逐渐变黄脱落，影响植株光合作用与正常代谢，造成产量损失。

（2）发生规律。病害初侵染源主要来自田间植株残体上越冬的子囊壳。当温度适中（22 ~26℃）、相对湿度较大（80% ~90%）时，特别是昼暖夜凉、有露的潮湿环境下，容易发病。子囊孢子侵染植株下部叶片，形成发病中心。病斑上的分生孢子通过风传播，造成田间大范围发病。气候湿润、温暖、植株密度高时，病害发生严重。

（3）防治方法。在病害发生初期，喷施杀菌剂可控制病害的进一步流行。用50%多菌灵可湿性粉剂800～1 000倍液，或20%粉锈宁2 000倍液，或75%百菌清500～600倍液喷雾，从蕾期开始，每隔7～10天喷一次，连续防治2～3次。

5. 枯萎病

（1）为害症状。枯萎病在小豆的整个生育期均可发生。植株发病后，最初的症状表现为嫩叶上出现轻微的褪绿，而后老叶开始下垂，苗期植株发病后迅速死亡；后期则叶脉失绿，叶片下垂，下部叶片黄化落叶，剩余叶片边缘坏死，干枯脱落，根腐烂，最终导致全株萎蔫死亡。在较老的植株上，从盛花期到成熟期，症状会变得更明显。受侵染的植物根部呈深褐色腐烂，剖开茎部可见维管束组织变为黄褐色。发病植株地上部矮化，叶片变黄下垂。当植株严重发病时，由于疏导系统被破坏，地上部快速失水，叶片呈青灰色干枯，全株枯萎死亡。高温潮湿的气候有利于发病，造成严重的产量损失。

（2）发生规律。以菌丝体及分生孢子在种皮或田间病残体上越冬，菌丝体可在土中腐生3年，成为田间初侵染源。病菌在浸水条件下，可存活一年，因此，病田灌溉水和带菌肥料及农具都可传播。地势低洼、排水不良的地块，枯萎病发生重，连作地块病原菌数量逐年积累，发病也重。

（3）防治方法。在发病的初期，用75%百菌清600倍液，或用70%甲基托布津可湿性粉剂800～1 000倍液，喷施小豆植株茎秆基部，每隔7～10天喷一次，连续防治2～3次。

6. 根结线虫病

（1）为害症状。根结线虫使受害小豆生长衰弱，植株矮小，花少易落，很少结荚；根部肿胀，呈结节状，病部失去吸收、输导功能；叶片变黄，脱落，可造成绝产。

（2）发生规律。小豆根结线虫是以卵囊在病残体和幼虫在根际土壤中越冬，通过病残体、病田土、未腐熟的病残积肥进行传播，直接或伤口侵入根部。小豆根结线虫，雌雄异形，低龄幼虫线形，以后雌虫逐渐膨大，雌成虫呈梨形，有细颈，表皮薄。将雌虫尾部切片观察，表面花纹有明显的弓弯。

（3）防治方法。整地时，用5%灭线唑乳油45千克/公顷加细土750千克制成毒土，顺沟撒施，而后耕翻；苗期用5%灭线唑或涕灭威制成毒土顺垄撒施，而后小水淋灌，稍干后划锄；中后期要及时拔除病株并销毁，也可用800倍茎线灵药液灌根。

7. 灰霉病

（1）为害症状。病菌侵染小豆植株后，引起嫩荚和种子腐烂，对产量有一定影响。病害发生源于嫩荚顶部和叶片上的残花组织，病菌侵染并腐生在残花上，继而侵染嫩荚和叶片，在嫩荚上产生水渍状、深绿色病斑。病斑沿荚扩展，呈灰褐色，上生灰白色霉层。条件适宜时，病菌也可侵染病株近地表的嫩茎，引起植株猝倒。

（2）发生规律。病菌在植株病残体和种子上越冬。条件适宜时，产生分生孢子侵染残花，并继续对荚和叶片进行侵染。小豆开花期，如果降雨频繁，田间有积水，气温偏低，则极易发生此病。

（3）防治方法。小豆开花后，在病害初发生时，可叶面喷施真菌细菌一遍净60%可湿性粉剂，或20%农用链霉素1 000～2 000倍液，或50%多菌灵可湿性粉剂800～1 000倍液，能够防止灰霉病的进一步扩展和传播，减轻病害的损失。

8. 根腐病

（1）为害症状。病害可以发生在小豆生长的整个生育期。连作时病害发生严重，幼株较成株感病性更强。病害侵染发生在苗期，可引起幼苗死亡。成株期病害在根部引起红褐色病斑，逐渐沿根系扩展，导致根表皮组织腐烂。在植株地上部，由于根部的受害，叶片呈现黄化的症状。

（2）发生规律。病原菌在土壤和植株病残体中存活，也可以在种子中越冬并随种子传播。病害在田间从发病中心向四周传播的速度较慢。

（3）防治方法。防治苗期根腐病，可用杀菌剂以种衣剂的方式进行种子处理。在苗期发病时，也可用死苗烂根快治灵500～800克/公顷与CPPO（植物病变细胞修复传递因子）200～400克/公顷、对水450～500千克，混匀后进行叶面均匀喷雾。或用75%百菌清、70%甲基托布津等药剂灌根。

9. 茎腐病

（1）为害症状。小豆疫霉菌茎腐病在我国的部分地区发生严重，造成较大产量损失，特别是在气候温暖、土壤湿度高的小豆种植区，田间损失可高达60%。最初表现是在近地表子叶上产生水渍状小斑点，病斑逐渐扩大为红褐色并侵染茎秆，茎部病斑灰绿色，严重时环剥全茎，造成幼苗猝倒和成株死亡。

（2）发生规律。病菌以卵孢子在土壤中越冬。春季条件适宜时，卵孢子萌发产生游动孢子，侵染小豆植株。侵染后，如若环境湿度低，则病害发展较慢。土壤和田间湿度是影响病害严重度的重要因子。

（3）防治方法。种子药剂处理能够减少苗期病株率，成株期病害发生时，可用30%甲霜灵400倍液，或多菌灵500倍液，或50%福美双500倍液，喷根茎或灌根，每隔7～10天喷一次，连续防治2～3次，可减轻病害的发生。

（二）主要虫害

小豆的主要虫害有蛴螬、地老虎、蚜虫、豆荚螟、朱砂叶螨、豆象等。虫害的防治方法主要有：①选用抗虫和耐虫品种是最为有效的防治措施；②清除田间杂草，减少虫源，利用天敌保护；③田间严重发生时，应在早期及时喷施农药。

1. 蛴螬

（1）为害症状。蛴螬是金龟甲（金龟子）幼虫的统称，别名白土蚕、核桃虫，主要取食小豆地下部分，尤其喜食萌发的种子、幼苗的根、茎，造成小豆苗期缺苗、断垄或使幼苗生长不良，严重影响产量和品质；其成虫喜食叶片、嫩芽，造成叶片残缺不全，加重为害。

（2）发生规律。蛴螬的发生规律与温度、湿度密切相关。发生的最适温度为10～18℃，温度过高或过低则停止活动。连续阴雨天气，土壤湿度大，蛴螬发生严重。有时虽然温度适宜，但土壤干燥，则死亡率高。

（3）防治方法。在播种前，可用40%乐果乳剂或50%辛硫磷乳油，按药、水、种子量1∶40∶500的比例拌种；或者用3.75千克/公顷的50%辛硫磷，加细沙土375千克混合拌成毒土，顺根撒施，撒后中耕效果更好；在成虫盛发期，用90%敌百虫800～1 000倍液，或20%杀灭菊酯150～225毫升/公顷、对水450升，喷雾防治。

2. 地老虎

（1）为害症状。俗称地蚕，是多食性害虫，寄主多，分布广，主要为害小豆的幼苗，咬断幼茎，以取食嫩叶、幼茎为主，且能咬食种芽。高龄幼虫咬苗率高，取食量大。常造成小豆缺苗、断垄，严重影响产量。

（2）发生规律。成虫白天潜伏于杂草丛中、枯叶下、土隙间，夜晚活动，其活动与温度关系极大，气温达到 4~5℃ 时，即可见到，温度越高，活动范围和数量就越大。成虫有趋光性，对糖、醋、蜜、酒等酸甜芳香气味物质，表现强烈的正趋化性。幼虫共 6 龄，3 龄前幼虫在小豆的心叶或附近土缝内，全天活动，受害叶片呈小缺刻。3 龄后幼虫扩散为害，白天在土下，夜间及阴雨天外出，把幼苗近地面处咬断拖入土中。第一代幼虫数量最多，为害最大，是生产上防治的重点时期。

（3）防治方法。防治关键是把幼虫消灭在 3 龄前，可用 50% 辛硫磷乳油 4.5 千克/公顷、拌细沙土 750 千克，在小豆根旁开沟撒施药土，并随即覆土，以防地老虎为害植株；或用 48% 毒死蜱 1 000 倍液灌根。4 龄后可采用毒饵诱杀，用 90% 敌百虫 30 倍液拌匀毒饵，加水拌潮为宜，毒饵用量约为 30 千克/公顷。

3. 蚜虫

（1）为害症状。蚜虫又称腻虫，成虫和若虫都无害。苜蓿蚜、豆蚜是小豆的重要害虫，也是传播病毒病的介体，从而造成小豆叶片生长畸形、卷曲，致使生长代谢失调，植株矮小，轻者影响豆荚、籽粒的发育，致使产量和品质下降，严重时颗粒无收。

（2）发生规律。蚜虫的发生与小豆苗龄和温度、湿度密切相关，多发生在小豆苗期和花期，一般是苗期重，中后期较轻；结荚期温度过高，也可能发生。温度高于 25℃、相对湿度 60%~80% 时，发生严重。连续阴雨天气，相对湿度在 85% 以上的高温天气，不利于蚜虫的繁殖。

（3）防治方法。可用 20% 杀灭菊酯乳油 1 500 倍液，或 10% 吡虫啉 1 500 倍液，或 20% 啶虫脒乳油 2 000~3 000 倍液，进行喷雾防治，效果都较好。最佳防治时间为 9~11 时，或 16 时以后，无风天气，每隔 7~10 天喷一次，连续防治 2~3 次。

4. 豆荚螟

（1）为害症状。豆荚螟又叫豆螟蛾、豆卷叶螟等。幼虫紫红色，以幼虫为害叶、花及豆荚，还能吐丝卷叶，在卷叶内蚕食叶肉，造成落花、落荚。同时以幼虫蛀食小豆的豆荚种子，早期蛀食，易造成落荚，后期蛀食豆粒，并在荚内及蛀孔外堆积粪粒。受害的豆荚豆粒味苦，不能食用，严重影响品质和产量。

（2）发生规律。小豆豆荚螟一年发生的代数因地域而异。以老熟幼虫在土中越冬，成虫白天栖息在小豆、杂草的叶背面或阴处，晚间活动，产卵，有趋光性。在一荚内食料不足或环境不适，可转荚为害，每一幼虫一般可转荚为害 1 ~ 3 次。

（3）防治方法。可利用成虫的趋光性进行灯光诱杀。也可用 50% 杀螟松乳剂 1 000 倍液，或 2.5% 溴氰菊酯 4 000 倍液，或 20% 杀灭菊酯 3 000 ~ 4 000 倍液，或 25% 灭幼脲 3 号胶悬剂 1 500 ~ 2 000 倍液，喷雾防治。每隔 7 天喷一次，根据虫情防治 1 ~ 2 次，对孵化期的幼虫有很好的防治效果。

5. 朱砂叶螨

（1）为害症状。朱砂叶螨俗称红蜘蛛，分布广泛，是生产中的主要害虫。以口器刺入叶片内吮吸汁液，使叶绿素受到破坏。受害叶片表面出现大量黄白色斑点，或全叶呈现红色，田间呈火烧状。成螨在叶片背面吸食汁液，一般先从下部叶片发生，迅速向上部叶片蔓延。轻者叶片变黄，危害严重时，叶片干枯脱落，植株死亡，可导致严重的产量损失。

（2）发生规律。小豆朱砂叶螨繁殖力强，最快 5 天就可繁殖一代，一年可繁殖 7 ~ 8 代，以成螨或卵在植株上越冬。每年 3 ~ 4 月开始为害，6 ~ 7 月为害严重。喜欢高温干燥的环境，在高温干旱的气候条件下，繁殖迅速，为害严重。传播蔓延除靠自身爬行外，风、雨水及田间操作携带是重要途径。

（3）防治方法。田间严重发生时，应及时喷施农药，可用 20% 螨死净可湿性粉剂 2 000 倍液，或 15% 哒螨灵乳油 2 000 倍液，或 5% 啶虫脒乳油 1 000 倍液，喷雾防治；也可选用 10% 苯丁哒螨灵乳油 1 000 倍液加 5.7% 甲维盐乳油 3 000 倍液混合后，喷雾防治，均可达到理想的防治效果。

6. 四纹豆象

（1）为害症状。四纹豆象原产东亚热带，最早在美国发现，是一种世界性分布的害虫。小豆籽粒被取食后，豆粒被蛀蚀成空壳，既不能食用，也不能作种子，只能用作饲料，大大降低了商品价值，经济损失严重。

（2）发生规律。四纹豆象在小豆中一年可繁殖 7 ~ 9 代，幼虫共 4 龄，以成虫、幼虫或蛹等虫态在豆粒内越冬，越冬幼虫第二年春天开始羽化。成虫寿命与温度关系密切，其生长发育最适宜温度在 30℃ 左右，大约温度每升高 10℃，成虫寿命几乎缩短一半。小豆的四纹豆象主要为害老熟豆粒。在田间，虫卵散产于老熟且开裂豆荚内的籽粒上，或即将成熟的豆荚外部，在仓库内产卵于干豆粒上，它和绿豆象的习性很相似，只不过寄主比较单一。

（3）防治方法。田间防治四纹豆象，可用 2.5% 敌杀死乳油 2 000 倍液，或辛硫磷乳油 1 000 倍液，喷雾防治，每隔 7～10 天喷一次，连续防治 2 次。小豆收获、脱粒、精选后，籽粒在阳光下暴晒 1～2 天，立即装袋、贮藏、入库。在温度 10～20℃ 条件下，每立方米可用溴甲烷 30～35 克，密闭熏蒸 2～3 天；在 20～25℃ 的室温条件下，每立方米用磷化铝 3 克，密闭熏蒸 3～4 天，均可有效杀死四纹豆象的幼虫、成虫和卵。

（三）杂草

小豆虽然属于豆科作物，但是两片子叶出苗时不出土，所以苗前土壤封闭用的除草剂如乙草胺、咪草烟、精异丙甲草胺等都不安全。如果遇到低温天气，更容易出现药害，导致出苗晚，抑制小豆生长，重者死苗绝产，甚至直接不出苗，因此，建议苗前尽可能不要封闭除草。但是小豆大面积种植时，化学除草既省工又省力，可以选择使用对小豆幼苗影响小的除草剂。

由于小豆苗期生长慢，封垄较慢，所以苗期应注意控制杂草。而一些早春杂草特别是鸭跖草、藜等，在小豆 2 片复叶的时候就已超过 4 叶期，因鸭跖草超过 3 叶期很难防治，所以小豆苗后除草是个难题。建议使用比较安全的氟磺胺草醚加烯禾啶（或烯草酮），但是对鸭跖草以及后期的大龄刺儿菜、苣荬菜、问荆等恶性杂草的防效比较差。另外氟磺胺草醚的用量，建议 25% 制剂不要超过 1500 毫升/公顷。而其他的苗后除草剂如灭草松、三氟羧草醚、异恶草松、乙羧氟草醚都不安全，精喹禾灵有时也会造成严重黄叶，因此，要进行行间喷施，尽量不要喷施在小豆的生长点上。另外，在小豆封垄前，要结合中耕培土，进行一次除草，这样可有效控制中后期杂草的数量。小豆封垄后，一般不再进行除草。如仍有一些大的杂草，可人工拔除。

七、收获与贮藏

（一）收获

小豆生育期一般 70～110 天，品种多为无限结荚习性，只要温度、湿度适宜，花期很长，全株的成熟期很不一致，往往植株中、下部的豆荚已经成熟，而上部的豆荚还为青绿色或正在灌浆鼓粒。若收获过早，粒色不佳，粒形不整，瘪粒增多，会降低品质和商品质量；收获过晚，不但豆荚开裂，籽粒散落，降低产量，而且粒色加深，光泽减退，异色率增加，影响产品外观质量。因此，小豆小面积种植，收获时可分期采摘，而生产上大面积种植时，则采用一次性机械收获的方式。分期采摘，可每隔 6~8 天摘荚一次，这样可适当延长收割时间，促进后熟，提高粒重，保证种子质量。收获时最好连根拔起，一方面能减少豆荚脱落，另一方面能促使植株养分继续向种子输送，以增加其饱满度。摘荚或机械收获，最好选择在早晨或傍晚时进行，避免中午烈日，防止机械性炸荚，造成田间损失。

小豆籽粒有一定的后熟作用，一般当田间植株有三分之二的豆荚成熟泛黄时，为适宜收获期。收割后在田间或晒场晾晒 3~4 天，促进后熟，豆荚全部变黄白色，籽粒达到固定形状与颜色，水分在 18% 左右时，即可用脱粒机进行脱粒。由于荚壳的保护作用，一方面可避免因种皮迅速失水而造成皱纹和破裂；另一方面可避免因烈日暴晒或晒场烫伤而造成种皮变色，甚至失去活力。特别要注意，晾晒时不要堆成大堆，以免长时间存放发生霉粒，影响色泽和质量，造成不必要的损失。待籽粒扬净晒干后，及时入库贮藏。

机械收获可在小豆籽粒着色、荚变黄、叶片全部脱落时进行。在田间小豆群体中 70% 的豆荚颜色达到固定色泽时，采用乙烯利 1 800 毫升/公顷、对水 450 千克，均匀混合后喷施于植株表面，一周后叶片自动脱落，可进行机械收获。收获时，应注意调整机车行进速度和脱粒滚筒的转速，以降低破碎率。采收最好在早晨或傍晚进行，严防在烈日下作业，避免机械性炸荚，降低田间损失率，做到颗粒归仓。另外，收获后要注意防潮，避免籽粒含水量较高时在硬质地面上暴晒，否则易产生石豆。

（二）贮藏

小豆脱粒后，可结合选种进行晾晒，去掉杂质及虫粒、破粒、秕粒、杂粒、霉粒等，晒干扬净，使其净度达到 96% 以上，水分在 13% 以下，以提高种子质量和贮藏稳定性。小豆种子具有较好的耐贮性，一般在含水量 13% 以下，储存条件良好时，种子的贮藏寿命可保持 3~4 年，仍有较高的发芽率。作为种子时，为了保持其品质和发芽率，贮藏的最适宜温度不超过 3~5℃，含水量不超过 12%。若水分高、杂质多，则极易变质和生虫。

在常温贮藏条件下，豆象为害十分严重，小豆可用氯化苦、溴甲烷、磷化铝等化学药剂熏蒸灭虫。每立方米用磷化铝片剂 2~3 片，密闭熏蒸 5~7 天，不仅能杀死成虫，还可以杀死豆粒中的幼虫和卵，且不影响食用和种子发芽率，效果很好。农户少量保存时，一般可用陶器或小囤，用生石灰或草木灰垫底，有利于防潮防虫。

第三节　豌豆高产栽培技术

一、种植区划与种植方式

（一）种植区域

我国的豌豆生产主要划分为两个种植区域，分别是北方春播豌豆区和南方秋播豌豆区。

1. 北方春播豌豆区

包括青海、宁夏、新疆、西藏、内蒙古、辽宁、吉林、黑龙江、甘肃西部、陕西、山西、河北北部等地，一般 3—4 月播种，7—8 月收获。

2. 南方秋播豌豆区

包括河南、山东、江苏、浙江、云南、四川、贵州、湖北、湖南、甘肃东部、陕西、山西、河北南部、长江中下游、黄淮海地区，一般 9 月底或 10 月初至 11 月播种，第二年 4—5 月收获。

我国青豌豆产区位于全国主要大、中城市附近。由于我国豌豆栽培历史悠久，地域分布广阔，利用方式多样，种植区的气候、土壤、地势及社会经济发展和耕作制度不同，形成了多种多样的豌豆种植方式。

（二）种植方式

1. 单作与轮作倒茬

豌豆忌连作，连作会导致病虫害加重，产品品质下降，产量降低，且随着连作年限的增加，豌豆产量显著下降甚至绝产。因此，单作结合轮作倒茬，是豌豆单作方式的最佳选择。单作时，必须实行 3～4 年轮作。

主产区豌豆单作时，轮作方式有多种多样。我国西北、华北、西藏等春播区的前作多是谷类作物。南部各秋播区，多以水稻、甘薯、玉米、棉花或辣椒等作为豌豆的前作，市郊则以非豆科蔬菜为前作。陕西、河南等秋播区，多以谷子、高粱、玉米、棉花等作物的早熟品种为前作。豌豆的后作一般是水稻、麦类、玉米、棉花、甘薯等需氮量较大的作物。在四川、云南等地，已发展了菜用豌豆与冬早蔬菜如番茄、苦荞等的轮作，与烤烟套种，与早玉米间作等多种高产、优质、高效的栽培模式。轮作不仅可以减轻豌豆的病虫为害程度，而且有利于提高产量和品质。同时，由于其固氮作用，对后作生长也有利。

春播区轮作方式主要有：豌豆—玉米—玉米，豌豆—油菜—春麦，豌豆—春麦—马铃薯，豌豆—大麦—玉米，三年或四年轮作一轮。

秋播区常见的轮作方式有：豌豆—早稻—晚稻（或单季稻），大麦（小麦）—早稻—晚稻（或单季稻），三年轮作一轮。

2. 间作套种模式

我国豌豆产区普遍采用豌豆与非豆科作物间作、套种种植，既能充分利用光、温、水、土等资源，又能抑制杂草生长，减少病虫害，增加作物产量。豌豆适宜与一些宽行距栽培作物，如玉米、马铃薯间作套种。在青海部分地区，玉米或马铃薯采用宽窄行种植，窄行2行，行距33厘米，宽行行距83厘米，中间种植2行豌豆，行距17厘米。陕西省农民采用小麦、豌豆、玉米、绿肥2米带状种植方式，4种3收。1米种7行小麦，1米种4行矮生豌豆，麦收前15天，在豌豆两边的空行中，套种2行玉米；豌豆和小麦收获后，在玉米行间种植夏季绿肥。菜用豌豆一年可种2～3茬，第一茬在早春2月种植，利用有灌溉条件的冬闲地播种，第二茬或第三茬在5—8月播种。秋播豌豆常与蚕豆、油菜、大蒜、菠菜等间作。另外，豌豆与玉米间作种植体系作为豆科与禾本科作物间作模式的一种，在产量和水分高效利用方面均表现突出，豌豆与玉米间作体系比单作具有显著的产量优势，以籽粒产量和生物产量为基础计算的土地当量比均大于1。

3. 混作模式

目前，在我国豌豆春播区，与小麦或大麦混种比较普遍。混作对两种作物生长都有利，豌豆根瘤菌固定的氮素能部分供给麦类生长，而豌豆则得到小麦的支撑，分枝数、单株荚数、单荚粒重等都比单作增加。两种作物的比例，要根据地力决定。土壤肥沃，豆麦比为2∶8；土壤贫瘠，则豌豆比例要大些，豆麦比为3∶7或4∶6。除了麦类作物外，青海部分地区还将豌豆与蚕豆或油菜混作，播种比例以蚕豆或油菜为主。

二、选地与整地

（一）选地

豌豆对土壤的要求不严格，适应性较强，较耐瘠薄。但以 pH 值 6～7.2 的壤土或黏壤土为宜。pH 值低于 5.5 时，易发生病害，降低结荚率。

由于豌豆不耐旱、渍，为获得高产，所以应选择地势平坦、肥力中上等、排灌便利、通气良好、土质肥沃疏松的田块种植。

（二）整地

豌豆播种之前，须深耕细耙，疏松土壤，以利于根系发育，使豌豆出苗整齐、健壮。春播豌豆地块应在上年秋季前茬作物收获后，先进行灭茬、除草，再深耕，耕翻深度 18～20 厘米，做到耕耙结合，耙磨平整，垄距均匀，无大土块和暗坷垃。同时要施足底肥，每公顷施腐熟农家肥 15 000～22 500 千克、尿素 75～150 千克、过磷酸钙 300～450 千克、硫酸钾 150 千克。地力差的田块应种植生长期短的早熟豌豆品种。翌年春季土壤表层解冻后，免耕播种，可进行耙耱保墒，破碎坷垃和平整田块，既可减少土壤水分蒸发，又可提早播种。有条件的地区应进行冬灌。

三、适期播种

（一）适宜条件

豌豆是喜冷凉的长日照作物，可春播，也可秋播。春播在不受霜冻的条件下，尽可能早播，这样可使豌豆根系发育良好，幼苗生长健壮，可以争取更长的适宜生长季节。在早春土壤解冻后，5 厘米地温稳定在 5℃以上时，即可顶凌播种。长江以北地区为春播区，一般在 3 月中旬到 4 月上旬播种，7—8 月收获。在适播期内，要因品种类型、土壤墒情等条件确定具体播期。土壤墒情较差的地块，应当抢墒早播，播后及时镇压；对土壤墒情好的地块，应选定最佳播种期。

长江以南地区为秋播区，一般在 9 月底或 10 月初至 11 月，当地平均气温降到 9～10℃时播种，翌年 4—5 月收获。播种过早，气温尚高，播后常造成生产不良，虫害严重，产量低；播种过迟，气温低，常造成幼苗生长缓慢，开花后又易遇到春暖潮湿季节，病害多，对生长结荚非常不利。南方秋播鲜食豌豆，一般在 9 月上中旬播种，11 月初即可采摘上市。

（二）优良品种

种植豌豆一般应选择抗病虫、抗逆性强、适应性广、适宜加工的高产优质品种。要求种子粒大、整齐、健壮、无病虫害。种子质量要求：纯度≥97%，净度≥98%，发芽率≥93%，含水量≤12%。

（三）精心选种

豌豆播种前，种子要进行精选，包括选种、晒种和药剂拌种等。用选种机或人工粒选，选择粒大饱满、整齐均匀、无破损、无病虫害的新种子，剔除小粒、秕粒、破碎粒、病斑粒、虫食粒及杂质。播前晒种 2~3 天，以提高种子发芽势和发芽率，有利于提早出苗。也可用包衣剂对种子进行包衣处理，有利于大面积种植条件下，豌豆获得高产稳产。

（四）播种方法

豌豆的播种方式有条播、穴播和撒播三种。春播区多采用条播，条播的种子覆土要深度一致，行距均匀。条播的行距一般为 25~40 厘米，株距 4~6 厘米；穴播的穴距一般为 15~30 厘米，每穴 2~4 粒种子。露地秋播，条播行距一般 50~60 厘米，株距 20~30 厘米；穴播穴距 10~15 厘米，每穴 3 粒种子。豌豆的播种深度要依据土壤质地、土壤湿度和降水量来确定，沙性土壤应适当播种深些，黏重土壤要播种浅些。一般情况下，播深以 5~7 厘米为宜，播种过深会使根瘤生长不好，且种子出土时消耗养分多，易产生弱苗。播种量因地区、种植方式和品种而异，一般播种量为 105~195 千克/公顷。春播区播种量宜多些，秋播地区宜少些；矮生早熟和半无叶品种播量宜多，高茎晚熟品种宜少；条播和撒播播种量较多，点播时播种量较少。

四、苗期管理

（一）播后除草

由于豌豆苗期生长缓慢，易发生草荒，使幼苗受到杂草为害，所以应及早除草。也可在苗高 5~7 厘米时，结合中耕，去除田间杂草，还有利于松土保墒，提高地温，很快形成冠层，抑制杂草，从而促进幼苗生长。对于矮生、半矮生型品种，由于其植株矮小，更易发生草荒而导致减产。也可在播后苗前，用 33% 二甲戊灵 2 250~3 000 毫升/公顷，或 96% 精异丙甲草胺 2 250~3 000 毫升/公顷，或 24% 乙氧氟草醚 750 毫升/公顷，地面均匀喷雾，可有效控制一年生杂草的为害。

（二）视情镇压

豌豆的播种深度一般 3~7 厘米。当土壤水分百分率达到 11.5%~13.5% 时，豌豆发芽率在 100%。如果土壤墒情不好，播种干旱时，应适当加大播种深度，但最深不超过 8 厘米。播后要覆土 3~4 厘米，并及时镇压，使种子与土壤结合，有利于保墒，使种子尽快吸水萌动。

（三）查补间定苗

大面积机械种植的豌豆，一般不需要间苗、定苗。但出苗后也要进行田间查苗，如发现大面积的缺苗、断垄，要及时进行催芽补缺。小面积种植的地块，要及时进行间苗、定苗，去弱留强，拔除弱苗、病苗和杂草，按规定株距留苗。

（四）中耕培土

豌豆出苗后到植株封垄前，一般要中耕 2~3 次，结合中耕，去除田间杂草，以确保豌豆苗期正常生长。中耕深度应掌握先浅后深的原则，一般在苗高 5~7 厘米时，进行第一次中耕，同时去除田间杂草。株高 15~20 厘米时，进行第二次中耕，并结合培土，起到增根和抗倒伏作用。秋播豌豆一般在越冬前，进行第二次中耕。第三次中耕可根据豌豆生长情况灵活掌握，一般应在植株叶片卷须互相缠绕前完成，茎叶茂盛时，注意不要损伤植株。

（五）防旱排涝

豌豆苗期一般不需要灌溉，要适当蹲苗，如果底墒足，在保证出苗正常的情况下，以田间稍干为宜。豌豆既不耐旱，也不耐涝，所以苗期田间忌积水或过于干旱。如果苗期连续阴雨天气，降水较多，要注意排水除渍，做到雨过即干；如果播种后干旱，应结合追施尿素进行灌溉，保持土地湿润，以利于种子发芽、出苗。

（六）适宜密度

豌豆留苗密度应把握"肥地宜稀，瘦地稍密"的原则，春季条播的种植密度，以 75 万~90 万株/公顷较好。高水肥条件下，密度以 75 万株/公顷为宜；在低水肥条件下，密度以 90 万株/公顷较好。一般旱地要求基本苗 120 万~135 万株/公顷，阴滩地基本苗 150 万~180 万株/公顷。另外，如果种植矮秆早熟品种，要适当加大种植密度，一般 120 万~150 万株/公顷。所以机械化播种时，应适当加大播量，而高茎晚熟和分枝多的品种，密度应少些。

（七）及时搭架

搭架引蔓是豌豆高产的重要措施，可改善通风透光条件，减轻白粉病等病害。当鲜食豌豆株高达到 25~30 厘米时，应及时搭建支架，采用竿插单排立架。每行设一篱架，两头用水泥桩或木桩固定，然后用长 1.5 米左右的木棍、竹竿等插在每行豆苗中间，间隔距离为 10~15 厘米。豌豆生出的卷须会自然攀缘木棍,这样能避免倒伏,豌豆通风透光性好,有利于提高结荚数,从而提高产量。

五、追肥与灌溉

(一)追肥

豌豆生育期间对氮、磷、钾三要素的吸收量以氮素最多,钾次之,磷最少。每生产 100 千克豌豆干籽粒大约需要吸收氮 3.1 千克、钾 2.9 千克、磷 0.9 千克。如果播种前施入农家肥、氮肥、钾肥和磷肥作底肥,底肥充足,苗色正常,则不用再追肥。豌豆根瘤菌固定的氮素能满足豌豆生长期需氮总数的 60% ~70%,其余 30% ~40% 的氮素,在土壤肥力较好的情况下,由根系从土壤中吸收,因此,一般栽培豌豆不用大量施用氮肥。但如果豌豆幼苗期地瘦,苗叶发黄,应追施速效氮肥,可施尿素 75 ~112.5 千克/公顷,施后立即灌溉,然后松土保墒。豌豆前期长势较差时,在初花期,每公顷可追施尿素 300 ~450 千克、过磷酸钙 750 ~900 千克、硫酸钾 225 ~300 千克,或三元复合肥 375 ~450 千克;在结荚期,叶面喷施 0.3% 磷酸二氢钾或硼砂 500 倍液,每隔 7 天喷一次,可喷施 1 ~2 次。

鲜食豌豆施肥应以基肥为主,如果基肥未施速效氮肥,可在苗期结合中耕,施硝酸铵 225 千克/公顷;如果基肥用量少,或生育后期发生脱肥现象,则可在抽蔓期和结荚期追肥。抽蔓期追施尿素 225 千克/公顷左右,结荚期追施复合肥 450 千克/公顷。也可在结荚后,用 0.3% 磷酸二氢钾,或 0.1% 硼砂溶液,或 0.02% 钼酸铵溶液等微量元素肥料,进行叶面喷施,可提高豌豆荚的产量和品质。

(二)灌溉

豌豆生长期间遇到干旱,要及时灌溉,保持土壤湿润,尤其是开花结荚期,植株对水分特别敏感,要及时补充水分,保证鼓粒灌浆期对水分的需要。由于豌豆不耐涝,雨天要注意排水除渍,做到雨过即干;干旱时要及时灌溉,可在开花初期灌第一次水,结荚期灌第二次水。每次水量不宜过大,保持土地湿润,防止干旱或水分过多引起落花落荚。尤其在采收的中后期,更要注意控制田间湿度,防止早衰,并避免豌豆根腐病的发生。

鲜食豌豆一生中都要求有较高的空气湿度和充足的土壤水分,在春播时,地温较低,为促进根系发育,在苗期一般可不灌溉。孕蕾至开花阶段,植株生长迅速,叶面积迅速扩大,蒸腾增大,是需水的临界期,此时必须灌好蕾花水，保证鼓粒灌浆期对水分的要求。一般豌豆进入抽蔓期开始灌溉，10～15 天灌一次水；进入开花结荚期后，要勤灌溉，每隔 7～10 天灌溉一次，连续灌溉 2～3 次，每次水量不宜过大，豌豆生长期间直接吸收利用的水分，相当于 100～150 毫米的降水量或灌溉量。豆荚进入膨大生长期，应供给充足的水分，保持土壤湿润。但田间不能积水，特别是大雨后要及时排水。

六、病虫草害防治

豌豆的病虫害防治，坚持"预防为主，综合防治"的方针。以农业防治、物理防治、生物防治为主，化学防治为辅。

（1）农业防治。合理茬口布局，选用抗病品种，培育壮苗，加强中耕除草，实行轮作换茬，避免连作。并清洁田园，降低病虫源基数。

（2）物理防治。根据害虫生物学特性，采取糖醋液、黑光灯、汞灯等方法，诱杀害虫的成虫。

（3）生物防治。保护和利用瓢虫、草蛉等天敌，杀灭蚜虫等害虫，同时用生物农药防治病虫害等。

（4）化学防治。利用化学药剂进行田间喷施、灌根等，防治病虫草害。

（一）主要病害

豌豆常见的病害有白粉病、锈病、根腐病、褐斑病、立枯病、枯萎病、霜霉病、黑斑病、病毒病、叶斑病等，除选择抗病品种外，还要进行化学药剂防治。

1. 白粉病

（1）为害症状。白粉病是豌豆的一种重要病害，各地均有分布。保护地中发生严重，轻者发病率 10%～30%，重者达 40% 以上，甚至 100%。主要为害叶片，也为害叶柄、茎、荚。发病初期，叶片及茎秆产生白色粉霉斑，以后逐渐扩大，连成一片，白粉层可覆盖茎、叶、豆荚。病叶变黄、发霉、脱落，导致植株部分或全部凋萎。病重时叶的正面和反面覆盖着一层白色粉状物，受害重的叶片迅速枯黄脱落，豆荚早熟或畸形，籽粒小，种子干瘪，呈灰褐色，品质差，产量降低。

（2）发生规律。白粉病在温暖干燥或潮湿环境都易发病，而降雨则不利于病害发生。施氮肥过多，土壤缺少钙钾肥，造成植株生长不良，病害发生相对严重。植株生长过密，田间排水不畅，通风透光不良，则病害传播蔓延快。同时品种间抗性也有差异，细荚豌豆较大荚豌豆抗病。保护地种植豌豆，日暖夜凉温差大，湿度高，易结露，适宜白粉病的发生。

（3）防治方法。发病初期，可选用15%三唑酮可湿性粉剂800～1 000倍液，或40%多·硫悬浮剂500倍液，或10%甲基硫菌灵可湿性粉剂1 000倍液，或12.5%烯唑醇可湿性粉剂2 500～3 000倍液，或65%氧化亚铜水分散粒剂600～800倍液，或25%丙环唑乳油3 000倍液，或50%苯菌灵可湿性粉剂1 600倍液等，喷雾防治，每隔7天喷一次，连续防治2～3次。使用三唑酮、烯唑醇等唑类药剂，会引起耐药性剧增，可交替轮换使用其他类型农药。

2. 锈病

（1）为害症状。主要为害豌豆的叶片和茎蔓，严重时豆荚和叶柄也受害。初期发病在叶片和茎上出现黄白色小斑点，后变成黄褐色。扩大后表皮裂开散出红锈褐色粉末，影响光合作用，严重时整个叶片枯死早落。茎蔓染病，症状与叶片相似。

（2）发生规律。锈菌以冬孢子随同病残体遗留在地里越冬，在南方温暖地区，夏孢子也能越冬。次年春季，夏孢子随风传播侵染豌豆，冬孢子萌发，产生担子和担孢子，由风传播为害。豌豆在生长期间，主要以夏孢子通过气流传播，进行多次再侵染。高温（15～24℃）和高湿（重露多雾）是诱发锈病的主要环境因素。在遭受低温冷害侵袭、土壤湿度过大、植株徒长等条件下易发病。此外，地势低洼、排水不良、种植过密、通风不良等发病也重。迟播较早播的豌豆发病也重。

（3）防治方法。发病初期，可选用12.5%烯唑醇可湿性粉剂2 500倍液，或30%固体石硫合剂150倍液，或15%三唑酮可湿性粉剂1 000～1 500倍液，或50%硫黄悬浮剂200倍液，或25%丙环唑乳油3 000倍液，或50%萎锈灵乳油800～1 000倍液等，喷雾防治，每隔7～10天喷一次，连续防治2～3次。

3. 根腐病

（1）为害症状。根腐病是豌豆的一种重要土传病害，各地均有分布。幼苗至成株均可发病，以开花期发病多，病株下部叶片先发黄，逐渐向中、上部发展，致使全株变黄枯萎，主、侧根部分变黑色，根瘤和根毛明显减少，轻则造成植株矮化，茎细、叶小或叶色淡绿，个别分枝萎蔫，可开花结荚，但荚数锐减，籽粒秕瘦；发病严重的茎基部缢缩或凹陷变褐，呈

"细腰"状，病部皮层腐烂，大量枯死，致田间一片枯黄，危害严重。

（2）发生规律。病原菌为土壤习居菌，以厚垣孢子在土壤中越冬。环境适宜时，产生分生孢子进行侵染危害。幼苗至成株均可发病，以开花期发病多，发病的适宜温度为 24～33℃，土壤温度的影响较土壤湿度大。干旱年份发病重。环境潮湿时，茎基和根部出现粉红色霉层，为病原菌的分生孢子。

（3）防治方法。播种前，用种子重量 0.4% 的 2.5% 咯菌腈悬浮种衣剂，或用种子重量 0.25% 的三唑酮可湿性粉剂，加适量水与种子均匀搅拌后播种。发病初期，可用 98% 恶霉灵可湿性粉剂 3 000 倍液，或 50% 多菌灵可湿性粉剂 500 倍液，或 50% 敌克松 500 倍液，或 75% 百菌清可湿性粉剂 500 倍液灌根，每穴用 250 毫升。每隔 10～15 天灌一次，连续防治 2～3 次。

4. 立枯病

（1）为害症状。立枯病又称基腐病，是豌豆的一种重要病害，全国各地均有分布。如果种子带病菌，会造成烂种。豌豆立枯病主要侵害幼苗或成株期叶片，受害幼苗茎基部产生红褐色椭圆形或长条形病斑，病斑继续扩展到整个幼茎基部时，幼茎逐渐萎缩、凹陷，当扩展到绕茎一周后，病部收缩或龟裂，导致幼苗生长缓慢，最后枯死，有时折倒，对产量会有明显影响。花期前后，多雨或湿度大时，病斑背面生有灰色霉层，病叶转黄变褐而干枯。叶片被再次侵染的，出现褪绿小斑点，后逐渐变为褐色斑点，背面也生有霉层。

（2）发生规律。病菌以卵孢子在病残体上或在种子上越冬。种子上附着的卵孢子是最主要的初侵染来源，病残体上的卵孢子侵染的机会较少，病苗则是再侵染源。发病的适宜温度是 20～22℃，高于 30℃ 或低于 10℃ 均不发病。卵孢子形成的适宜温度为 15～20℃，气温为 15℃ 时，带病种子上的卵孢子发芽率高达 16%，20℃ 为 1%，25℃ 时则不发芽。苗期播种过早，温度低，或湿度过大，都容易发生此病，且以露地发生较重。7—8 月，因多雨、高湿，发病重。东北、华北地区发病较南方长江流域严重。

（3）防治方法。发病初期，可用 72% 杜邦克露可湿性粉剂 800 倍液，或 75% 百菌清可湿性粉剂 600 倍液，或 20% 甲基立枯磷乳油 1 200 倍液，或 58% 甲霜灵·锰锌可湿性粉剂 600 倍液，或 50% 安克可湿性粉剂 1 500 倍液等，喷雾或灌根，注意交替使用，以减缓病菌抗药性的产生。每隔 7～

10 天喷雾一次，连续防治 2 ~ 3 次。

5. 枯萎病

（1）为害症状。豌豆枯萎病又称尖镰刀菌萎凋病，属土传病害，整个生育期都可发生，但开花后为害最为严重。被害初期，部分叶片萎蔫下垂，后来叶片变黄，病株矮化，靠近地面的茎基部略微肿大，有时开裂，环境潮湿时，病部常分泌出橙红色的霉状物。剖开茎基部，维管束变色，地上部分维管束也变色（与根腐病相区别）。被害植株，轻者虽然未枯死，但不能结荚或者结荚没有种子，重者病株很快萎蔫枯死。病株地上部黄化，矮小，叶缘下卷，由基部渐次向上扩展，多在结荚前或结荚期死亡。

（2）发生规律。以菌丝、厚垣孢子或菌核在病残体、土壤和带菌肥料中或种子上越冬。病菌在土壤中呈垂直分布，主要分布在 0 ~ 25 厘米耕作层，翌年种子发芽时，耕作层病菌数量迅速增多。外界条件变化对其发生有明显的作用，在适宜的条件下，病害不会发生，只有在低温、湿度过大，且持续时间长的情况下，才会发病。

（3）防治方法。发病初期，可选用 50% 多菌灵可湿性粉剂 1 500 倍液，或 50% 苯菌灵可湿性粉剂 800 ~ 1 000 倍液，或 70% 甲基硫菌灵可湿性粉剂 500 倍液，或 75% 百菌清可湿性粉剂 500 倍液，或 70% 甲基硫菌灵可湿性粉剂 500 倍液等，进行灌根，每株 250 ~ 500 毫升，每隔 7 ~ 10 天一次，连续防治 2 ~ 3 次。灌根防治，越早越好。

6. 褐斑病

（1）为害症状。褐斑病为豌豆的主要病害，主要为害叶片、茎和荚。叶片受害后，先出现水渍状的小点，逐渐发展为浅褐色至黑褐色圆形病斑，有明显的褐色边缘，病斑处有轮纹，斑面上长有针头大小的黑色小点。茎和荚被害后，也会呈浅褐色至黑褐色，圆形或椭圆形病斑，稍凹陷，斑面上也产生针头大小的小黑点。后期病斑可穿过豆荚侵染到种子上，但病斑不明显，潮湿时种子上病斑呈污黄色至灰褐色。

（2）发生规律。以分生孢子器或菌丝体附着在种子上，或随同病残体在田间越冬。播种带菌种子，长出幼苗即染病，子叶或幼茎上出现病痕和分生孢子器，产出分生孢子，借雨水传播，进行再侵染，潜育期 6 ~ 8 天。病原菌发育适宜温度为 15 ~ 26℃，在多雨潮湿的气候条件下，容易发病。

（3）防治方法。发病初期，可选用 50% 苯菌灵可湿性粉剂 1 500 倍液，或 40% 多·硫悬浮剂 800 倍液，或 70% 甲基硫菌灵可湿性粉剂 600 ~ 800 倍液，或75%百菌清可湿性粉剂500～600倍液，或50%多菌灵可湿性粉剂600～800倍液，或70%代森锰锌可湿性粉剂400倍液，喷雾防治，每隔7～10天喷一次，连续防治2～3次。发病重时，保护地栽培可选用5%百菌清粉尘剂，或6.5%硫菌·霉威粉尘剂，或5%异菌·福粉尘剂，每次15千克/公顷，每隔7天喷一次，连续防治2～3次。

7. 霜霉病

（1）为害症状。主要为害叶片和嫩梢。发病初期，叶面出现褐色病斑，霉丛孢子层分布在叶背或叶面，白色至淡紫色，叶背面孢子层相对较多。叶片背面的淡紫色霉层可布满整个叶片，引起叶片枯黄，直至死亡。嫩梢受害也较多。

（2）发生规律。病菌以卵孢子在病残体上或种子上越冬。翌年条件适宜时，产生游动孢子，从子叶下的胚茎侵入，菌丝随生长点向上蔓延，进入芽或真叶，形成系统侵染，后产生大量孢子囊及孢子，借风雨传播蔓延。一般雨季发病重。

（3）防治方法。发病初期，可选用70%甲基硫菌灵可湿性粉剂1 000倍液，或1：1：200波尔多液，或25%甲霜灵可湿性粉剂600倍液，或50%甲霜铜可湿性粉剂600倍液，或90%疫霜灵可湿性粉剂500倍液，或70%乙锰可湿性粉剂400倍液，或64%杀毒矾可湿性粉剂500倍液等，喷雾防治。每隔7～10天喷一次，连续防治2～3次。

8. 灰霉病

（1）为害症状。灰霉病是豌豆的一种主要病害。主要为害叶片、花、茎蔓和豆荚。叶片发病，在叶端或叶面产生水渍状斑，发病后期，病叶部长出黑色霉层。豆荚受害由先端发病，严重时豆荚上密生灰色霉层。

（2）发生规律。以菌丝、菌核或分生孢子越夏或越冬。越冬的病菌以菌丝在病残体中营腐生生活，不断产出分生孢子进行再侵染。条件不适时病部产生菌核，在田间存活期较长，遇到适合条件，即长出菌丝直接侵入或产生孢子，借雨水溅射或随病残体、水流、气流、农具及衣物传播。腐烂的病荚、病叶、病卷须、败落的病花，落在健部即可发病。在有病菌存活的条件下，只要具备高湿和20℃左右的温度条件，病害就容易流行。

（3）防治方法。发病初期，可选用50%腐霉利可湿性粉剂1 500～2 000倍液，或50%乙烯菌核利可湿性粉剂1 000～1 500倍液，或50%异菌脲可湿性粉剂1 000倍液，或45%噻菌灵悬浮剂4 000倍液，或65%甲霉灵可湿性粉剂 1 500 倍液，或 50% 多霉灵（多菌灵加万霉灵）可湿性粉剂 1 000 倍液等，喷雾防治，每隔 7~10 天喷一次，视病情防治 2~3 次。注意轮换、交替用药，延缓抗药性产生。

9. 黑斑病

（1）为害症状。黑斑病是豌豆的一种常见病害，主要为害叶片、近地面的茎蔓和豆荚。叶片染病，初期出现不规则形淡紫色小点，以后变成紫红色近圆形斑，有时具有颜色深浅相同的同心轮纹。高温高湿条件下，病斑迅速扩展，布满整个叶片，致病叶变黄枯死。后期病斑中央多产生黑色小点。叶柄和茎蔓染病，形成大小不等、中央略凹陷的紫褐色坏死斑。豆荚染病，最初会出现许多暗褐色近圆形凹陷小点，以后呈黄褐色，相互汇合成黄褐色坏死下陷斑。严重时病原可从种荚侵入到种子内部，在种子上形成斑点，后期也可在病部产生小黑点。

（2）发生规律。以菌丝或分生孢子在种子内或以分生孢子器，随病残体在地表越冬。翌年病菌通过风、雨或灌溉水传播，从气孔、水孔或伤口侵入，引致发病。种子带菌可随种子运输进行远距离传播。用病种子育苗，苗期可见子叶染病，后蔓延到真叶上，田间发病后，病斑上产出分生孢子，借风、雨或农事操作进行传播，导致再侵染。

（3）防治方法。发病初期，可选用 50% 琥胶肥酸铜可湿性粉剂 500 倍液，或 40% 多·硫悬浮剂 500 倍液，或 75% 百菌清可湿性粉剂 1 000 倍液加 70% 甲基硫菌灵，或 70% 代森锰锌可湿性粉剂 1 000 倍液，喷雾防治，每隔 10 天喷一次，连续防治 2~3 次，注意喷匀喷足。

10. 病毒病

（1）为害症状。主要表现为叶片背卷，植株畸形，叶片褪绿斑驳，明脉，花叶，并常常发生植株矮缩；如果是种子带毒引起的幼苗发病，症状则比较严重，导致节间缩短、豆荚变短或不结荚；病株所结籽粒的种皮，常常发生破裂或有坏死的条纹，植株晚熟；有时一些品种被侵染后，不表现症状。一般情况下，中熟品种较早熟品种发病程度重。严重时会造成豌豆植株死亡，影响产量。

（2）发生规律。病毒可在田间或在保护地的植物活体上越冬，种子也可带毒，成为第二年主要初侵染来源。翌年播种了带毒的种子，发芽时病毒即侵染，田间出现幼苗病株。病毒在田间传播蔓延，主要靠蚜虫传毒，农事操作接触摩擦也可传播，致使田间病株越来越多。发病与温度、湿度有关，一般温度高、气候干旱、湿度低、有利于发病。此外，肥料不足、植株生长衰弱、不及时浇水、土壤干燥等，病毒病也会加重。

（3）防治方法。发病初期，可选用20%盐酸吗啉胍·铜可湿性粉剂500倍液，或20%毒克星可湿性粉剂500倍液，或1.5%植病灵乳剂1 000倍液，或10%混合脂肪酸水剂100倍液等，喷雾防治，每隔7～10天喷一次，连续防治3～4次。鲜食豌豆要在采收前5天，停止用药。

11. 细菌性叶斑病

（1）为害症状。又称假单胞蔓枯病或茎枯病。主要为害茎荚和叶片。叶片病斑紫色，圆形至多角形，半透明，水渍状，湿度大时，叶背产生奶油色菌脓，干燥条件下，叶片变成发亮薄膜，病斑干枯，变成纸质状。茎部和花梗染病，病斑褐色，条状。荚部病斑近圆形，稍凹陷，暗绿色，后期变成黄褐色。

（2）发生规律。病原细菌在豌豆种子里越冬，成为翌年主要初侵染源。植株徒长、雨后排水不及时、施肥过多，易发病。生产上遇有低温障碍，尤其是受冻害后突然发病，迅速扩展。反季节栽培时，易发病。

（3）防治方法。发病初期，可选用72%农用硫酸链霉素4 000倍液，或30%碱式硫酸铜悬浮剂400～500倍液，或47%春雷·氧氯铜可湿性粉剂800倍液，或47%加瑞农可湿性粉剂等，喷雾防治。鲜食豌豆要在采收前5天，停止用药。

12. 炭疽病

（1）为害症状。炭疽病是豌豆的一种常见病害，可为害叶片、茎蔓和豆荚。叶片病斑较小，直径2～4毫米，圆形或椭圆形，中间暗绿色或浅褐色，边缘深褐色，后期病斑中央密生小黑点。茎蔓染病，病斑近梭形或椭圆形，略凹陷，中央淡褐色，边缘暗褐色。豆荚染病，初生水浸状黄褐色至褐色小点，后发展成圆形或近圆形病斑，中间浅绿色，边缘暗绿色，后期密生黑色小粒点。湿度大时，病部长出粉红色黏质物。

（2）发生规律。病原菌以菌丝体在病残体内或潜伏在种子里越冬。翌春条件适宜时，分生孢子通过雨水飞溅传播蔓延，进行初侵染和再侵染。豌豆炭疽病主要发生在春、夏两季的高温多雨时期，随着连续阴雨天数增多而扩展，低洼地、排水不良、植株生长衰弱时，发病重。

（3）防治方法。发病初期，可选用50%苯菌灵可湿性粉剂1 500倍液，或50%甲基硫菌灵可湿性粉剂500倍液，或50%多菌灵可湿性粉剂500～

600 倍液，或 80% 代森锰锌可湿性粉剂 500~600 倍液等，喷雾防治，每隔 7~10 天喷一次，连续防治 2~3 次。

13. 菌核病

（1）为害症状。豌豆菌核病一般在开花后发生，病菌先在衰老的花上取得营养后，才能侵染健康部位，为害期较长。病部初呈水渍状，后逐渐变为灰白色，豆荚和茎上生出棉絮状菌丝，后在病组织上生鼠粪状黑色菌核。病部白色菌丝生长旺盛时，也长黑色菌核。豌豆从地表茎基部发病，致茎蔓萎蔫枯死。剖开病茎可见黑色鼠粪状菌核。

（2）发生规律。以菌核在土壤中、豌豆田的病残体上、混在堆肥及种子上越冬。翌年在适宜条件下，越冬菌核萌发产生子囊盘，子囊成熟后，将囊中孢子射出，随风传播。孢子放射时间长达月余，侵染周围的植株。此外，菌核有时直接产生菌丝。病株上的菌丝具有较强的侵染力，进行再侵染，扩大传播。菌丝迅速发展，致使病部腐烂。当营养消耗到一定程度时，产生菌核，菌核不经休眠即萌发。豌豆菌核病在较冷凉、潮湿条件下发生，适宜温度 5~20℃，最适温度为 15℃。

（3）防治方法。发病初期，可选用 50% 乙烯菌核利可湿性粉剂 1 000 倍液，或 50% 异菌脲可湿性粉剂 1 000~1 500 倍液，或 50% 腐霉利可湿性粉剂 1 500~2 000 倍液，或 40% 菌核净可湿性粉剂 800~1 000 倍液，或 50% 混杀硫悬浮剂 500 倍液，或 50% 多·霉威可湿性粉剂 1 500 倍液，或 65% 硫菌·霉威可湿性粉剂 1 000 倍液等，喷雾防治，每隔 10 天喷一次，连续防治 2~3 次。

14. 豌豆芽枯病

（1）为害症状。芽枯病又称湿腐病、烂头病，是豌豆的一种常见病害。主要为害植株顶端 2~5 厘米的幼嫩部位，发病初期呈水渍状，在高湿或叶面结露的条件下，迅速扩展，呈湿腐状腐败，茎部折曲；在干燥条件下或阳光充足时，腐烂部位干枯倒挂在茎顶，夜间随温度下降及湿度升高，病部又呈湿腐状。豆荚发病，荚的下端蒂部先表现症状，开始时为灰褐色湿腐状，后期病荚四周长有直立的灰白色茸毛状霉层，中间夹有黑色大头针状孢囊梗和孢子囊，豆荚逐渐枯黄，发病部位由蒂部向荚柄扩展。

（2）发生规律。病菌主要以菌丝体随病残体或产生接合孢子，留在土壤中越冬。翌春侵染豌豆的花和幼果。发病后病部长出大量孢子，借风雨或昆虫传播，该菌腐生性强，只能从伤口侵入生活力衰弱的花和果实。遇到低温、高湿条件，如保护地豌豆浇水后，通风不及时，日照不足，连续阴雨，或露地豌豆在结荚期，植株茂密，株间郁闭，阴雨连绵，田间有积水等，该病易发生和流行。

（3）防治方法。发病初期，可选用64%恶霜灵可湿性粉剂400~500倍液，或75%百菌清可湿性粉剂600倍液，或58%甲霜灵锰锌可湿性粉剂500倍液，或50%甲霜铜可湿性粉剂600倍液，或72%克露或克抗灵、克霜氰可湿性粉剂800倍液等，喷雾防治。

（二）主要虫害

豌豆虫害有潜叶蝇、豆秆黑潜蝇、甜菜夜蛾、美洲斑潜蝇、豆野螟、豆荚螟、蓟马、蚜虫、地老虎、蝼蛄、菜青虫、豌豆象等，应注意及时防治。

1. 潜叶蝇

（1）为害症状。豌豆生长期间常有潜叶蝇为害，主要为害豌豆叶片，在叶片表皮下潜行蛀食，虫道旋转曲折，导致被害叶片逐渐枯黄，严重时全叶枯萎，影响光合作用。潜叶蝇成虫常在嫩荚上产卵，造成大量斑荚，致使豆荚不饱满，明显降低产量。

（2）发生规律。主要以蛹越冬，从早春开始，虫口数量逐渐上升，到春末夏初达到为害盛期。成虫白天活动，吸食花蜜，对甜汁有较强的趋性。卵散产，幼虫孵化后即潜食叶肉，出现曲折的隧道。一般在开花期开始发生，开花后进入盛发阶段。

（3）防治方法。叶片上出现虫道时，可选用5%卡死克乳油2 000倍液，或5%锐劲特悬浮剂1 500倍液等；或20%斑潜净1 200倍液，或1.8%阿维菌素乳油3 000倍液，每隔7天喷一次，视虫情连续防治2~3次。成虫也可用毒饵诱杀。

2. 豆秆黑潜蝇

（1）为害症状。该虫是豌豆苗期至开花前的主要害虫。苗期受害，以幼虫蛀食根茎部，取食皮层，蛀入髓部，使植株萎蔫死亡，造成缺苗断垄。拔取虫株，根颈部肿大，剥查虫株，可见虫蛹，这是与根腐病造成萎蔫的最大区别。豌豆伸蔓以后受害，幼虫蛀入茎髓部取食，老熟幼虫在茎内蛀造羽化孔，并在上端化蛹，造成上端藤蔓枯萎死亡。拔起虫株（蔓），一般有1~3条虫蛹。

（2）发生规律。主要虫源来自于秋播作物田上的豆秆黑潜蝇，迁移到豌豆上产卵繁殖为害，导致早播发生重，迟播发生轻。一般在 10 月中旬以前播种的发生重，以后播种的发生轻，严重时造成翻犁重种。一年可发生 7~8 代。

（3）防治方法。可选用 10% 氯氰菊酯 2 000 倍液加 1.8% 阿维菌素可湿性粉剂 3 000 倍液，或 50% 辛硫磷 800 倍液，或 20% 阿维·杀单 ME 1 200 倍液，或杀虫双 1 500 倍液，或杀虫单 1 500~2 000 倍液，喷雾防治，每隔 5~7 天用药一次，连续防治 2 次，同时可兼治夜蛾科害虫的幼虫。

3. 美洲斑潜蝇

（1）为害症状。主要以幼虫潜食豌豆叶肉，潜道最初呈针尖状，虫道终端明显变宽，隧道两侧边缘具有交替平行排列的黑色粪便，后形成湿黑和干褐区域的蛇形或不规则的白色潜道，俗称"鬼画符"。危害严重时，叶片组织几乎全部受害，叶片上布满潜道，甚至枯萎死亡。成虫产卵也造成伤斑，虫体的活动还传播多种病毒病。

（2）发生规律。世代重叠明显，种群发生高峰期和衰退期极为明显，以春、秋两季为害较重。成虫白天活动，可吸食花蜜。雌虫刺伤豌豆的叶片，作为取食和产卵的场所。雌虫产卵成纵向，于叶片表皮下，或于裂缝内，有时也产于叶柄内。幼虫孵化后即潜食叶肉，出现曲折的隧道。末龄幼虫在化蛹前，将叶片蛀成窟窿，致使叶片大量脱落。30℃ 以上，未成熟的幼虫死亡率迅速上升。幼虫成熟后，在破损叶片表皮外或土壤表层化蛹。每世代夏季 2~4 周，冬季 6~8 周，世代短，繁殖能力强。

（3）防治方法。可选用 25% 斑潜净乳油 1 500 倍液，或 48% 毒死蜱 1 500 倍液，或 5% 顺式氰戊菊酯乳油 2 000 倍液，或 25% 杀虫双水剂 500 倍液，或 98% 杀虫单可溶性粉剂 800 倍液等，喷雾防治。防治时间掌握在上午 8~11 时、露水干后，效果最好。也可采用诱蝇纸诱杀成虫。

4. 甜菜夜蛾、斜纹夜蛾

（1）为害症状。甜菜夜蛾俗称青虫，斜纹夜蛾俗称黑虫，两虫均属夜蛾科害虫，主要为害豌豆苗期，以幼虫躲在植株心叶内取食为害，造成叶片缺刻和孔洞，或成纱窗状，严重时，吃成光秆。

（2）发生规律。以蛹在土内越冬，或以蛹在土中、少数未老熟幼虫在杂草上及土缝中越冬，冬暖时仍见少量取食。这种害虫主要在苗期活动频多，每年繁殖 7~9 代。高温、高湿环境条件下，有利于其生长发育。

（3）防治方法。在 3 龄幼虫前，可选用 10% 虫螨腈悬浮剂 1 500 倍液，或15%苗虫威悬浮剂3 500倍液，或5%高效氯氰菊酯2 500倍液，或5%锐劲特悬浮剂3 000倍液，或5%氟铃脲或氟啶脲2 500倍液，或5%啶虫隆1 500倍液，或1%阿维菌素乳油2 500倍液，或1.5%甲氨基阿维菌素3 000倍液，常规喷雾，在早晨6~8点或傍晚，施药防治，以提高防效。

5. 蚜虫

（1）为害症状。以成虫聚集嫩芽、嫩茎、花蕊及豆荚处吸汁为害，主要为害豌豆嫩尖，致使叶片卷缩、变形、枯黄、植株生长不良或生长停滞，影响开花结荚。同时，虫子大量排泄的"蜜露"，还可诱发煤烟病，使叶片被一层黑色霉覆盖，影响植株光合作用，常造成豆荚品质变劣，产量降低。

（2）发生规律。蚜虫以刺吸式口器吸食豌豆汁液。多发生在豌豆开花结荚期，其繁殖力强，又群聚为害。同时蚜虫可传播多种病毒。每年成虫产下卵后，卵会在枝条缝隙中过冬，等到来年的4月，天气转暖后，开始孵化，这时天气干旱少雨，蚜虫容易大量发生。持续高温、干旱危害加重。

（3）防治方法。可用10%吡虫啉可湿性粉剂2 500倍液，或4.5%高效氯氰菊酯1 500倍液，或50%抗蚜威2 000倍液，或50%溴氰菊酯3 000倍液，或20%啶脒乳油2 000~3 000倍液，进行田间喷雾防治。保护地豌豆可采用高温闷棚法，5—6月，豌豆收获后，将棚密闭4~5天，可消灭虫源。

6. 豆荚螟

（1）为害症状。以幼虫蛀荚为害。幼虫孵化后，在豆荚上结一白色薄丝茧，从茧下蛀入荚内取食豆粒，造成瘪荚、空荚，降低产量，影响种子质量。

（2）发生规律。主要以老熟幼虫在豌豆附近土表下5~6厘米处，结茧越冬。越冬代幼虫在4月上中旬化蛹，4月下旬到5月中旬陆续羽化出土。越冬成虫在冬季豆科作物上产卵。成虫昼伏夜出，趋光性弱。豌豆结荚前，卵多产于幼嫩的叶柄、花柄、嫩芽或嫩叶背面，结荚后多产在豆荚上。幼虫孵化后为害叶柄、嫩茎，蛀入荚内取食豆粒，食尽后转荚为害。转荚为害时，入孔处有丝囊，但离荚孔无丝囊，末龄幼虫离荚入土作茧化蛹，茧外黏有土粒。豆荚螟喜干燥，雨量少、湿度低时，容易发生危害。

（3）防治方法。在卵孵化高峰期，可用1%的四基阿维盐乳油3 000倍液，或1%甲基阿维盐3 000倍液，或奥绿一号1 000倍液，或5%高效氯氟氰菊酯水溶液 1 500 倍液，喷雾防治。要均匀喷湿所有的茎叶、花蕾、花朵和豆荚、以开始有水珠往下滴为宜，即能将产在花蕾、花朵上的卵粒和在豆荚内为害的幼虫杀死灭绝，保护花蕾、花朵和豆荚，使豆荚饱满。在豆荚采收前 10 天，停止用药。

7. 豆野螟

（1）为害症状。幼虫蛀食豌豆花蕾，造成落花落蕾；蛀食幼荚，造成落荚；蛀食后期豆荚，造成蛀孔，并有绿色粪便，严重影响品质和产量。此外，幼虫还为害叶片和嫩茎，为害叶片时，吐丝缀卷几张叶片，在内蚕食叶肉，只留下叶脉。

（2）发生规律。以老熟幼虫或蛹在土表或浅土层内越冬。成虫昼伏夜出，有趋光性。卵散产在嫩荚、花蕾和叶柄上。初孵幼虫蛀入嫩荚，或蛀入花蕾取食，3 龄后的幼虫大多蛀入豆荚内取食豆粒。幼虫老熟后，常在叶背主脉两侧，吐丝结茧化蛹。该虫喜高温、高湿，7—8 月，多雨、土壤湿度大时，成虫羽化和出土顺利，则为害重。

（3）防治方法。在卵孵化盛期防治，可用 2.5% 溴氰菊酯乳油 1 000 倍液，或 48% 的毒死蜱乳油 1 000 倍液，或 10% 的氯氰菊酯乳油 2 000 倍液，或 20% 的杀灭菊酯乳油 1 000 倍液，或 2.5% 的功夫菊酯乳油 1 000 倍液，喷雾防治。

8. 蓟马

（1）为害症状。蓟马有两种，端带蓟马和花蓟马。成虫、若虫多群集于豌豆花器内取食为害，锉吸花器组织，如花瓣、子房等的汁液。花瓣受害后，成白化，经日晒后变为黑褐色，为害严重的花朵萎蔫。叶片受害后，呈现银白色条斑，严重的枯焦萎缩。吸食幼荚汁液后，造成落花落荚和白斑荚，影响产量和质量。

（2）发生规律。蓟马成虫羽化后 2 ~ 3 天，开始交配产卵，全天均进行。卵单产于花组织表皮下，每头雌虫可产卵 77 ~ 248 粒，产卵历期长达20 ~ 50 天。每年 6—9 月，是蓟马为害的高峰期。一般在开花期开始受害，田间杂草多，发生严重。

（3）防治方法。现蕾至开花期重点防治，可用 10% 吡虫啉可湿性粉剂2 500 倍液，或 25% 噻虫嗪水分散剂 8 000 倍液，或 5% 多杀霉素乳油1 000 ~ 1 500 倍液，喷雾防治。可交替喷施，视虫情每隔 7 ~ 10 天喷药一次，连续防治 2 ~ 3 次。

9. 豆天蛾

（1）为害症状。豆天蛾又名豆蛾、豆虫、豆蛹等，以幼虫为害豌豆叶片，轻则吃成网孔，重则将植株吃成光秆，不能结荚，造成减产。

（2）发生规律。一般在6月中旬化蛹，7月上旬为羽化盛期，7月中下旬至8月上旬为成虫产卵盛期，9月上旬幼虫老熟入土越冬。成虫飞翔能力很强，但趋光性不强，喜在空旷而生长茂密的豆田产卵，一般散产于第三、第四片叶背面，每叶1粒或多粒。豆天蛾在化蛹和羽化期间，雨水适中，发生重，干旱或水涝时不易发生；在植株茂密、地势低洼、土壤肥沃的地块，发生较重。

（3）防治方法。1~3龄期，可用80%敌百虫可湿性粉剂1 000倍液，或20%氰戊菊酯乳油2 000倍液，或21%灭杀毙乳油2 000~3 000倍液，或50%杀螟蚣1 000倍液，喷雾防治。每隔7~10天喷施一次，轮换用药，喷药宜在下午进行，连续防治2~3次。

10. 豌豆象

（1）为害症状。豌豆象属单食性害虫，只为害豌豆，以成虫取食花瓣、花粉、花蜜，主要以幼虫为害豆粒，把豆粒蛀食一空，直接影响产量、品质和发芽率。当豌豆开花株率在95%以上时，迁飞到田间产卵，结荚期是豌豆象的产卵高峰期。卵孵化后钻入豆荚，幼虫在豆粒中取食，豌豆收获时，随豆粒带入仓库越冬。

（2）发生规律。豌豆象一年一代，以成虫在贮藏室缝隙、田间遗株、树皮裂缝、松土内及包装物等处越冬。翌春飞至春豌豆地取食、交配、产卵。成虫需经6~14天取食豌豆花蜜、花粉、花瓣或叶片，进行补充营养后才开始交配、产卵。卵一般散产于豌豆荚两侧，多为植株中部的豆荚上，一般每头雌虫一生可产卵700~1 000粒，卵期5~7天，产卵盛期一般在5月中下旬。幼虫孵化后即蛀入豆荚，幼虫期37天左右，老熟时在豆粒内化蛹。化蛹盛期在7月上中旬，蛹期8~9天，此期随收获的豌豆入库，成虫羽化后经数日待体壁变硬后钻出豆粒，飞至越冬场所，或不钻出就在豆粒内越冬。成虫寿命可达330天左右。成虫飞翔力强，迁飞距离3~7千米，以晴天下午活动最盛。豌豆象发育起点温度为10℃，发育有效积温为360℃·天。

（3）防治方法。在豌豆盛花期，可喷施4.5%高效氯氰菊酯乳油1 000~1 500倍液，或0.6%灭虫灵1 000~1 500倍液，或辛硫磷1 000~

1 300倍液，喷雾防治，每隔5～6天喷药一次，连续防治2次，可取得较好效果。豌豆收获后、入库前，每100千克豌豆用磷化铝2片（约6克），室温15～30℃条件下，密闭3～5天，杀虫效果达100%。充分放风后，不影响食用及作种用。必须严格遵守熏蒸的要求和操作规程，避免人畜中毒。

（三）杂草

豌豆田杂草常见的有雀舌草、看麦娘、牛繁缕、碎米荠、稻槎菜、卷耳、一年蓬、鼠曲草、荠菜、猪殃殃、通泉草、蓼等。主要的防治措施如下。

1. 农业防治

（1）实行合理轮作。合理轮作的目的是改变杂草的生态环境，创造不利于杂草生长的条件，通过轮作消灭杂草是行之有效的，同时也最经济的方法。合理轮作，可大大减少下年豌豆田杂草的发生量。

（2）提倡合理密植。合理密植不仅可以提高产量，而且能增强豌豆对杂草的竞争力，达到以苗压草的目的。豌豆封垄早，杂草得不到充足的光照和时间，就难以生长。

（3）杜绝田埂、沟边杂草来源，减少其传播蔓延。

（4）土壤耕作。秋冬季深翻，会将底层一些多年生杂草的地下块茎、地下根茎翻到地表，使其风干、冻死，或将其耙出田间。

2. 化学防治

在豌豆出苗后至封垄前，可用5%精禾草克乳油750毫升/公顷，或10.8%高效盖草能乳油300～750毫升/公顷、对水750千克，或480克/升灭草松水剂1 500～3 000毫升/公顷，行间喷雾，均可达到理想效果。豌豆生长后期已经封垄，此时如果有杂草，可以人工拔除，以免杂草丛生，植株受荫蔽，影响产量，延迟成熟。

七、收获与贮藏

（一）收获

1. 粒用豌豆

豌豆荚从下而上逐渐成熟，持续时间多达50天。往往中下部豆荚已经成熟，而上部荚仍然青绿。如果等待全部豆荚成熟，则下部豆荚会炸荚落粒，如遇雨倒伏后，荚内豆粒发芽、发霉，损失较大。因此，当植株茎叶和豆荚大部分转黄、梢枯干时，应立即收获。宜在早晨露水未干时，进行收运，以防止炸荚落粒。人工收获时，将植株连根拔起或从基部割下，运送晒场后，及时晾晒、脱粒。晒干后的种子含水量应在 13% 以下，这样有利于安全贮藏。

2. 鲜食豌豆

根据市场需求和豆荚用途适时采收，做鲜菜用的嫩茎、青豆粒及制罐头用食荚豌豆的采收期，一般在开花后 14 ~ 18 天，豆荚仍未深绿色，或刚开始变为淡绿色，豆荚充分鼓起，豆粒已达 70% 饱满，为采收适期。如果采收过早，品质虽佳但产量降低；如采收过晚，因荚果中的糖分降低，淀粉增高，则风味变差。一般软荚种宜稍早采收 1 ~ 2 天，开花后 12 ~ 14 天采收为宜，以豆荚清秀可看见果实、但不鼓凸而呈扁平状为好；以食用青豆粒为主的豌豆，开花后 15 ~ 18 天采收为好。因食荚豌豆陆续开花结荚，采收时期也应根据豆荚发育程度，分次进行。

（二）贮藏

1. 粒用豌豆

豌豆种子贮藏的关键是有效地防治豌豆象的为害，必须用综合措施进行防治。

（1）熏蒸法。在豌豆收获后入库前、成虫尚未羽化时，每 100 千克豌豆用磷化铝 2 片（约 6 克），在室温 15 ~ 30℃ 条件下，密闭 3 ~ 5 天，杀虫效果可达 100%。充分放风后，不影响食用及作种子用。

（2）开水烫种法。如贮藏豌豆种子数量少，可用开水烫种，消灭豌豆象。即通过晾晒，使豌豆种子含水量达到安全标准以下。先用大锅将水烧开，把豌豆倒入纱袋，浸入开水中，迅速搅拌 25 秒钟，立即提出，再放入冷水中浸凉，然后摊在席子上晒干，再贮藏。

（3）囤套囤密闭法。如贮藏豌豆种子数量大，也可用囤套囤密闭贮藏，用密闭保温法升温，能杀死潜伏在豆粒中的豌豆象幼虫，同时，由于呼吸作用产生大量的 CO_2，也能使幼虫窒息死亡。具体方法是：豌豆收获后，趁晴天晾晒，使水分降至 14% 以下；当种温很高时，趁热入囤密闭，使其在密闭期间继续升温达 50℃ 以上，入仓前预先在仓底铺一层经过消毒的谷糠，压实，厚度大于 30 厘米。内外囤间距 30 厘米以上。密闭时间一般为 30 ~ 50 天，在密闭期间，种温应升高到 50 ~ 55℃ 才能达到灭虫目的，但升温期不宜过长。密闭 10 天后，间隔 3 ~ 5 天检查一次。达到杀虫效果后，应及时倒囤，重新干燥、降温，再密闭贮藏。

2. 鲜食豌豆

豌豆的主要生产季节是冬季和春季，一年中的上市旺季在 4—6 月和 11—12 月，淡季时间长。若要做到全年供应，则需要采用保鲜处理或低温冷库贮藏，豌豆在冷库里一般可贮藏 1~2 个月。

（1）豌豆荚贮藏。①保鲜剂处理。用 20 毫克/千克的 BA 溶液，喷雾处理豆荚，可抑制叶绿素降解，延缓衰老。包装喷雾后用竹筐贮放，竹筐使用前应用漂白粉溶液消毒。②低温冷库贮藏。装好的豌豆放入预贮间，将温度降至 0℃，进行预冷。豌豆经过预冷后，入冷库贮藏，然后用塑料薄膜罩好。贮藏期间温度保持在 0℃，湿度 85%~90%。初入库时每隔 2 天检查一次温度、湿度及气体成分，使气体含量为氧气 5%~10%、二氧化碳 5%，并及时抖动塑料薄膜通风换气。以后每隔 5 天检查一次，如发现豆荚开始变黄，应立即出售。

（2）豌豆粒贮藏。①冷却贮藏法。把洗净的豆粒投入 100℃沸水中，浸烫 2 分钟左右，捞起后立即放入冷水中，冷却至室内温度，然后沥干水分，装入塑料袋中，排出袋中空气，把塑料袋放入 -25℃速冻库中，充分冻结后，存放在 -18℃贮藏库内，可长期存放，以半年至一年为限。②小包装贮藏法。将豆粒装入 0.01 毫米聚乙烯塑料袋内，每袋 5 千克，密封膜口，袋内加消石灰 0.5~1 千克。贮藏在库内，用 0.01 毫克/升仲丁胺熏蒸防腐，贮藏温度为 8~10℃，每隔 10~14 天开袋检查一次，此法可贮藏 30 天左右。

第四节　豇豆高产栽培技术

一、种植区划与种植方式

（一）种植区划

我国豇豆可以划分为三个主要种植区域，分别是北方春豇豆区、北方夏豇豆区和南方秋冬豇豆区。

1. 北方春豇豆区

包括山西、陕西、内蒙古、河北、辽宁、吉林、黑龙江等省区。一般 5 月上旬播种，8—9 月收获。主要栽培品种为大粒类型。

2. 北方夏豇豆区

包括山东、河南、河北南部、山西南部、陕西南部、江西、湖北等地。冬小麦收获后，6月上中旬播种。主要栽培品种为中粒类型。

3. 南方秋冬豇豆区

包括长江以南各省及云南、广西等地，仅有零星种植。

（二）种植方式

豇豆提倡轮作倒茬，连作会使病害增多，籽粒品质差，抑制根瘤菌发育等。豇豆与非豆科作物的轮作，一般三年一轮。豇豆还适合与多种高秆作物（树行间）进行间作、套种、混种、复种等种植形式。

1. 单作和轮作倒茬

豇豆忌连作，应注意轮作倒茬。豇豆单作时，适宜与小麦、玉米、谷子、高粱、糜子、棉花、马铃薯、甘薯等作物倒茬轮作，轮作周期一般在三年以上，如果田间病虫害严重，间隔时间应该延长。在我国农村地区，豇豆常被种在地头、田埂、垄沟两旁、房前屋后以及山坡地等，这样既可以充分利用土地，又可增收部分豇豆。豇豆最适宜的茬口是谷子、糜子、高粱、马铃薯等，还可与早稻、小麦和其他禾谷类作物复种，如山西省普通豇豆多为麦后复种。

2. 间作套种模式

豇豆喜光耐阴，叶片光合能力强，既可单作，也可间作、套种和混种。普通豇豆常与玉米、谷子、高粱、甘薯等作物间作、套种，也可种在果树、林木苗圃的行间、田埂、地头、垄沟及宅旁间隙地。菜用长豇豆多在田园条件下种植。我国北方地区多为平畦栽培，畦宽1.2~1.5米；南方地区多为高畦栽培，畦宽1.5~1.8米（包括沟），沟深25~30厘米，以利于排水，每畦内种植2行，便于插架采收。长豇豆也可与蒜、早甘蓝及多种瓜菜间套作，还可与夏玉米进行多种形式的间作。

间作、套种种植模式变传统的一年两种两熟为多种多熟，高低搭配，既提高了土地复种指数，充分利用光、热等自然资源，又较大限度地发挥了边行优势，较大幅度提高了单位土地面积经济效益，取得了较好的效果。

豇豆主要的间作、套种模式有：

（1）小麦—越冬菠菜—甜瓜—豇豆模式。上年10月上中旬，做2米宽畦，畦内1.2米播6行小麦、0.8米撒播或条播越冬菠菜。翌年4月上中旬，菠菜采收后，4月底至5月初，播种1行甜瓜；6月上旬，小麦收获后，播 2 行豇豆；6 月中下旬，在甜瓜株间再穴播 1 行豇豆；8 月上中旬，甜瓜收完拉秧，9 月中下旬豇豆收获完成。

（2）大蒜—甜瓜—玉米—豇豆—毛豆模式。上年 9 月下旬至 10 月上旬，做 1 米宽畦，秋播 5 行大蒜，行距 20 厘米；预留 1 米空幅，翌年春季 3 月份，空幅内栽植甜瓜；5 月下旬大蒜收获后，点播 2 行玉米，玉米株间同时点播豇豆；6 月初甜瓜收获后，及时拉去瓜秧，点播 4 行毛豆；一般于 7 月底摘收毛豆。

（3）韭菜—甜玉米—豇豆模式。上年 3 月下旬至 4 月上旬，作畦宽 1.8~2 米，种 7 行韭菜。畦埂宽 1 米，冬春季作为韭菜管理走道，春夏秋季套种甜玉米和豇豆。12 月上旬至翌年 3 月，韭菜收割；3 月下旬，种植 2 行甜玉米，6 月中下旬收获；6 月下旬，播种 2 行豇豆，10 月收获完毕。

（4）生姜—豇豆—大蒜模式。一般在 3 月中下旬播种，每畦 1.2 米，中间种 2 行生姜，边上各种 1 行豇豆，行距 30 厘米；5 月中旬，豇豆开始陆续采收，8 月底采收完；8 月底至 9 月初，大蒜种在豇豆行上，翌年 3 月下旬，采收蒜薹，4 月下旬，收获蒜头。

（5）西瓜—甘薯—豇豆模式。西瓜 4 月下旬播种，7 月中下旬收获；间作甘薯，5 月中下旬，进行垄栽，9 月下旬收获；豇豆 6 月中下旬点播，9 月下旬收获。

二、选地与整地

（一）选地

豇豆不宜连作，同时也避免与豆类作物连茬连作，应注意轮作，以减轻病害发生。豇豆主根系发达，抗旱性强，怕涝，不宜在低洼地种植，但豇豆对土壤环境的适应性较强，对土地质地要求不严，各类土壤均能种植。由于豇豆生长期长，生育期间需要较多的养分，若想进行高产栽培，还是应该选择地势较高或平坦、排灌条件好、土层疏松且深厚、有机质含量丰富、肥力较好的中性壤土或沙质壤土为宜，适宜豇豆种植的土壤 pH 值为 6.0~7.0。

（二）整地

由于豇豆为双子叶植物，叶片大，顶土力弱，整地要深耕细耙，做到上虚下实、疏松适度、深浅一致、地平土碎、土壤通气良好，利于出苗和幼苗生长。由于豇豆的根瘤菌不很发达，特别是植株生长初期根瘤菌固氮能力较弱，因此，为了促进豇豆前期的生长发育，要实行早耕深翻、精细整地，使土层疏松。

整地时要将前茬作物的残枝败叶彻底清除，运出田外，集中做无害化处理，降低病虫害的发病源。整地播种时，要施足基肥，特别是磷钾肥。施足底肥是高产的前提，一般每公顷施腐熟农家肥 37.5 ~ 75 吨、过磷酸钙 300 ~ 450 千克、硫酸钾 150 ~ 300 千克。耕翻深度在 30 厘米以上，土壤细碎且与有机肥充分混合，而后充分晒田，提高土壤的物理性能，促进种子萌发。

鲜食豇豆一般采取畦式种植，在我国北方地区为平畦，畦宽约 1.3 米；南方地区为高畦，双行种植的畦宽（连沟）1.4 ~ 1.6 米，单行种植的畦宽 70 ~ 80 厘米，畦高 25 ~ 30 厘米，以利于排水。每畦种植双行，便于插架采收。

三、适期播种

（一）适宜条件

豇豆有喜温暖、耐高温、不耐霜冻的特点。豇豆春、夏、秋季均可播种，从 3 月下旬到 8 月 10 日左右。春季露地直播的时间，宜在当地晚霜前 10 天左右，此时土壤 10 厘米地温应稳定在 10 ~ 12℃；秋季播种时间宜在当地早霜来临前 110 ~ 120 天；秋延后栽培，一般在 7 月下旬至 8 月上旬播种，以在 7 月大暑前后播种较为适宜，此时播种，产量高，效益好。

（二）优良品种

1. 普通豇豆

有红豇豆和白豇豆两种类型，一般的大田粒用豇豆栽培，可选择优质、丰产、抗逆性强、抗病性好、商品性好、适应市场需要的豇豆品种。

2. 菜用豇豆

有长蔓和短蔓两种类型。栽培时可根据当地消费习惯等实际情况，选择优良的品种。一般春早熟栽培，宜选用早熟、耐寒、耐热、抗病力强、鲜荚纤维少、肉质厚、风味好、植株生长势中等、不易徒长、适于密植的丰产品种；而夏秋和秋延后栽培，要选用优质、耐高温、抗病力强、丰产、植株生长势中等、耐储运、不易徒长的品种。

（三）精心选种

豇豆播前要做到以下几点。

1. 严格精选种子

选择粒大、饱满、色泽好、无病虫害、无损伤并具有本品种特征的种子，剔除杂粒、秕粒、破粒、病粒、霉粒、虫蛀粒及杂质等，这样才能保证出苗快、齐、壮。

2. 晒种

一般在播前，选择晴天，晒种 2～3 天，温度不宜过高，应掌握在 25～40℃。注意摊晒均匀，以增强种子活力，提高发芽率。

3. 浸种

用 30～35℃温水，浸种 3～4 小时，或用冷水浸种 10～12 小时，稍凉后即可播种。经过浸种的种子比干籽粒直播出芽早而整齐，但如果在地温低、土壤过湿的地块种植，最好不要浸种，宜采取直播方式播种。

（四）播种方法

1. 直播

豇豆播种一般采用直播方法，包括露地直播、小拱棚覆膜直播、大棚覆膜直播。直播条件下，豇豆可条播、穴播、撒播、掩种等，一般播种量 30～37.5 千克/公顷，播深 3～5 厘米。条播行距 50～60 厘米，株距 15 厘米左右。穴播一般按行距 50 厘米、株距 40 厘米，开穴播种，4.5 万穴/公顷，每穴播种 3～4 粒，留苗 3 株，播后覆土不宜过厚，以免出苗破土受阻，影响出苗率。

2. 育苗移栽

可避免早春低温阴雨造成的播种后烂种烂根和猝倒病的发生，提高豇豆幼苗的抗逆性，培育壮苗，还可提早上市，延长采收期。育苗时间在 3 月 15 日左右，以加温苗床或营养钵育苗，每穴 3～4 粒，播种后扣小拱棚，或在中棚中育苗。定植前 4～5 天蹲苗。苗床育苗，在第一片复叶展开前移栽；营养钵育苗，可在 2～3 片复叶时移栽，移栽要选择晴天、无风天气进行。

四、苗期管理

（一）播后除草

春播豇豆，一般杂草较少；夏季气温高，雨水多，杂草生长速度快；秋季前期气温高，雨量充沛，杂草生长快。若不及时清除杂草，极易形成草荒，致使杂草与豇豆争水争肥，影响豇豆的正常生长和开花结荚。因此，豇豆苗期必须及时进行除草，在清洁田园的同时，还可减少病虫为害。可在豇豆播种后至出苗前，选用33%二甲戊乐灵（施田补），或72%异丙甲草胺（都尔），或50%敌草胺（大惠利）可湿性粉剂，喷雾防治。

（二）查补间定苗

豇豆在播种后5～7天开始出苗，出苗后，要及时到田间检查苗情，发现缺苗断垄，要及时进行补种或移苗。补苗后要灌溉一次透水，以保证这些苗能与其他正常苗同步生长。在豇豆2～3片复叶展开时，要及时进行间苗、定苗工作，间去弱苗、小苗、病苗、杂苗、劣苗。由于豇豆根的再生能力差，间苗时要避免因幼苗过大而伤及留用苗根系。及时间苗、定苗，可减少无效苗对养分的吸收，避免消耗土壤养分，促进有效苗生长，保证合理的密度，使植株间通风透光，防止病虫害孳生。

（三）及时中耕

豇豆从出苗至开花需中耕除草2～4次，一般每隔8～10天中耕一次，至伸蔓后停止。由于种植豇豆的行距较大，生长初期行间易生长杂草，雨后地表容易板结，因此，要及时中耕除草，松土保墒，这样既对蹲苗促根有一定的促进作用，使根系良好发育生长，又可及时避免争抢养分，减少病虫源。

（四）防旱排涝

由于豇豆不耐涝，田间不能有积水，所以从播种至全苗前，一般不灌溉。以防地温降低，增大湿度而造成烂种，还能防止苗期植株徒长，延迟花芽分化，但要保持田间湿润，遇旱要适量灌溉小水。如遇大雨，要及时排涝。

（五）适宜密度

豇豆留苗密度应根据品种特性、地力和气候条件因地制宜，一般早熟种密、晚熟种稀，直立种密、蔓性种稀，瘠地密、肥地稀，晚播种密、早播种稀。一般用精选种子22.5～30千克/公顷。条播的行距一般为40～50厘米，株距为15～20厘米，密度12万～15万株/公顷；穴播每穴播种2～3粒，保苗1～2株/穴，密度6万～7.5万株/公顷。播深3～5厘米，覆土后轻镇压。如果播种太密，不通风透气，不利于开花结荚，病虫害也会严重发生。

（六）搭架整枝

1. 搭架

在豇豆主蔓长到30厘米时，要及时插架引蔓，可以采用"人"字形。每隔5米立一根柱子，在离地面约1.5米处，用铁丝将2根柱子连接，然后在相对称的两处，以"人"字形插竹竿，且让交叉的部位处于铁丝的水平位置上，将交叉的竹竿与铁丝捆扎严实。这种方式不仅方便易操作，还有良好的防虫害功效，有利于豇豆的生长。

2. 整枝

整枝可促进豇豆开花结荚，对生长进行良好的调节。为了使主蔓粗壮强韧，主蔓第一花序以下的侧枝，应全部剪除；对主蔓第一花序以上的侧枝，应在保留2~3叶后进行摘心，这样有利于侧枝第一花序的形成；主蔓的生长在20~25节、长约3米时，应进行顶芽摘除，以调节营养，控制主蔓的生长，促进下方花芽的形成和生长。全生育期，可分次剪除下部老叶、病叶，并及时清除田间落叶。

五、追肥与灌溉

（一）追肥

合理的肥水管理，调节好营养生长与生殖生长的关系，是保证豇豆丰产的重要措施。豇豆喜肥但不耐肥，要根据豇豆的营养特点和土壤肥力，确定其施肥方案，主要是施足基肥，及时追肥，增施磷钾肥，适量施氮肥。基肥应该以有机肥为主，化学肥料为辅；追肥遵循前重后轻、适量追肥的原则。根据豇豆具有固氮特性的特点，应减少高氮化肥，增施磷、钾肥，适当使用微量元素。

基肥充足，可促进根系生长和根瘤菌的活动，形成根瘤，使前期茎蔓生长健壮，分化更多的花芽，为丰产打下基础。结合整地，施足基肥，应以腐熟的农家肥为主，一般每公顷施优质有机肥30~45吨、过磷酸钙375~450千克、草木灰750千克。豇豆在开花结荚以前，对水肥条件要求不高，管理上以控为主。基肥充足，一般不需追肥，天气干旱时，可适当灌溉。若水肥过多，茎叶徒长，会造成花序节位上升、数目减少，形成中下部空蔓。

当植株第一花序豆荚坐住，其后几节花序显现时，结合灌溉追施氮磷钾复合肥150~225千克/公顷一次；结荚后，隔1~2周再灌溉追肥一次，以保证植株健壮生长和开花结荚；进入豆荚盛收期，需水肥较多，可再进行一次灌溉追肥，每公顷施尿素150千克、过磷酸钙300~375千克、硫酸钾75千克或草木灰600千克。以促进植株生长再结荚，增加产量。反之，如果水肥供给不足，植株生长衰弱，则易落花落荚。在豇豆开花结荚期，可喷施0.3%磷酸二氢钾或3%磷酸二铵、钼酸铵、硫酸锌等，使用时要严格注意浓度，增产效果明显。豆荚生长盛期，可用1%过磷酸钙浸出液喷施，以减少落花落荚。

（二）灌溉

豇豆不耐涝，忌田间积水。豇豆从苗期到开花期，要适当控制水分，生长前期一般不灌溉，防止植株徒长，避免花芽分化延迟；开花结荚期，豇豆需要水分较多，遇干旱要适量灌溉。整个开花结荚期，应保持土壤湿润，灌溉要掌握"浇荚不浇花，干花湿荚"的原则，即开花期控制灌溉，以防止落花，而生长结荚期则灌溉施肥，以促使结荚增大增多。所以，豇豆初花期一般不灌溉，当第一花序坐荚、主蔓长1米左右时，开始灌溉，并逐渐增加灌溉次数和灌溉量。在结荚期，需水量增加，应保持土壤见干见湿，防止过干过湿，一般一周灌溉一次水。晴天高温时应早晚灌溉，保持田间湿润。如遇大雨，应及时排涝。需要注意的是，豇豆生长期间要保持田间灌排水畅通，尤其是大雨过后、多雨季节，减少田间积水现象的发生，田间湿度过大、土壤持水量较高，会造成脱叶、落花及烂根。

六、病虫草害防治

（一）主要病害

豇豆常发生的病害有根腐病、锈病、煤霉病、白粉病、枯萎病、炭疽病、轮纹病、疫病、病毒病、褐斑病，要注意及时识别，并进行化学防治。

1. 根腐病

（1）为害症状。根腐病俗称烂根、死藤、豇豆瘟，各地均有发生，为害较重。豇豆从苗期到收获期均可发病，主要侵害根和茎蔓。根部发病，呈典型根腐，主根、侧根及茎基部变褐色腐烂，病部略凹陷。地上部叶片由基部向上逐渐枯黄，严重时全株枯死，有时根部及茎基部出现褐色纵向裂痕。茎部发病，造成茎腐。开始病部呈水渍状，边缘呈红褐色，后病斑扩展环绕，茎部缢缩呈褐色腐烂，最后致茎蔓枯萎死亡，病部及附近的维管束变褐色。湿度大时，新鲜病部可见有稀疏白霉。豇豆植株开始抽蔓时，往往顶端发生水渍状腐烂枯死，造成"死顶"。

（2）发生规律。病菌生长发育的温度为13～35℃，适宜温度为24～28℃，相对湿度80%。高温、高湿是根腐病流行的重要条件，若遇高温多雨，田间积水，则发病重。此外，土壤黏重，肥力不足，使用带菌肥料，管理粗放，反季节栽培及连作等，容易发病。

（3）防治方法。可用种子量0.5%的50%多菌灵可湿性粉剂拌种；或者用70%甲基托布津可湿性粉剂或50%多菌灵可湿性粉剂22.5千克/公顷，拌细土375~600千克，配成药土，进行土壤消毒；在幼苗发病初期，可用95%绿亨1号3 000倍液，或70%甲基托布津800倍液，或70%敌克松可湿性粉剂1 000倍液，对幼苗基部进行喷施或灌根，每隔7~10天一次，共防治2~3次。

2. 锈病

（1）为害症状。主要为害叶片，严重时也可为害叶柄和豆荚。发病初期，多在叶片背面呈淡黄色小斑点，逐渐变褐，隆起呈小脓疱状，后扩大成夏孢子堆，表皮破裂，散出红褐色粉末即夏孢子。后期形成黑色的冬孢子堆，使叶片变形早落。有时叶脉、豆荚上也产生夏孢子堆或冬孢子堆。此外，叶正背两面，有时可见稍突起的栗褐色粒点，即病菌的性子器；叶背面产生黄白色粗绒状物，即锈子器。

（2）发生规律。在我国北方，病菌主要以冬孢子在病残体上越冬。第二年春，当日平均温度在20℃以上，并具有湿润及光照条件，冬孢子即萌发产生担孢子，借气流传播，遇豇豆即萌发侵入为害。产生夏孢子，借气流传播，有多次再侵染。豇豆植株生长后期形成冬孢子堆越冬（夏）。当温度在20~24℃，相对湿度90%左右，尤其遇阴雨天气，保护地通风不良时，易造成病害流行。

（3）防治方法。发病初期，及时喷施15%三唑酮可湿性粉剂1 000~1 500倍液，或40%福星乳油8 000倍液，或50%萎锈灵乳油800倍液，或50%硫磺悬浮剂200倍液，或30%固体石硫合剂150倍液，或25%敌力脱乳油3 000倍液，或65%的代森锰锌可湿性粉剂500倍液，或50%多菌灵可湿性粉剂800~1 000倍液，每隔10~15天喷一次，连续防治2~3次。

3. 煤霉病

（1）为害症状。煤霉病又称叶霉病，主要侵染豇豆的叶片、茎蔓和豆荚。发病初期，仅在叶的两面出现赤色或紫褐色斑点，扩大后呈近圆形至多角形淡褐色或褐色病斑，直径0.5~2厘米，边缘不明显，叶面密生霉层，且叶片背面较多。发生严重时，病叶干枯，早落，结荚数减少。

（2）发生规律。病菌以菌丝块随病残体在田间越冬。第二年春季，当环境条件适宜时，即可产生分生孢子，随气流或风雨传播，进行初侵染，引起发病，田间有多次再侵染。当温度在25~30℃，相对湿度85%以上，或遇高温多雨，或保护地高温、高湿且通气不良时，是发病的重要条件。

（3）防治方法。在发病初期，要及时喷施药剂控制。药剂可选用 70% 甲基托布津可湿性粉剂 1 000 倍液，或 75% 百菌清可湿性粉剂 600 倍液，或 40% 灭病威胶悬剂 800 倍液，或 40% 禾枯灵可湿性粉剂 1 000 倍液。每隔 10 天左右喷一次，连续防治 2～3 次。

4. 白粉病

（1）为害症状。豇豆白粉病在全国各地均有发生。主要为害叶片，也可为害茎蔓、叶柄和荚。叶片受害，先产生圆形白色小粉斑，后扩大，相互愈合，遍布全叶，沿叶脉扩展成粉带，色泽由白色转为灰白至紫褐色。

（2）发生规律。病菌主要以闭囊壳或菌丝体随病残体越冬，翌年产生子囊孢子或分生孢子，靠气流传播，进行初侵染，后多次再侵染。一般干旱条件下，或昼夜温差大、叶面易结露时，发病严重。

（3）防治方法。发病初期，喷施 50% 硫悬浮剂 500 倍液，或 80% 代森锰锌可湿性粉剂 500 倍液，或 15% 三唑酮可湿性粉剂 2 000 倍液，或 15% 粉锈宁乳油 800～1 000 倍液，或 2% 农抗 120 水剂 200 倍液，每隔 6～8 天喷一次，连续防治 3～4 次。

5. 病毒病

（1）为害症状。主要由豇豆蚜传花叶病毒（CAMV）、豇豆花叶病毒（CPMV）、黄瓜花叶病毒（CMV）和蚕豆萎蔫病毒（BBMV）四种病毒引起，可单独侵染为害，也可两种或两种以上复合侵染。根据病原的不同，豇豆病毒病有卷叶萎缩型、花叶斑驳型、明脉皱缩型三种类型，近年来以花叶斑驳型最为突出。豇豆叶片、果实、豆荚和种子等，均可受病毒病为害。叶片受害后，在新叶上表现黄绿相间的花斑或不规则花叶，老叶上通常不表现症状；植株受害后，整株植物矮缩，叶片褪绿，畸形，发育不正常，有的病株生长点枯死，或从嫩梢开始坏死；豆荚受害后，有黑色或褐色局部斑，畸形，感染疾病的种子较小，变色。

（2）发生规律。此病毒喜高温干旱的环境，适宜发育温度为 15～38℃，发病最适条件为温度 20～35℃、相对湿度 80% 以下，发病潜育期 10～15 天。遇持续高温、干旱天气，或蚜虫发生重时，容易使病害流行。豇豆病毒病初侵染，主要由带毒种子和越冬寄主植物完成。生长季节蚜虫使病害迅速扩展蔓延，一切有利于蚜虫发生和迁飞的环境条件，均有利于豇豆病毒病的发生和流行。一般气候干燥、豆田肥水条件差、管理粗放等条件下，发病严重。不同品种发病程度也不同，一般蔓生品种较矮生品种，发生较严重。

（3）防治方法。蚜虫发生期间，用10%吡虫啉可湿性粉剂2 000~3 000倍液，喷雾防治；当田间发现零星病株时，可用1.5%植病灵Ⅱ号乳剂1 000倍液，或20%病毒A可湿性粉剂500~700倍液，或50%多菌灵可湿性粉剂500~800倍液，或50%托布津可湿性粉剂600~1 000倍液，喷雾防治，每隔7~8天喷一次，连续防治3~4次。

6. 轮纹病

（1）为害症状。常与煤霉病同时发生，主要为害豇豆的叶片，严重时也为害茎和豆荚。叶片初生深紫色小斑点，后扩大成直径4~8毫米的近圆形褐斑，斑面具明显赤褐色同心轮纹，潮湿时生有灰色霉状物，但量少而稀疏，远不及煤霉病浓密、明显。茎部发病，产生浓褐色不正形条斑，后绕茎扩展，致使病部以上的茎枯死。荚上的病斑紫褐色，具有轮纹，病斑数量多时，荚呈赤褐色。

（2）发生规律。以菌丝体和分生孢子在病部或随病残体遗落土中，越冬或越夏；也可以菌丝体在种子内或以分生孢子黏附在种子表面，越冬或越夏。分生孢子由风雨传播，进行初侵染和再侵染，病害不断蔓延扩展。南方周年都有豇豆种植区，病菌的分生孢子辗转传播为害，无明显越冬或越夏期。天气高温多湿，栽植过密，通风差及连作低洼地，发病重。

（3）防治方法。在发病初期，用25%多菌灵可湿性粉剂400倍液，或77%可杀得可湿性微粒粉剂500倍液，或70%甲基硫菌灵可湿性粉剂1 000倍液加75%百菌清可湿性粉剂1 000倍液，或15%粉锈宁1 500倍液，每隔7~10天喷一次，连续防治2~3次。

7. 豇豆疫病

（1）为害症状。病原菌为豇豆疫霉菌，真菌病害，是豇豆重要病害之一。主要为害茎蔓、叶片或豆荚。茎蔓发病，多在节附近，尤其以近地面处居多。发病初期，病部呈水浸状暗褐色斑，后绕茎扩展变褐色缢缩。病部以上茎叶萎蔫枯死，湿度大时，皮层腐烂，病部表面着生白霉。叶片染病，初生暗绿色水浸状斑，周缘不明显，扩大后呈近圆形或不规则的淡褐色斑，表面着生稀疏白霉，即孢子囊梗和孢子囊。荚感病后，多数腐烂。

（2）发生规律。豇豆疫霉病菌以卵孢子在病残体上越冬。条件适宜时，卵孢子萌发产生芽管，芽管顶端膨大形成孢子囊，孢子囊萌发产生游动孢子，借风雨传播。以后，病部产生孢子囊进行再侵染，生育后期形成卵孢子越冬。疫霉病菌生长适宜温度为 25～28℃，最高温度为 35℃，最低温度 13℃，只为害豇豆。连续阴雨或雨后转晴，湿度高，易发病。地势低洼、土壤潮湿、密度大、通风透光不良条件下，发病重。

（3）防治方法。发病初期开始，喷施 58% 甲霜灵·锰锌可湿性粉剂 500 倍液，或 64% 杀毒矾可湿性粉剂 500 倍液，或 50% 甲霜铜可湿性粉剂 800 倍液，或 72% 霜霸可湿性粉剂 700 倍液，或 69% 安克锰锌可湿性粉剂 1 000 倍液，每隔 10 天左右喷一次，连续防治 2～3 次。

8. 枯萎病

（1）为害症状。真菌性病害，为尖镰孢菌豇豆专化型病菌侵染所致，是豇豆发生较普遍而严重的病害。豇豆从幼苗到成株均可受害，其中以开花至结荚期发病较盛。发病时，一般先从距地面较近的叶片自下而上开始表现，发病初期，中午叶片萎蔫下垂，早晚恢复正常，似失水状，而后萎蔫不能恢复，最后全株枯死。茎基部和根部维管束组织变褐，根部腐烂。潮湿时，病部表面着生粉红色霉层，即病菌分生孢子座。在潮湿的环境下，靠近地面的茎基部或中部分枝处，常长出白色至淡紫色霉状物。

（2）发生规律。病原菌以菌丝体和厚垣孢子，随病残体遗落在土中越冬，病菌腐生性较强。病菌借助灌溉水、农具、施肥等传播，从伤口或根冠侵入，在维管束组织中产生菌丝，菌丝分泌出毒素或堵塞导管，致细胞死亡或植株萎蔫，后形成厚垣孢子，在土壤中越冬。病菌生长发育适宜温度为 27～30℃，最高温度为 40℃，最低为 5℃，最适 pH 值为 5.5～7.7。发病适宜温度为 20℃ 以上，以 24～28℃ 为害最重。在适温范围内，相对湿度在 70% 以上时，病害发展迅速，如遇多雨，病害更易流行。连作地、低洼潮湿地，或大水漫灌、田间受涝，往往发病严重。

（3）防治方法。可用生石灰 750～1 800 千克/公顷，或 70% 土菌消可湿性粉剂 45～75 千克/公顷，加细土 750～1 500 千克，进行土壤消毒；发病初期，可用 70% 甲基托布津 500 倍液，或 50% 多菌灵 500 倍液，或 60% 多菌灵盐酸盐可湿性粉剂 600 倍液，或 70% 恶霉灵可湿性粉剂 1 000～2 000 倍液，轮换灌根，每隔 7～10 天再灌一次，每株灌根 250 毫升药液。

9. 褐斑病

（1）为害症状。褐斑病又称褐缘白斑病，病原属半治菌亚门真菌。主要为害豇豆叶片。被害叶片病斑近圆形，直径 1～10 毫米或更大，斑纹较细，周缘赤褐色至暗褐色，略凸，中间褐色，后褪为灰褐色至灰白色，故称褐缘白斑病。发病部位与健康部位分界较明晰，斑中部呈灰褐色，斑面轮纹却不太明显。高湿时，叶背面病斑产生灰黑色霉状物，但较煤霉病的量少且稀。

（2）发生规律。此病最适发病温度为 20～25℃，相对湿度 80% 以上，高温高湿，种植过密，通风不良，偏施氮肥，发病较重。

（3）防治方法。发病初期，可选用 10% 苯醚甲环唑水分散颗粒剂 1 500～2 000 倍液加 4 000 倍液硕丰 481，也可用邦佳威 500 倍液加 40% 晴菌唑水分散粒剂 6 000 倍液，视病情 7～10 天喷一次，连续防治 2～3 次。

10. 炭疽病

（1）为害症状。主要为害豇豆的叶片、茎和豆荚。叶片症状发生在叶背面的叶脉上，初为红褐色条斑，后变为黑褐色或黑色，并扩展为多角形网状斑，叶柄和茎病斑锈褐色，细条形，凹陷，龟裂。豆荚上初现褐色小点，扩大后为圆形或近圆形褐色至黑褐色斑，边缘稍隆起，四周常有红褐色或紫褐色晕环，湿度大时，溢出粉红色黏质物。

（2）发生规律。主要以潜伏在种子内和附着在种子上的菌丝体越冬，播种带菌种子，幼苗染病，在幼苗子叶或幼茎上产生分生孢子，借雨水、昆虫传播；病菌也可以菌丝体附着在病残体内越冬，翌春产生分生孢子，通过雨水飞溅进行初侵染，分生孢子萌发后产生芽管，从伤口侵入或直接侵入，经 4～7 天潜育，出现症状，并进行再侵染。气温在 17℃ 左右、空气湿度 100% 时，有利于发病；温度高于 27℃、相对湿度低于 92%，则不易发生；温度低于 13℃、湿度低于 95%，病情停止发展。该病在冷凉、多雨、多雾、多露、多湿地区，或种植过密、地势低洼、排水不良等地，发病重。

（3）防治方法。发病初期，可选用 10% 苯醚甲环唑水分散粒剂 1 000～1 500 倍液，或 25% 咪鲜胺乳油 1 000 倍液，或 5% 亚胺唑可湿性粉剂 1 000 倍液加 75% 百菌清可湿性粉剂 600 倍液，或 20% 唑菌胺酯水分散粒剂 1 000～1 500 倍液加 70% 丙森锌可湿性粉剂 700 倍液等，喷雾防治。视病情间隔 7～10 天喷一次，连续防治 2～3 次。

（二）主要虫害

豇豆的主要虫害有豆荚螟、美洲斑潜蝇、蓟马、红蜘蛛、蚜虫、食心虫、粉虱、甜菜夜蛾、斜纹夜蛾等。按照"预防为主，综合防治"的植保方针，坚持"以农业防治、物理防治、生物防治为主，化学防治为辅"的综合防治原则。

1. 小地老虎

（1）为害症状。俗称地蚕、土蚕、切根虫、黑老虎等，是为害春豇豆的主要地下害虫，老熟幼虫常在春季钻出地表，在表土层或地表为害，咬断幼苗的茎基部，3龄前幼虫啃食幼苗叶片成网孔状，4龄后咬断幼苗嫩茎，造成缺苗断垄和大量幼苗死亡。

（2）发生规律。该虫一年可发生4~5代，以老熟幼虫、蛹及成虫越冬。成虫夜间活动，交配产卵，卵常产在5厘米以下的杂草上和靠近地表的叶背面、茎基部，散产或堆产。成虫对黑光灯趋性强，并具有强烈的趋光性，喜食糖蜜及带有酸性、甜性的汁液。幼虫通常为6龄，3龄前吃豇豆的嫩叶，昼夜取食，不入土，食量小，为害不大；3龄后白天潜伏在表土中，夜间进食，常将豇豆的嫩叶、嫩茎拖至地表下3厘米左右的洞穴中，以备白天食用。老熟幼虫有假死性，稍微触动豇豆，就会有察觉，滚落到地表，卷成环形，与土壤混为一色，很难辨认。

（3）防治方法。播种前，结合翻地，撒施毒死蜱颗粒剂15~30千克/公顷；播后苗前，可用高效氯氰菊酯1 500倍液喷雾。出苗后，可用90%敌百虫1 000倍液，或40%乐斯本乳油800倍液灌根，每穴50~100毫升；或在小地老虎1~3龄幼虫期，用48%毒死蜱500倍液，或90%敌百虫800倍液，或50%辛硫磷乳油800倍液，喷雾防治。小地老虎1~3龄幼虫期抗性差，且暴露在地面上的植株上，防治效果好。

2. 白粉虱

（1）为害症状。成虫和若虫群集在叶片背面，吸取叶片汁液造成叶片变色。同时还大量排泄蜜露，污染果实，降低品质，影响叶片的光合作用和呼吸作用，严重时造成叶片萎蔫。繁殖速度快，很容易暴发成灾。

（2）发生规律。在温室条件下，一年内可发生10余代，世代重叠现象明显，冬季在室外不能存活。白粉虱繁殖的最适宜温度为18~21℃，在温室条件下，完成一代需要30天左右，成虫羽化后1~3天可交配产卵，也可进行孤雌生殖，其后代均为雌性。白粉虱的种群数量，由春至秋逐步发展到高峰。

（3）防治方法。可用25%扑虱灵乳油1 000~2 000倍液，或2.5%天王星乳油3 000倍液，或30%大功臣可湿性粉剂30克/公顷，或25%甲基克杀螨1 000倍液，早期喷施1~2次，即可有效控制白粉虱。

3. 美洲斑潜蝇

(1) 为害症状。从苗期开始为害豇豆叶片。以幼虫蛀入豇豆的叶片内潜食叶肉，仅剩上下表皮，形成迂回曲折的灰白色隧道，俗称鬼画符。一般在叶片正面形成灰白色蛇行蛀道，随虫体发育虫道不断延长，虫道终端常明显变宽。不能到达中脉，隧道两侧有交替排列的黑色虫粪，幼虫老熟后，从叶内脱落化蛹。

(2) 发生规律。美洲斑潜蝇在叶片外部或土表化蛹，高温干旱对化蛹均不利，18~35℃条件下，美洲斑潜蝇均能正常生长发育，32℃为其最适生长发育温度，湿度对美洲斑潜蝇影响不大。成虫羽化高峰在上午 10 时前，有趋光、趋密和趋绿性，对黄色有强烈的趋性。幼虫于早晨露干后至上午 11 时前在叶片上活动最盛，主要靠卵和幼虫随寄主植物或栽培土壤、交通工具等远距离传播。发生盛期为 5 月中旬至 6 月，9 月至 10 月中旬。

(3) 防治方法。幼虫始发期，选用 1.8% 虫螨克 2 000 倍液，或 0.2% 高渗甲氨基阿维菌素苯甲酸盐 1 500 倍液，或 1.8% 阿维菌素 1 000 倍液，或 10% 吡虫啉可湿性粉剂 1 000 倍液，或 20% 灭蝇胺悬浮剂 1 200 倍液，每隔 6~7 天喷一次，连续防治 3 次。豇豆幼苗 2~4 叶为重点防治时期，喷药时间应在晨露干后至上午 11 时前，此时，成虫和老熟幼虫活动频繁并暴露在叶面，防治效果好。

4. 蓟马

(1) 为害症状。蓟马与蚜虫一样，成虫、若虫均以刺吸式口器吸取豇豆的幼嫩组织和器官汁液，形成许多细密而长形的灰白色斑，叶尖枯黄，严重时叶片扭曲枯萎。主要为害豇豆的叶片、花和嫩荚，对花的为害尤其严重；其次是对嫩荚的为害，豇豆受蓟马为害后，叶片皱缩、变小、卷曲或畸形，大量落花落荚；幼荚畸形或荚表面形成许多暗红色小斑点，严重时小斑点连成一片，在豇豆荚上形成褐色不规则斑块；严重受害时托叶干枯，心叶不能伸开，生长点萎缩，茎蔓生长缓慢或停止，从而影响豇豆的外观品质和产量。蓟马为害豇豆植株时，还会传播多种病毒。

(2) 发生规律。蓟马世代重叠，可同时见到各虫态的虫体，繁殖能力强，多行孤雌生殖，也有两性生殖。蓟马年发生世代可达 20 代以上，一般高温干燥季节发生较多，往往在短时间内，虫口密度迅速增加，严重为害植株生长发育，而多雨高湿环境不利于蓟马发生。蓟马成虫飞翔能力弱，一般借风力传播。

（3）防治方法。可选用10%吡虫啉可湿性粉剂1 000倍液，或25%吡蚜酮1 500倍液，或25%噻虫嗪水分散粒剂4 000倍液，或10%烯啶虫胺水剂3 000倍液，或2%甲维盐乳油800倍液，或1.8%阿维菌素乳油600倍液等，喷雾防治。在早晨开花后至上午11时前喷药，重点喷施花器、叶背和嫩梢，花期每隔5~7天喷一次，连续3~5次。

5. 蚜虫

（1）为害症状。蚜虫是豇豆的主要虫害，又是豇豆病毒病的主要传毒媒介之一，常成群密集于叶片上刺吸汁液，并排出蜜露招引蚂蚁，引起霉菌侵染，影响光合作用。蚜虫以群居为主，在某一片或某几株植株上大量繁殖和为害。蚜虫为害具有毁灭性，发生严重时，可导致豇豆绝收。

（2）发生规律。成虫、若虫有群集性，常群集为害。豇豆蚜繁殖力强，条件适宜时，4~6天即可完成一代，每头雌蚜可产若蚜100多头，因此，极易造成严重为害。蚜虫发生规律与环境湿度和温度密切相关，中温、干燥环境有利于蚜虫的发生和传播；相反，高温、高湿环境不利于蚜虫的发生和传播。春末夏初气候温暖，雨量适中，利于该虫发生和繁殖。旱地、坡地等地块发生严重。

（3）防治方法。用10%的吡虫啉可湿性粉剂1 500倍液，或5%除虫菊素乳液800~1 000倍液，或螨蚜杀净（0.5%齐螨素）2 000倍液，均匀喷雾防治。根据植株虫害情况，有针对性地对蚜虫聚居的植株或群体，进行重点防治。

6. 豇豆荚螟

（1）为害症状。豇豆荚螟俗称豇豆螟、豆野螟、豆卷叶螟等，以幼虫蛀入花蕾和豆荚中为害，造成落花落荚。初孵幼虫在花蕾或嫩荚上爬行几个小时后，蛀入花蕾或嫩荚中取食；3龄幼虫转害嫩荚，4龄、5龄幼虫主要在豆荚内蛀食为害，并有多次转荚为害特性；后期豆荚被蛀食后产生蛀孔，在豇豆豆荚内及蛀孔外堆积粪粒。幼虫还能吐丝将叶片卷起，在内吞食叶肉。

（2）发生规律。该虫喜高温高湿，主要在花瓣、花托和花蕾上产卵，初孵幼虫很快蛀入花内为害，3龄后转害豆荚取食豆粒。成虫昼伏夜出，有弱趋光性。豇豆不同生育期的花荚被害，以初花期较低，盛花期迅速上升，到结荚盛期最高。

（3）防治方法。药剂防治的策略是"治花不治荚"，即在豇豆始花期开始，采用5%氯虫苯甲酰胺悬浮剂1 000倍液，或1%甲氨基阿维菌素苯甲酸盐3 000倍液，或1.8%阿维菌素乳油2 000倍液，或15%茚虫威悬浮剂1 000~1 500倍液等，对花喷雾，交替用药，以后每隔7~10天喷一次，花期连续防治2~3次。用药部位主要是花和嫩荚，喷药时间以早晨7~9点钟，花瓣开放时，效果最好。

7. 红蜘蛛

（1）为害症状。红蜘蛛又称叶螨，主要以成螨、幼螨在叶片上吸食叶背汁液为主。在初期阶段，有灰白色的小点出现在叶片上，随后逐步扩展。随着为害加重，叶片上呈现出斑状花纹，叶片似火烧状。严重时会造成叶片发黄、变枯、脱落，影响植株的光合作用，植株变黄枯焦，甚至使整个植株枯死。

（2）发生规律。年发生20代以上，以两性生殖为主，雌螨也能孤雌生殖，世代重叠严重。一般在3月上中旬，平均气温在7℃以上时，朱砂叶螨雌雄同时出蛰活动，并取食产卵，6—8月是为害高峰期。其活动温度范围为7~42℃，最适温度为25~30℃，最适相对湿度为35%~55%，因此高温干燥是红蜘蛛猖獗的气候因素。在田间先点片发生，后再扩散为害，高温低湿有利其繁殖，雨水多对其发生不利。豇豆叶片越老受害越重。

（3）防治方法。可用20%三氯杀螨醇乳油1 000倍液，或20%丁氟螨酯悬浮剂1 500倍液，或甲阿维乳油3 000倍液，或用阿维菌素3 000倍液，均匀喷雾防治。

8. 食心虫

（1）为害症状。以幼虫蛀入豇豆豆荚，咬食豆粒，轻者沿瓣缝将豆粒咬成沟，重者把豆粒吃掉大半，豆荚内充满粪便，降低豇豆的产量和质量。

（2）发生规律。幼虫孵化后，很快钻入豆荚内为害，在荚内为害20~30天。在收获前后，幼虫在豆荚边缘穿孔脱荚，落地后入土越冬。在土壤中生活达10个月之久。

（3）防治方法。药剂可选用2.5%高效氟氯氰菊酯乳油2 000~4 000倍液，或2.5%联苯菊酯乳油2 000~4 000倍液，喷雾防治。施药时间以上午为宜，重点喷施植株上部。

（三）主要杂草

豇豆田水肥条件好，则杂草发生量大。杂草除与豇豆争肥、争水、争光，直接为害豇豆外，还是多种病虫害的中间媒介和寄主，可加重豇豆病虫害的发生和为害，影响豇豆的生长，降低品质和产量，可减产12.7%～60%。由于豇豆对除草剂较为敏感，许多除草剂都可能影响出苗，甚至出苗后逐渐死亡。因此，在不同时期，应选择使用对豇豆安全、除草效果好的不同除草剂。

1. 苗期除草

豇豆属于豆科（阔叶）蔬菜。若在豇豆生长期间防除禾本科杂草，可在禾本科杂草3～5叶期，每公顷用45%精奎禾灵可湿性粉剂300毫升，或20%烯禾啶乳油1 500毫升，或15%精吡氟禾草灵乳油750～900毫升，或10.8%高效氟吡甲禾灵乳油450～750毫升，对水40～50千克，对杂草茎叶进行喷雾处理。

若防除阔叶型杂草，可在豇豆苗后1～3片复叶时，用25%氟磺胺草醚水剂750～1 500毫升/公顷、对水750千克，或48%苯达松1 500～3 000毫升/公顷、对水45千克，或40%灭草松乳油900～1 800毫升/公顷、对水750千克，行间均匀喷雾，可有效去除田间杂草。

2. 中后期除草

可选用恶草灵3 000毫升/公顷，或48%丁都乐乳油1 500毫升/公顷，或25%氟磺胺草醚水剂1 500毫升/公顷、加12.5%氟吡甲禾灵乳油900毫升/公顷、对水750升，行间定向喷雾，可有效去除豇豆田间杂草。也可选用广谱灭生性除草剂，如草甘膦水剂2 250～3 000毫升/公顷，对水750～1 050升，在豇豆苗行间定向喷施，可一次性解决杂草。为了防止药液飘逸，可在喷头上加装防护罩。该药不具内吸传导性能，即使少量药液喷施到豇豆叶上，也仅仅产生局部坏死斑点，不会影响整株豇豆的正常生长。

七、收获与贮藏

（一）收获

1. 粒用豇豆

豇豆多为无限结荚习性，开花结荚期较长，陆续成熟，应在豆荚变黄成熟后分批采收。过早过晚都会影响种子质量，故不可一次性采收。开花后第18天的豇豆种子活力最强，是采收种子的最佳时期，此时豆荚由绿变黄、荚壁充分松软，表皮显萎黄，用手弯曲荚果不易折断，用手按豆荚种子能够滑动。但豇豆种子成熟期处于气温比较高的季节，如遇阴雨天气不能及时采收，种子易发生霉烂或在豆荚内发芽，影响种子的产量和质量。

此时，需要提前采收进行后熟处理，于通风处晾晒，后熟 7 天左右脱粒，较为合适。

直立品种在大面积种植时，可于植株开始落叶、有三分之二的豆荚干枯并呈现黄色时收获，晒干后，人工或机械脱粒；也可用脱粒机低转速（200～400 转/分）脱粒，以免损伤种子。由于许多豇豆品种有匍匐生长习性，故一部分成熟豆荚容易在地面受到污染，入库前应先精选清除。晾晒至种子含水量在 14% 以下时，装袋密封保存于阴凉干燥处，注意防鼠害、防潮、防虫。豇豆在储运过程中，要做到单独运输、单独脱粒、单独贮藏，确保无混杂。

2. 鲜食豇豆

鲜食豇豆在定植后 40～50 天，即达到始收期，采收一般在开花后 10～15 天进行，此时嫩荚发育充分饱满，荚肉充实脆嫩，荚条粗细均匀，种子显露而微鼓，荚果由深绿色变为淡绿色，并略有光泽，采收最好。采收过早，荚太嫩，产量太低；采收过晚，豆荚里籽粒已充分发育，豆荚纤维化，变坚韧，食用品质变劣，且落花落荚严重。因此，达到商品成熟期，应及时采收。

（二）贮藏

1. 粒用豇豆

豆象发生严重与否，与采收及贮藏条件有很大关系。豇豆分批采收后，先在阴凉处摊开，晾干水分，应避免直接在烈日下暴晒，否则会导致种皮皱缩，影响发芽。然后置于阳光下晒透，勤翻动，晾晒 7～10 天即可。

豇豆籽粒晒干后，可熏蒸处理。即在豇豆收获后入库前，每 100 千克豇豆用磷化铝 2 片（约 6 克），室温条件下，密闭 3～5 天，再充分放风后，杀虫效果好。也可拌药贮藏，即入库前用 0.5%～1% 的敌敌畏和 0.1%～0.2% 的敌百虫喷雾，密闭 72 小时后，通风 24 小时，并对仓库进行消毒。待种子含水量达到 8% 以下，可入库保存，并注意保持阴凉干燥，并防虫防鼠。

2. 鲜食豇豆

多以籽粒未饱满果实供食用，一般常温自然条件下，鲜食豇豆的贮藏期只有 2～3 天；在适宜的温度、湿度条件下，可贮藏 2～3 周。在上市的旺季，一般天气炎热，豇豆极易老化腐烂。因受自然条件的限制，夏秋旺季豇豆供过于求，造成大量堆积、滞销、价格低廉，故储运保鲜成为产业链中的一个关键措施。豇豆采用低温贮藏、气调保鲜或热水处理等技术，可以显著降低豇豆的腐烂率，延长货架期，有效保持豇豆的商品性，可达到较好的贮藏效果。

（1）低温贮藏技术。豇豆采收后，应尽快除去田间温度，采后立即预冷，使温度降至10℃左右，且保证有足够的散热间距。可采用自然冷却、风冷、人工冷库降温或真空冷却等。一般在数量少时，多采用自然冷却，或用鼓风机通风冷却；有条件的蔬菜基地或大批量生产时，可建立人工冷库进行预冷，速度快，效果好。豇豆贮藏温度不能太低，冷藏的冷害临界温度是8℃，以5～7℃为宜，空气相对湿度85%～90%。

（2）气调保鲜技术。采用3% O_2 + 1% CO_2 + 96% N_2 的气体环境，可以较好地保持豇豆的品质，延长贮藏时间，一般可贮藏30天左右。

（3）热水处理技术。在50℃热水中处理20分钟，对豇豆豆荚的保鲜效果最好。能较好地减缓豇豆营养品质的下降，延缓豆荚采后衰老速度，有利于延长贮藏期限，并保持豇豆豆荚原有的风味品质。

第五节　鹰嘴豆高产栽培技术

一、种植区划与种植方式

（一）种植区划

鹰嘴豆具有十分广泛的适应性，但其最适宜的栽培区域是冷凉的干旱地区。因而在热带和亚热带地区，鹰嘴豆作为冷季作物栽培，而在温带少雨地区，则作为春播作物栽培。据此可将我国鹰嘴豆种植划分为春播区、夏播区和秋播区三个大区，其中春播区又可分为西北和东北两个亚区。

1. 西北春播亚区

该区是鹰嘴豆最适宜的种植区，也是中国鹰嘴豆的主产区。包括新疆、甘肃、青海、宁夏、内蒙古和陕西、山西、河北省北部等地。本区降水稀少，主要依靠灌溉来满足其生长发育所需的水分。

2. 东北春播亚区

该区也是鹰嘴豆的适宜种植区，包括黑龙江、吉林和辽宁等地。年降水量在600毫米左右，可基本满足鹰嘴豆生长发育所需的水分。

3. 鹰嘴豆夏播区

包括陕西、山西、河北三省的南部和河南、山东等省，即冬小麦产区。一般小麦收获后，复种鹰嘴豆。

4. 鹰嘴豆秋播区

包括云南、广西、四川、贵州、湖南、湖北、江苏、浙江、江西、福建、广东、海南和台湾等地。

（二）种植方式

鹰嘴豆与其他豆类作物一样，具有生物固氮、肥田养地、改良土壤等优点，可单种、套种、复种，或与其他作物轮作倒茬。

1. 单作和轮作倒茬

鹰嘴豆不耐连作，多与麦类、玉米、高粱、棉花、甜菜等作物轮作倒茬三年以上。有些地区还作为甘蔗的填闲作物或水稻后的二茬作物栽培。鹰嘴豆生物固氮量高，单作时可达 90 千克/公顷，留给后茬作物约 49.5 千克/公顷，是轮作中的养地作物。在我国，鹰嘴豆仅种植于干旱少雨的地区，与禾本科作物、豌豆、小扁豆等轮作或单作，以利于机械化收获。在甘肃省干旱及半干旱地区，鹰嘴豆主要进行休闲地春季填闲单种，大面积播种的新品种产量可达 3 750 千克/公顷以上，套种时产量可达 2 250 千克/公顷以上。

常见的轮作方式有：鹰嘴豆—高粱—棉花，鹰嘴豆—休闲—大麦或小麦，鹰嘴豆—玉米—小麦等。

2. 间作套种模式

除单作外，鹰嘴豆也可与大麦、小麦、高粱、玉米、豌豆、小扁豆、亚麻、芥菜、红花、野豌豆等作物间作、套种，在我国有与马铃薯间作获得双高产的实例。试验证明，在氮肥用量少的地区，鹰嘴豆与小麦间作套种，小麦产量不仅没有减少，还可多收一季鹰嘴豆，而小麦的蛋白质含量提高了 3%。有的地方还在禾本科作物和蔬菜作物垄背上播种鹰嘴豆。间作、套种提高了单位面积产量，改善了品质，降低了成本，增加了收入。

目前，鹰嘴豆常见的间作模式，主要是玉米和鹰嘴豆间作。2 行玉米和 3 行鹰嘴豆，带宽 1.4 米，2 行玉米宽为 0.8 米，3 行鹰嘴豆宽为 0.6 米，玉米和鹰嘴豆间的距离是 0.3 米。

二、选地与整地

（一）选地

鹰嘴豆对土壤要求不严，重壤土、沙壤土、沙土均可种植，但在质地疏松、排水良好的轻壤土上种植最好，可获得丰产优质。鹰嘴豆对盐碱土反应敏感，适宜的 pH 值在 5.5~8.6，当土壤 pH 值低于 4.6 时，镰刀菌萎蔫病为害加重。茬口不宜选豆科作物作前茬。

（二）整地

鹰嘴豆多种植在雨季末，生长在旱季，因此，整地以蓄水保墒为主，提倡秋季整地，深松或深耕 18~22 厘米。雨季把降水蓄存在土壤中。坡地上要防止地表径流和水土流失，深松或深耕 25~30 厘米。与未深耕的相比，播种后萎蔫病发病率从 7.3% 减少到 0.6%，增产 517.5 千克/公顷。整地前，施入充分腐熟的优质农家肥 30 000 千克/公顷、氮肥 15 千克/公顷、钾肥 15 千克/公顷，然后进行耙糖保墒和整地。施用钼、锌等微量元素肥料，对鹰嘴豆的增产有效。

播前整地，必须达到"齐、平、松、碎、净、墒"六字标准，使土壤处于待播状态。平，即作业后的土壤表层没有垄起的土堆、土条和明显的凹坑；齐，即田边地角要整到，到头到边，深度均匀，无漏耙，少重耙；松，即作业后表层土壤疏松，保持适宜的紧密度；碎，即土块要耙碎，不允许有泥条及尺寸大于 6 厘米以上的土块；净，即地表要干净，肥料覆盖良好，无作物残茬、杂草和废膜裸露；墒，即适时作业，墒情适当。

三、适期播种

（一）适宜条件

鹰嘴豆适宜种植在较冷的干旱地区，我国西北、东北、华北地区均可广泛种植。苗期在雪覆盖下，能抗 -9℃ 的低温。生长期的适宜温度，白天为 21~29℃，夜间 15~21℃。若温度低于 -9℃，植株则冻死。根据品种的生育期不同，不同品种出苗至开花需要 750~800℃·天的活动积温，出苗至成熟需要 1 900~2 800℃·天的活动积温。在年平均温度 6.3~27.5℃的地区，均可种植鹰嘴豆。

在新疆、青海、甘肃等地，鹰嘴豆早春播种，夏秋收获；在云南，鹰嘴豆 10—11 月播种，第二年 4—5 月收获，可根据当地的作物播期适时播种。目前，在山东省已经引种试验成功。一般春季播种，播期掌握在当地春晚霜过后，在保证播种质量的前提下，应适当早播，可以顶凌播种。当连续5天5厘米土层地温大于5℃时，即可播种。在海拔1 800米以下地区，一般在3月上旬播种；在海拔1 800米以上地区，在3月下旬至4月上旬播种。

（二）优良品种

选用适宜本地自然条件的优质、高产、抗病、抗旱、耐瘠薄品种；种子要经过精选，种子质量要达到种子分级二级标准以上，纯度不低于98%，净度不低于98%，发芽率不低于85%，种子含水量不高于11%。

（三）精心选种

鹰嘴豆播种前，要对种子进行精选，去掉杂粒、病粒、虫蛀粒和破碎粒，然后晒种2～3天。种子精选后，还需药物拌种或用种衣剂进行种子包衣，可有效防治鹰嘴豆苗期的病害，提高发芽率和出苗率。每千克种子用1克克菌丹处理，可有效防治苗期立枯病。接种根瘤菌也可有效增加鹰嘴豆根瘤的数量。另外，播前将种子在清水或1%的食盐溶液中浸泡6小时，可增加苗期的抗旱、抗盐碱能力，并促进发芽。

（四）播种方法

由于土壤类型和墒情的不同，鹰嘴豆播种深度为5～10厘米。浅播会使苗期萎蔫病加重，所以应适当深播。土壤沙性大、湿度小时，宜深些。单作播种时，迪西型小粒种子，一般播量40.5～45千克/公顷；卡布里型大粒种子，一般播量80～120千克/公顷。鹰嘴豆宜垄作。垄上单条点播，行距30～50厘米，株距10～20厘米；垄上双条精密播种，大行距65～70厘米，小行距10～15厘米，株距10～20厘米。保苗19.5万～22.5万株/公顷。如栽培措施得力，高产可达4 500千克/公顷，一般产量也在3 000千克/公顷左右。

四、苗期管理

（一）播后除草

鹰嘴豆苗期生长量小，容易受杂草为害，苗期阶段必须保持田间无杂草，所以应及时除草。由于苗前除草剂对出苗有一定的影响，因此不提倡使用。但在生产上大面积种植，田间杂草较多时，为了降低成本，可使用除草剂。播后苗前，每公顷可喷施50%扑草净750～1 200克，或20%豆科威 650 ~ 1 000 克，对水 450 ~ 600 千克，都有明显的除草和增产效果。出苗后，每公顷可用 72% 都尔乳油 1 125 ~ 1 800 毫升，或 20% 拿捕净（稀禾定）乳油 1 125 ~ 1 950 毫升，对水 450 ~ 600 千克，行间喷施，不仅效果好，而且对鹰嘴豆苗期安全。

（二）查补间定苗

鹰嘴豆播种后要覆土镇压，尤其是墒情不好的干旱地区。出苗后，要及时查苗，发现缺苗要及时补种或催芽补种，确保密度，实现全苗。一般在鹰嘴豆幼苗"两叶一心"时进行间苗。要按计划密度留壮苗，拔掉弱苗，可间苗和除草同时进行，及时消灭杂草，保证苗壮。定苗宜早不宜迟，在鹰嘴豆 3 ~ 4 片真叶时定苗，一般每穴留单株，缺苗处两边必须留双株。定苗时留大去小，留强去弱。

（三）及时中耕

鹰嘴豆全生育期一般中耕 2 次，分别在播后 30 天和 60 天，结合除草、施肥同时进行，既可疏松土表，增加土壤通透性，又可提高地温，并有保墒作用。第一次中耕除草，中耕深度为 8 ~ 10 厘米；第二次中耕除草，可同时追施尿素 150 千克/公顷，或喷施用磷酸二氢钾叶面肥，再灌溉一次。鹰嘴豆迅速生长的冠层能有效控制后期杂草的生长。

（四）防旱排涝

鹰嘴豆在苗期不缺水的情况下，一般不灌溉。生育中期即荚果形成期，是鹰嘴豆的需水临界期，合理灌溉对保证高产十分必要，应根据田间长势，干旱时必须进行灌溉。如果遇到大雨，田间积水严重，应注意及时排水防涝。

（五）适宜密度

鹰嘴豆的种植密度，因环境条件和株型不同而异，鹰嘴豆对不同的行株距有较强的适应性，一般密度以 15 万 ~ 30 万株/公顷为宜。条播一般行距为 25 ~ 50 厘米，株距 10 ~ 20 厘米。一般来说，肥力较好的地块密度以 19.5 万株/公顷为宜，这样可以促使鹰嘴豆单株早分枝，多分枝，多结籽粒，创高产；中等肥力的地块种植密度以 22.5 万株/公顷为宜；而瘠薄土地上种植，植株细弱，几乎没有分枝，因此必须加大密度，一般以 27 万株/公顷为宜。

五、追肥与灌溉

(一) 追肥

鹰嘴豆施有机肥和饼肥作基肥效果好，单施氮肥或钾肥增产效果不明显。追肥于初花期进行，使用尿素 150～225 千克/公顷，进行根部追肥，距离植株 10～15 厘米，深度 10～15 厘米；鹰嘴豆生长中后期活力衰退，喷施叶面肥可起到补充营养的作用，在盛花期进行叶面追肥，可使用喷施宝 75 克/公顷，或磷酸二氢钾 1 500 克/公顷，或 3% 的过磷酸钙溶液 3 000 克/公顷，或尿素 3 000 克/公顷，具有一定的增产效果；开花结荚期也可进行根外追肥，使用磷酸二氢钾 3 000 克/公顷、对水 450 千克，防止干热风为害，以增加粒重。除此之外，还可喷施适量的钼肥和锌肥，施用钼肥对鹰嘴豆的增产最有效，其次是锌肥。

(二) 灌溉

鹰嘴豆比许多冷季禾本科作物对水分的要求低，是一种抗旱耐旱能力强的作物，年降水量为 280～1 500 毫米的地方均可种植。在雨水过多、土壤过湿、排水不良的条件下，植株生长不良，根瘤发育较差，根瘤固氮也较少。在鹰嘴豆的大部分冬播地区，由于播前和生长初期降雨较多，土壤湿度适宜，一般不需要灌溉；在春播地区和干旱的冬播区，由于播前和生长前期降雨较少，不能满足鹰嘴豆对水分的要求，需要适当的灌溉。特别是鹰嘴豆长到 4～6 片真叶时及荚果形成期，需各灌水一次，因为荚果形成期是鹰嘴豆的需水临界期，此时若遇干旱，必须灌溉，对保证高产是十分必要的。

六、病虫草害防治

(一) 主要病害

鹰嘴豆抗逆性强，病害发生少，主要病害有褐斑病、枯萎病、干性根腐病、矮化病、黑腥病等。可选用化学药剂进行防治。

1. 褐斑病

(1) 为害症状。该病苗期即可发病，整个生育期均可为害，主要在成株期发生，为害叶、茎及荚果。在叶、茎、荚上引起褐色圆形、椭圆形或梭形病斑，病斑后期可见黑色小粒点状分生孢子器。茎上病斑较长，叶上病斑相对较小，发病严重时病斑可愈合成大病斑。茎上病斑可引起茎折，叶上病斑可引起叶黄、叶枯和落叶。荚上病斑可引起荚枯、籽粒变小、种面污斑。褐斑病菌可侵染鹰嘴豆的整个地上部分,形成卵圆形深褐色病斑。病菌主要以土壤、种子带菌,病原菌借风雨扩散。一旦发病,造成减产20%~50%。

(2)发生规律。该病菌主要以菌丝体和分生孢子在落叶上越冬,翌年初夏,产生新的分生孢子。分生孢子借风雨传播,到达叶面后,由气孔侵入,引起初侵染。病菌侵入鹰嘴豆后,经过一定时期,可以产生新的分生孢子,引起再侵染。其生长适宜温度为20~30℃,尤其是连续阴雨后,病菌借气流和雨水传播,发病明显增加。因品种和环境条件不同,发病程度不同。该病既可种子传播,其孢子也可随空气传播。

(3)防治办法。发病初期,喷施75%百菌清可湿性粉剂800倍液,或70%代森锰锌500倍液,或50%多菌灵可湿性粉剂1 000倍液。田间有5%~10%植株发病,即开始第一次喷药,以后每隔10天左右喷一次,连续防治2~3次,可有效控制褐斑病害的发生。

2. 干性根腐病

(1)为害症状。一般在种子出苗后15~20天,植株开始表现症状,主要是植株幼苗期生长缓慢,根部及地下茎部分变色凹陷,根部有黑色环状物,最后主根维管束变成黑褐色。地上部从下部叶片开始褪绿、发黄,逐渐向上扩展,进而植株死亡。植株感病后,在田间会很快干枯,有突发性,叶片和分枝都不脱落,且成干青草色;根部变成黑色,呈腐烂状,大部分侧根和根毛脱落。

(2)发生规律。此病在我国多有发生,且沙土地比黏土地发生更为严重。在鹰嘴豆整个生育期都可发生,苗期和开花结荚前为害重,多雨天气、低温发病重。属于土壤带菌和种子带菌传播,连作地块发生重。

(3)防治办法。苗期发病,用75%百菌清500倍液,或37%枯萎立枯2 250克/公顷、对水450千克,或50%根腐灵可湿性粉剂1 000~1 500倍液,或50%速克灵可湿性粉剂1 000~1 500倍液,叶面喷雾,可有效防治干性根腐病的发生。药剂可交替使用,每隔7~10天喷一次,连续防治2~3次。

3. 矮化病

(1)为害症状。由豌豆卷叶病毒引起,在我国多有发生。受害植株表现为叶片黄色、橙色或褐色,而且有植株矮化、节间缩短等特征。将茎部剖开，可见韧皮部变成褐色。

（2）发生规律。主要是种子带病菌传播，或通过蚜虫传播。

（3）防治办法。可用20%病毒A可湿性粉剂500~800倍液，或1.5%植病灵可湿性粉剂800~1 000倍液，喷雾防治。药剂可交替使用，每隔7~10天喷一次，连续防治2~3次，可有效地防治矮化病。

4. 枯萎病

（1）为害症状。染病植株多在初花期开始发病，病株先呈萎蔫状，发病初期，植株早晚可恢复正常，结荚盛期植株大量枯死。病株结荚数量减少，根系发育不良，皮层变色腐烂，新根少或没有，容易拔起。根茎处有纵向裂纹，剖开根、茎部或茎部皮层剥离，可见到维管束变黄褐色至黑褐色。剖视主茎、分枝或叶柄，可见维管束变褐色至暗褐色。发病初期，先在下部叶片的叶尖、叶缘出现似开水烫状的褪绿斑块，无光泽，之后全叶萎蔫，呈黄色至黄褐色。并由下向上发展，叶脉呈褐色，叶脉两侧变为黄色至黄褐色。有时仅少数分枝枯萎，其余分枝仍正常，严重时全叶枯焦脱落。有的豆荚腹背合线也呈现黄褐色，严重时植株成片枯死。潮湿时茎基部常产生粉红色霉状物。此病造成减产10%左右。

（2）发生规律。通常在初花期开始发病，盛花至结荚期发病最多，有种传和土传两种途径。当日平均气温达20℃以上时，田间开始出现病株；日平均气温上升到24~28℃，发病最多。相对湿度80%以上，土壤含水量高时，病害发展迅速，特别是结荚期，如遇雨后骤晴或时晴时雨天气，低洼地，排水不良，土质黏重，土壤偏酸，肥料不足，又缺磷钾肥，根系发育不良和施未腐熟肥料时，发病重。此外，多年重茬，土壤积累病菌多，易发病；氮肥施用过多，生长过嫩，播种过密，株行间郁闭，易发病；有机肥带菌或用易感病种子，易发病；高温高湿、长期连续阴雨，易发病，雨后骤晴，发病严重。

（3）防治办法。可用0.15%杀菌灵双混剂（杀菌灵30%加福美双30%）拌种；或者采用40%枯萎净可湿性粉剂500~800倍液，或50%枯萎灵可湿性粉剂600~800倍液喷雾，可有效地防治枯萎病的发生。药剂可交替使用，每隔7~10天喷一次，连续防治2~3次。

5. 白粉病

（1）为害症状。病菌主要为害鹰嘴豆的叶、茎及荚。发病初期，下部叶片出现点状褪绿，呈现粉霉小斑，以后扩大至上部叶片，病叶布满白粉、变黄、干枯脱落。严重时，豆荚早熟或畸形，种子干瘪，影响产量和品质。

（2）发生规律。病菌在植株残体上越冬，翌年春，随风和气流传播侵染，在田间扩展蔓延。鹰嘴豆的白粉病只在个别年份发生，为害相对较轻，但严重时会成片发生。

（3）防治办法。可用25%的粉锈宁2 000倍液，或75%百菌清500～600倍液，或50%多菌灵可湿性粉剂1 000倍液，喷雾防治。每隔7～10天喷一次，连续防治2～3次。

（二）主要虫害

鹰嘴豆的茎、叶、荚上都有腺体，能分泌草酸等混合液体，对蚜虫等害虫有驱赶和杀伤作用。因而，与其他豆类作物相比，鹰嘴豆生长期间害虫较少，主要有豆荚螟、甜菜夜蛾、棉铃虫、豆象等。

1. 豆荚螟

（1）为害症状。豆荚螟主要为害鹰嘴豆的嫩荚、嫩粒，幼虫阶段在荚表面活动，蛀食幼嫩部分。幼虫蛀食完荚内的籽粒后，又转移到邻近的荚上继续为害。幼虫钻入荚内钻食豆粒，轻则不能食用，重则豆粒全部被食空，影响籽粒产量和质量。

（2）发生规律。幼虫期的发育起点温度是9.9℃，有效积温为187.2℃·天。幼虫后期在土表下4～8厘米处化蛹，化蛹期长达10～25天。成虫黄昏时飞到叶片上产卵。

（3）防治办法。可采用福奇、2.5%敌杀死乳油、细菌性杀虫剂Bt乳剂、异狄氏剂等，对豆荚螟幼虫的防治非常有效。

2. 棉铃虫

（1）为害症状。是为害鹰嘴豆的第一大害虫，主要蛀食鹰嘴豆的叶、蕾、花和豆荚。幼虫钻入豆荚内，蛀食种子。平均蛀果率达10%以上，高的可达40%以上。

（2）发生规律。在鹰嘴豆上一年可发生2代，第一代主要发生在5月下旬至6月上旬，进入6月发生数量逐渐上升，6月30日进入结荚期后，发生数量明显增多。第二代发生在7月上中旬。一般小龄幼虫在叶面上，大龄幼虫则多位于豆荚内，随鹰嘴豆的生长及气候变暖，数量呈现上升趋势。

（3）防治办法。可用福奇2 000倍液，或20%杀灭菊酯乳油1 500倍液，或康宽1 000～2 000倍液，叶面喷雾，轮换用药，可有效防治棉铃虫的为害。

3. 地老虎类

（1）为害症状。主要有黄地老虎、警纹地老虎和八字地老虎等，幼虫主要在表土层或地表为害，可为害幼苗，咬断幼苗根茎，导致缺苗断垄，严重时可吃光全田幼苗。

（2）发生规律。一年发生 4～5 代，以老熟幼虫、蛹及成虫越冬。幼虫昼夜取食，不入土；3 龄后，白天潜伏在表土中，夜间进食。成虫夜间活动，交配产卵，有趋光性、假死性。

（3）防治办法。可用 90% 敌百虫 800 倍液，或 50% 辛硫磷乳油 800 倍液，或 25% 速灭杀丁 2 500 倍液，或 48% 毒死蜱 500 倍液等，行间根部喷雾或灌根，轮换用药，防治效果较好。

4. 蚜虫

（1）为害症状。数量较多，主要是豌豆蚜和桃蚜，多群集在叶片、嫩茎、花和嫩荚处为害。刺吸汁液，致使叶片卷缩、枯黄，植株生长不良，影响开花和结荚。严重发生时，可导致植株死亡。

（2）发生规律。蚜虫一年可发生 10～20 代，发生世代多，周期短，4～5 天即可完成一代。蚜虫发生时间多集中在 5—7 月，6—7 月是蚜虫的为害盛期。在 7 月下旬至 8 月初以后，蚜虫数量逐渐减少；9—10 月，迁回到越冬寄主上越冬。

（3）防治办法。可选用 2.5% 吡虫啉乳油 1 500 倍液，或 2.5% 高效氯氟氰菊酯乳油 2 000 倍液，或 5% 啶虫脒乳油 1 000 倍液等杀虫剂，叶面喷施防治。

5. 蓟马

（1）为害症状。主要是烟蓟马，在叶片背面为害，造成黄白色斑和烂叶。还为害鹰嘴豆的蕾和花，影响产量。

（2）发生规律。蓟马的成虫和若虫潜伏在土壤、杂草或者树皮裂缝中越冬。成虫早晚、阴天和夜间转移到叶面上，进行活动、取食，主要进行产卵，雌性孤雌生殖。该虫发育的适宜温度为 25℃ 左右，相对湿度在 60% 左右，高温、高湿对其发育不利。

（3）防治办法。可用 20% 的杀灭菊酯乳油 2 000～3 000 倍液，或 2.5% 的敌杀死乳油 1 500～2 000 倍液，或 50% 的灭蚜松乳油 1 000～1 500 倍液，或 10% 吡虫啉可湿性粉剂 2 000～3 000 倍液，喷雾进行防治。每隔

4~8天喷一次，连续防治2~3次，效果很好。

6. 叶螨类

（1）为害症状。主要有土耳其斯坦叶螨和朱砂叶螨等，朱砂叶螨取食叶片汁液，使叶片出现褐色斑点，严重时枯死、落叶，使果实瘦小。植株以中下部叶片受害较重。只是个别田块点片发生，总体受害轻。

（2）发生规律。每年发生代数与当地的温度、湿度（包括降雨）、食料等关系密切。朱砂叶螨以雄螨在落叶、土块缝隙、杂草根际越冬。翌年6月上旬，越冬雌螨复苏后，离开越冬场所，取食产卵，卵主要产在叶背面。当气温达到25~30℃、相对湿度50%~65%时，完成一个世代需10天。一般6月初开始发生为害，7月中下旬到8月上旬，为该螨盛发期。其迁移扩散除主动爬行外，亦可因动物活动、人的农事活动或风、雨被动迁移。

（3）防治办法。用80%敌敌畏或40%乐果做成烟雾剂，或用20%三氯杀螨醇800~1 000倍液，或20%哒螨灭与20%甲氰菊酯按1∶1混合后稀释2 000倍，喷雾防治，每隔7~10天喷一次，连续防治2~3次，效果很好。

7. 潜叶蝇

（1）为害症状。以幼虫潜入叶片内取食叶肉，造成各种蛇形虫道，影响光合作用，严重时叶片脱落。植株幼苗期受害，发育推迟，影响产量，严重时植株死亡。

（2）发生规律。潜叶蝇的发生代数由北向南逐渐增加。以蛹在枯叶或杂草里越冬，5—6月为害严重，但此虫不耐高温。成虫产卵时选择幼嫩绿叶，产卵于叶背边缘的叶肉里，尤其以近叶尖处为多。幼虫孵化后即蛀食叶肉，隧道随虫龄增大而加宽。老熟后，即在隧道末端化蛹，并在化蛹处穿破表皮而羽化。

（3）防治办法。药剂可用10%吡虫啉可湿性粉剂1 000倍液，或40.7%乐斯本乳油1 000~1 500倍液，或10%灭蝇胺悬浮剂1 500倍液，喷施叶面。每隔7~10天喷一次，连续防治2~3次。

8. 苗期象鼻虫

（1）为害症状。苗期象鼻虫主要为害刚出土的幼苗，能将幼苗的幼芽、芽苞、嫩叶及幼茎咬食干净，造成田间缺苗断垄，严重影响鹰嘴豆的产量。另外，象鼻虫对贮存种子的危害性较其他任何甲虫都大。

（2）发生规律。以成虫和幼虫在土中越冬，4月中、下旬，越冬成虫出土活动，5 月下旬在卷叶内产卵。卵孵化后，幼虫钻入土中取食腐殖质和细根。6 月上旬以后，出现新孵化的幼虫。9 月下旬，大部分幼虫已经老熟，幼虫作土室越冬；尚未老熟的幼虫，翌年春暖后继续取食一段时间，才作蛹室休眠。经越冬阶段后，6 月下旬化蛹，7 月中旬羽化为成虫，即取食为害。当年不交尾产卵。9 月底后，少数羽化较晚的成虫，在原处越冬，春季过后成虫开始群集取食为害。自卵孵化至羽化成成虫，成虫再产卵，历时 2 周年。气温较高时，多在早晚活动；白天或风雨天，潜伏在土块畦埂下或缝隙间群聚，有假死习性，没发现飞迁现象。

（3）防治办法。可用 80% 敌百虫 500 倍液，或乐斯本 1 000 倍液，或瓢甲敌 450 克/公顷，对水 450 千克，喷雾防治 3 ~ 4 次。

9. 鹰嘴豆象

（1）为害症状。鹰嘴豆象在田间和仓储期间都可发生为害，是鹰嘴豆贮藏期间最严重的虫害。成虫呈褐色，长 2.5 ~ 3.5 毫米。虫卵产在种子表面呈白色，肉眼可见。幼虫咬破种皮，进入种子，在其中为害。为害严重时，一粒种子内含有几条幼虫，长成成虫后，咬破种皮爬出。该虫繁殖迅速，繁殖系数大，可将鹰嘴豆种子蛀空，失去种用、食用价值。

（2）发生规律。雌虫产卵于豆粒上，每粒可有卵 1 ~ 3 粒，卵借雌虫排出的黏性分泌物而固定在豆粒表面。幼虫孵化后，向下用上颚咬破卵壳及种皮，蛀入豆粒内，继续为害子叶。30 天左右幼虫老熟，有的在种皮下做一个圆孔，形成略透明圆形状"小窗"，在豆粒内化蛹，部分因豆粒裂开而爬出豆粒化蛹，并带出大量的粉末状排泄物，数天后羽化成成虫。鹰嘴豆象繁殖能力极强，在仓储期间还会发生二次为害，给储存带来巨大损失。

（3）防治办法。在温度超过 18℃ 条件下，每立方米用溴甲烷浓度超过 25 克，处理 24 分钟，可以有效杀死鹰嘴豆象的卵、幼虫和蛹；或在温度 28℃ 时，每立方米用溴甲烷 25 克或磷化铝 1 克熏蒸，也可有效杀死鹰嘴豆象。

（三）主要杂草

鹰嘴豆苗期生长量小，易受到杂草的为害。如果在播种后的 70 天内能保持田间无杂草，其后迅速生长的冠层能有效控制后期杂草的生长。播种后 30 天、60 天左右，结合中耕，各除草一次，对控制杂草，增加土壤通透性和保墒更有效。开花前，如田间有杂草，每公顷可用 72% 都尔乳油 1 125 ~ 1 800 毫升，或 20% 拿捕净（稀禾定）乳油 1 125 ~ 1 950 毫升，对水 450~600 千克，行间喷施。鹰嘴豆封垄后，田间杂草可人工去除。

七、收获与贮藏

（一）收获

当鹰嘴豆田间 70% 以上的荚成熟变黄时，便可开始收获。一般田间表现为荚皮已干硬，用手摇动植株可微微作声，剥开豆荚种粒呈现品种的固有色泽，用指甲刻籽粒可留下轻微痕迹。鹰嘴豆一般采用人工收获，大面积种植时可一次性机械收获。人工收获时，连根拔起后堆在田边或场院，充分晾干后，用谷物脱粒机或用棍棒敲打脱粒。为减少炸荚，应尽量选择气温低、湿度大的午前或傍晚收割。

（二）贮藏

鹰嘴豆籽粒的表皮有吸湿特性，贮藏不当会降低发芽率，甚至发霉变质，严重时会影响鹰嘴豆的商品价值。脱粒后的籽粒精选后，在含水量低于 14% 的环境中晾干贮藏。贮藏前须用磷化铝熏蒸，根据种子量，按照每立方米 1~2 片的比例，在密封的仓库内熏蒸 24 小时。贮藏期间要注意通风、降温和除湿。

参考文献

白璐.2005.小豆百粒重性状遗传体系分析及百粒重、荚色 RAPD 分子标记初探 [D].新疆：新疆农业大学.

包淑英，王明海，徐宁，等.2013.大粒红小豆新品种吉红 9 号的选育经过及栽培技术 [J].现代农业科技 (11)：54，56.

包兴国，杨蕊菊，舒秋萍.2006.鹰嘴豆的综合开发与利用 [J].草业科学，23 (10)：34 – 37.

边生金.2001.鹰嘴豆及栽培技术 [J].作物栽培，山东农机化 (3)：9.

曹其聪，寇玉湘，司玉君.2007.绿豆新品种潍绿 5 号的选育及栽培技术 [J].山东农业科学 (6)：117.

曹岩坡，代鹏，戴素英，等.2016.豇豆新品种 "长青102" 选育 [J].北方园艺 (6)：150 – 151.

曹杨.2012.豌豆综合利用研究 [D].武汉：武汉工业学院.

陈禅友，胡志辉，赵新春，等.2010.长豇豆新品种 '鄂豇豆6号' [J].园艺学报，37 (1)：157 – 158.

陈宏伟，万正煌，李莉，等.2015.绿豆鄂绿 4 号的选育及栽培技术 [J].湖北农业科学，54 (24)：6164 – 6165，6187.

陈华涛，袁星星，张红梅，等.2015.抗豆象绿豆新品种苏绿 5 号选育及配套栽培技术 [J].作物研究，29 (4)：428 – 430.

陈玲，孙越鸿，杨建.2009.极早熟豇豆新品种成豇 7 号的选育 [J].中国蔬菜 (24)：79 – 81.

陈新，陈华涛，顾和平，等.2009.小豆遗传育种研究进展与未来发展方向 [J].金陵科技学院学报，25 (3)：52 – 58.

陈新，程须珍，崔晓艳，等.2012.绿豆、红豆与黑豆 [M].北京：中国农业出版社.

陈新，袁星星，陈华涛，等.2010.豇豆新品种早豇 4 号的选育及高产栽培技术研究 [J].金陵科技学院学报，26 (3)：73 – 75.

陈新，袁星星，陈华涛，等.2011.豇豆新品种苏豇 1 号 [J].中国蔬菜 (3)：37 –

38.

陈新, 袁星星, 陈华涛, 等 . 2012. 豇豆新品种苏豇 2 号及其高产栽培技术 [J]. 中
国蔬菜 (19)：41.

陈新, 袁星星, 陈华涛, 等 . 2010. 绿豆研究最新进展及未来发展方向 [J]. 金陵科
技学院学报, 26 (2)：5 - 68.

陈新, 袁星星, 陈华涛, 等 . 2011. 泰国食用豆生产概况与前景分析 [J]. 江苏农业
科学, 39 (5)：19 - 20..

陈星 . 鹰嘴豆的收获与贮藏 [M]. 新疆科技报, 2007 - 12 - 7 (2).

陈星 . 鹰嘴豆的田间管理 [M]. 新疆科技报, 2007 - 12 - 7 (2).

陈亚雪, 林奕峰, 罗燕华, 等 . 2015. 豌豆新品种漳豌 1 号 [J]. 上海农业学报, 31
(4)：130 - 134.

程海刚, 李海, 景炜明 . 2009. 豇豆新品种——高科早豇 [J]. 蔬菜 (9)：9.

程绍勇, 蔡恒富, 张安波, 等 . 2007. 彩蝶一号豇豆繁种技术 [J]. 现代园艺
(12)：2.

程晓东 . 2008. 丽水地区豇豆主要病虫害发生的监测预报和综合防治技术研究 [D].
武汉：华中农业大学.

程须珍, 王素华, 王丽侠 . 2006. 绿豆种质资源描述规范和数据标准 [M]. 北京：
中国农业出版社.

程须珍, 王素华, 王丽侠 . 2006. 小豆种质资源描述规范和数据标准 [M]. 北京：
中国农业出版社.

崔秀辉 . 2007. 绿豆新品种嫩绿 1 号的选育 [J]. 杂粮作物, 27 (2)：101 - 102.

崔竹梅 . 2007. 鹰嘴豆蛋白的制备与其蛋白肽功能性质的研究 [D]. 南京：南京农业
大学.

杜甘露, 张蕙杰, 周俊玲 . 2012. 加拿大食用豆生产、消费及贸易概况 [J]. 世界农
业 (10)：95 - 98.

杜跃强 . 2016. 豌豆病害的发生与综合防治措施 [J]. 蔬菜科技 (5)：28 - 29.

段碧华, 刘京宝, 乌艳红, 等 . 2013. 中国主要杂粮作物栽培 [M]. 北京：中国农
业科学技术出版社.

段灿星, 朱振东, 孙素丽, 等 . 2013. 中国食用豆抗性育种研究进展 [J]. 中国农业
科学, 46 (22)：4633 - 4645.

段志龙, 赵大雷, 刘小进, 等 . 2009. 绿豆常见病害的症状及主要防治措施 [J]. 农
业科技通讯 (6)：151 - 152, 160.

范保杰, 刘长友, 曹志敏, 等 . 2009. 高产早熟绿豆新品种冀绿 7 号的选育 [J]. 作
物杂志 (2)：107.

傅翠真 . 1990. 食用豆类蛋白质的综合利用 [J]. 中国农学通报，6（2）：30 – 32.

高鹏 . 2007. 维药鹰嘴豆化学成分的研究 [D]. 上海：东华大学.

宫慧慧，孟庆华 . 2014. 山东省食用豆类产业现状及发展对策 [J]. 山东农业科学，46（9）：134 – 137.

龚亚明，胡齐赞，张志红 . 2005. 豌豆浙豌 1 号的选育、特征特性及栽培技术 [J]. 浙江农业科学（6）：434 – 435.

顾和平，陈新，袁星星，等 . 2011. 红小豆新品种苏红 1 号选育及高产栽培技术 [J]. 江苏农业科学，39（4）：98 – 99. .

郭鹏燕，王彩萍，侯小峰，等 . 2013. 汾豌豆 1 号选育过程及其一年 2 茬栽培技术 [J]. 现代农业科技（9）：103，107.

郭澍 . 2013. 红小豆新品种陇红小豆 1 号选育报告 [J]. 甘肃农业科技（9）：8 – 9.

郭永田，张惠杰 . 2015. 中国食用豆产业发展研究 [M]. 北京：中国农业科学技术出版社.

郭永田 . 2014. 我国食用豆国际贸易形势、国际竞争力优势研究 [J]. 农业技术经济（8）：69 – 74.

郭永田 . 2014. 我国食用豆消费趋势、特征与需求分析 [J]. 中国食物与营养，20（6）：50 – 53.

郭永田 . 2014. 中国食用豆产业的经济分析 [D]. 武汉：华中农业大学.

何礼 . 2002. 我国栽培豇豆的遗传多样性研究及其育种策略的探讨 [D]. 成都：四川大学.

何伟锋，赵秋 . 2014. 绿豆新品种辽绿 29 选育及栽培技术 [J]. 园艺与种苗（3）：9 – 10.

贺晨邦，冯钦华，严青彪，等 . 2007. 草原 25 号豌豆品种选育及栽培技术 [J]. 中国种业（5）：22.

贺晨邦，冯钦华，严青彪，等 . 2007. 草原 26 号豌豆品种 [J]. 中国种业（5）：69.

贺晨邦，王敏，马进福 . 2013. 大粒豌豆新品种草原 28 号选育及栽培技术 [J]. 园艺与种苗（1）：6 – 8.

洪军 . 2012. 鹰嘴豆高效栽培技术 [J]. 安徽农学通报，18（22）：126 – 127.

胡涛，洪海林 . 2011. 豌豆常见虫害的田间诊断及防治技术 [J]. 植物医生，24（1）：10 – 11.

胡婷婷 . 2008. 长豇豆若干重要农艺性状的 QTL 定位 [D]. 金华：浙江师范大学.

华成华，陈水校 . 2011. 彩蝶二号豇豆 [J]. 西北园艺（11）：38 – 39.

华和春 . 2016. 半无叶豌豆新品种武豌 1 号 [J]. 甘肃农业科技（1）：83 – 85.

黄向荣，刘暮莲，陈富启，等 . 2015. 豇豆田杂草种类调查及防控技术 [J]. 广西植保，28（4）：22-26．

黄晓星．2014.红小豆高产栽培技术［J］.农民致富之友（23）：12．

蒋廷杰，戴思慧，肖杰．2012.豇豆新品种湘豇2001-4的选育［J］.中国蔬菜
（6）：99-101．

靳建刚．2011.优质高产豌豆新品种晋豌豆4号的选育及栽培技术［J］.作物杂志
（1）：101．

荆会琴．2013.红小豆晋小豆2号高产栽培技术［J］.农业科技通讯（7）：
193-194．

科恩．2012.豌豆贮藏要点［J］.农家致富（6）：45．

雷锦银．2013.横山大明绿豆主要虫害及防治方法［J］.中国农业信息（3）：30-
31．

李彩菊，柳术杰，高义平．2008.红小豆新品种保红947选育［J］.杂粮作物，28
（4）：236-237．

李彩菊，柳术杰，高义平．2008.特早熟绿豆新品种保绿942的选育［J］.杂粮作
物，28（3）：151-152．

李彩菊．2014.冀红12号［J］.现代农村科技（3）：79．

李莉，万正煌，陈宏伟，等．2014.绿豆鄂绿5号的选育及栽培技术［J］.湖北农业
科学，53（23）：5680-5682．

李玲，孙文松．2008.豌豆新品种科豌一号的选育及高产栽培技术［J］.杂粮作物，
28（2）：84．

李铃．2009.国内豌豆种质资源形态性状多样性分析［D］.北京：中国农业科学院．

李茉莉，孙桂华，高贵忱，等．2004.小豆高产及配套栽培技术［J］.杂粮作物，24
（2）：101-102．

李艳霞．2015.沧州市红小豆栽培技术［J］.农业开发与装备（5）：116．

李勇．2012.豌豆新品种草原24号特征特性及高产栽培技术［J］.农业科技通讯
（1）：89-90．

李玉勤．2011.中国杂粮产业发展研究［M］.北京：中国农业科学技术出版社．

丽华．豇豆主要病害的识别及防治［N］.山西科技报，2003-8-26（6）．

连荣芳，王梅春，墨金萍．2009.旱地豌豆新品种定豌6号选育报告［J］.甘肃农业
科技（10）：5-6．

林汝法，柴岩，廖琴，等．2002.中国小杂粮［M］.北京：中国农业科学技术出
版社．

林锐荣，邵克成，苏宗安．2007.白沙17号豇豆的选育［J］.长江蔬菜（7）：
60-61．

蔺崇明，李亚兰.1999.食用豆类作物的经济价值及开发利用途径 [J].陕西农业科学 (5)：29 - 30.

刘昌燕，焦春海，仲建锋，等.2014.食用豆虫害研究进展 [J].湖北农业科学，53 (12)：5908 - 5912.

刘红，康玉凡.2013.食用豆类球蛋白研究进展 [J].粮食与油脂，26 (5)：5 - 8.

刘慧.2012.世界食用豆生产、消费和贸易概况 [J].世界农业 (7)：48 - 51.

刘慧.2012.我国绿豆生产现状和发展前景 [J].农业展望 (6)：36 - 39.

刘慧.2012.中国食用豆贸易现状与前景展望 [J].中国食物与营养，18 (8)：45 - 49.

刘列平，曹爱红.2011.豇豆高产栽培技术 [J].西北园艺 (11)：21 - 22.

刘延玲.2009.春播区粒用豌豆高产栽培技术 [J].农业科技与装备 (2)：77 - 79.

刘艳侠.2015.淮北地区夏播绿豆高产栽培技术 [J].现代农业科技 (18)：38 - 39.

刘支平，冯高，邢宝龙，等.2014.红小豆新品种晋小豆6号的选育及配套栽培技术 [J].农业科技通讯 (4)：205 - 208.

龙学燃.2012.小豆新品种通红2号通过审定 [J].农村百事通 (15)：12.

陆金鹏.2006.豇豆常见病害的诊断与综合防治 [J].19 (6)：17 - 18.

罗河月，郭冬梅.2012.适宜与棉花间作绿豆新品种中绿10号及其栽培技术 [J].现代农村科技 (17)：11.

罗倩.2013.豇豆子叶节与幼胚再生体系建立与优化 [D].雅安：四川农业大学.

毛瑞喜，钟文.2010.两个绿豆新品种 [J].农业知识 (28)：11.

墨金萍，王梅春，连荣芳.2011.旱地豌豆新品种定豌7号的特征特性及栽培技术 [J].中国农业信息 (4)：21.

庞鑫铭.2012.豌豆的保鲜 [J].农家之友 (8)：55.

普子秦，张蕙杰，周俊玲.2013.印度食用豆生产、消费及贸易概况 [J].中国食物与营养，19 (12)：41 - 44.

乔玲.2015.国外绿豆种质资源的遗传多样性分析 [D].山西：山西农业大学.

任红晓.2013.中国传统名优绿豆品种遗传多样性研究 [D].北京：中国农业科学院.

沈荣红.2005.食用豆类的收获与储藏方法 [J].农业科技通讯 (6)：41 - 43.

宋键.2013.绿豆的病虫害种类及防治措施研究 [J].种子科技 (4)：58 - 59.

孙新涛.2013.韧化与湿热处理对鹰嘴豆淀粉特性的影响 [D].杨凌：西北农林科技大学.

孙雪莲.2013.豌豆SSR标记开发及遗传连锁图谱构建 [D].北京：中国农业科学院.

天宇 . 2014. 高产豌豆新品种——成豌 8 号 [J]. 农家科技 (10) : 9.

田静, 范保杰 . 2004. 河北省食用豆类生产研究现状及发展建议 [J]. 杂粮作物, 24 (4) : 240 – 243.

田延伟, 段希飞 . 2013. 红小豆的丰产栽培法 [J]. 农民致富之友 (11) : 23.

汪凯华, 王学军, 陈伯森, 等 . 2007. 食粒型半无叶豌豆苏豌 1 号高产栽培的密度与施肥 [J]. 江苏农业科学 (6) : 140 – 142.

王迪轩, 龙霞 . 2013. 豌豆的主要病害识别与防治技术要点 [J]. 农药市场信息 (3) : 43 – 44.

王桂梅, 邢宝龙, 张旭丽, 等 . 2015. 绿豆高产栽培技术 [J]. 农业科技通讯 (11) : 162 – 164.

王红宾, 石振飞 . 2010. 豇豆新品种安豇三号的选育 [J]. 北方园艺 (17) : 221 – 222.

王立群, 梁杰, 王英杰, 等 . 2010. 绿豆新品种白绿 9 号的选育及其栽培技术 [J]. 吉林农业科学, 35 (1) : 26 – 27.

王明海, 郭中校, 刘红欣, 等 . 2009. 绿豆新品种吉绿 4 号的选育及配套栽培技术 [J]. 中国农业信息 (1) : 31.

王明海, 徐宁, 包淑英, 等 . 2013. 红小豆吉红 10 号的选育及配套栽培技术 [J]. 现代农业科技 (7) : 58, 64.

王藕芳, 包生土, 贾华凑 . 2001. 春季豌豆田杂草发生调查 [J]. 上海农业科技 (6) : 79.

王佩芝, 李锡香 . 2006. 豇豆种质资源描述规范和数据标准 [M]. 北京 : 中国农业出版社.

王鹏, 任顺成, 王国良 . 2009. 常见食用豆类的营养特点及功能特性 [J]. 食品研究与开发, 30 (12) : 171 – 174.

王强, 戴惠学 . 2011. 防虫网覆盖条件下豇豆病虫害发生规律与防治对策 [J]. 长江蔬菜 (04) : 71 – 74.

王强 . 2009. 小豆新品种龙小豆 3 号 [J]. 中国种业 (10) : 89.

王瑞民, 张蕙杰, 周俊玲 . 2011. 美国食用豆的生产、消费与贸易概况 [J]. 世界农业 (10) : 15 – 18.

王四清, 杨伟, 刘先斌, 等 . 2011. 豇豆新品种鄂豇豆 10 号的选育 [J]. 湖北农业科学, 50 (21) : 4422 – 4423.

王英杰, 梁杰, 王立群, 等 . 2010. 红小豆新品种白红 5 号的选育及其栽培技术 [J]. 杂粮作物, 30 (2) : 82.

王玉堂 . 2006. 豇豆常见病害的识别与防治 [J]. 农技服务 (5) : 25 – 26.

王毓洪，黄芸萍，薛旭初，等 . 2006. 绿豇 1 号豇豆春季露地栽培 [J]. 科学种养
（3）：23.

韦公远 . 2001. 鹰嘴豆的栽培技术 [J]. 吉林蔬菜（3）：12 – 13.

吾尔古丽艾买提 . 2008. 新疆鹰嘴豆产量和品质关键栽培技术调控研究 [D]. 杨凌：
西北农林科技大学 .

吴培英 . 2010. 绿豆夜蛾虫害防治新技术 [J]. 现代农业（8）：29.

吴星波 . 2014. 豌豆核心种质资源遗传多样性研究 [D]. 重庆：西南大学 .

吴屹立 . 2014. 绿豆高产栽培及病、虫、草害综合防治技术 [J]. 农民致富之友
（9）：61.

肖君泽，李益锋，邓建平 . 2005. 小豆的经济价值及开发利用途径 [J]. 作物研究，
19（1）：62 – 63.

谢颖 . 2014. 不同生育时期小豆对短日照诱导的生理响应研究 [D]. 河北：河北农业
大学 .

徐宁，王明海，包淑英，等 . 2013. 小豆种质资源、育种及遗传研究进展 [J]. 植物
学报，48（6）：676 – 683,.

薛峰 . 2015. 维药鹰嘴豆化学成分及降糖活性研究 [D]. 长春：吉林农业大学 .

闫志利 . 2009. 豌豆对水分胁迫的响应及复水效应研究 [D]. 兰州：甘肃农业大学 .

杨芳，冯高，邢宝龙，等 . 2015. 红小豆新品种京农 8 号的选育及配套栽培技术
[J]. 农业科技通讯（5）：263 – 265.

杨国红 . 2010. 一次性收获绿豆品种郑绿 8 号的特征特性及机械化栽培技术 [J]. 现
代农业科技（24）：74.

杨剑平，尹永军 . 2011. 晋小豆 3 号高产栽培技术 [J]. 种子科技（07）：44.

杨军，闻常清，彭博 . 2002. 食用豆类低效因素与对策 [J]. 杂粮作物，20（6）：
30 – 31.

杨连勇，宋武，管锋，等 . 2008. 早熟豇豆新品种贺研 2 号的选育 [J]. 中国蔬菜
（7）：38 – 39.

杨连勇，杨孚初，管锋，等 . 2008. 豇豆新品种贺研 1 号的选育 [J]. 长江蔬菜（8）
下：21 – 22.

杨伟 . 2010. 豇豆品种鄂豇豆 9 号 [J]. 湖北农业科学，（11）：2680.

姚文新 . 2013. 大同市豌豆高产栽培技术 [J]. 农业技术与装备，（12）：41 – 42.

叶尔努尔·胡斯曼 . 2015. 无公害农产品鹰嘴豆高产栽培技术 [J]. 农业科技与信息
（10）：66，80.

于江南，陈燕，曾繁明，等 . 2006. 鹰嘴豆主要病虫害发生概况及综合防治技术
[J]. 新疆农业科学，43（3）：241 – 243.

于鹏，杨忠芳 .2012. 鹰嘴豆抗病新品种——木鹰 1 号［J］. 农民科技培训
（3）：29.

余东梅，李洋，邓喜，等 .2010. 食荚甜脆豌 3 号的选育与高产栽培技术［J］. 农业
科技通讯，（6）：201－202.

袁星星，崔晓艳，陈华涛，等 .2011. 黄种皮绿豆新品种苏绿 3 号选育及高产栽培技
术［J］. 江苏农业科学，39（5）：125－126.

曾繁明，杨忠芳 .2011. 鹰嘴豆褐斑病防治措施［J］. 农村科技（3）：45－46.

曾繁明，杨忠芳 .2011. 鹰嘴豆抗病新品种 4527 高产栽培技术［J］. 新疆农业科技
（1）：55－56.

曾亮 .2012. 豌豆种质资源遗传多样性分析及白粉病抗性评价［D］. 兰州：甘肃农业
大学.

张存信 .1989. 豌豆象的防治措施［J］. 种子世界，28（1）：28.

张根旺，孙芸 .2001. 食用豆类资源的开发利用［J］. 中国商办工业（1）：48－49.

张和义 .2003. 豇豆病害的防治［J］. 西北园艺（5）：35－36.

张红梅，顾和平，陈新，等 .2011. 小豆新品种苏红 2 号选育及高产栽培技术研究
［J］. 金陵科技学院学报，27（4）：63－65.

张红梅，张智民，陈华涛，等 .2016. 小豆新品种苏红 3 号的选育及特征特性［J］.
作物研究，30（2）：160－162.

张金波，苗昊翠，王威，等 .2011. 鹰嘴豆的应用价值及其研究与利用［J］. 作物杂
志（1）：10－12.

张世权，李宗海 .2009. 优质豇豆高产栽培技术［J］. 农技服务，26（5）：43－44.

张涛，江波，王璋 .2004. 鹰嘴豆营养价值及其应用［J］. 粮食与油脂（7）：
18－20.

张涛 .2005. 鹰嘴豆分离蛋白的制备及其功能性质研究［J］. 无锡：江南大学.

张忠武，詹远华，田军 .2010. 长荚型豇豆新品种天畅一号的选育［J］. 湖南农业科
学（22）：35.

赵吉平，左联忠，王彩萍，等 .2009. 绿豆新品种晋绿豆 6 号的选育及高产栽培技术
［J］. 山西农业科学，37（8）：12－14，37.

赵晴 .2015. 豇豆栽培技术［J］. 农业与技术，35，（22）：120.

赵秋，何伟锋，李连波，等 .2012. 辽红小豆 8 号新品种选育［J］. 辽宁农业科学
（4）：80－81.

赵秋，李玲，何伟锋，等 .2011. 特早熟绿豆新品种"辽绿 28"选育及栽培技术要
点［J］. 辽宁农业科学（1）：91－92.

郑卓杰，王述民，宗绪晓 .1997. 中国食用豆类学［M］. 北京：中国农业出版社.

周建元，王四清，杨伟，等 .2008.鄂豇豆 8 号的选育 [J].长江蔬菜 （9）：48 - 49.

周俊玲，张蕙杰 .2011.食用豆国际贸易情况分析 [J].中国食物与营养，17 （10）：45 - 47.

周俊玲，张蕙杰 .2015.世界豌豆生产及贸易形势分析 [J].世界农业 （9）：11 - 135.

周雪梅 .2006.绿豆病害综合防治 [J].河南农业 （7）：25.

朱慧珺，赵雪英，阎虎斌，等 .2012.抗豆象绿豆新品种晋绿豆 7 号的选育 [J].山西农业科学，40 （6）：606 - 607，612.

宗绪晓，关建平，李玲，等 .2012.鹰嘴豆种质资源描述规范和数据标准 [M].北京：中国农业出版社.

宗绪晓，关建平，王海飞，等 .2010.世界栽培豌豆资源群体结构与遗传多样性分析 [J].中国农业科学，43 （2）：240 - 251.

宗绪晓，关建平 .2003.食用豆类的植物学特征、营养特点及产业化 [J].中国食物与营养 （11）：31 - 34.

宗绪晓，关建平 .2008.食用豆类资源创新品种选育进展及发展策略 [J].中国农业信息 （9）：31 - 35.

宗绪晓，王志刚，关建平，等 .2005.豌豆种质资源描述规范和数据标准 [M].北京：中国农业出版社.

宗绪晓 .2016.鹰嘴豆优质高产栽培技术 [J].新疆农业科技 （2）：11 - 13.

宗绪晓 .2010.良种良法食用豆栽培 [M].北京：中国农业出版社.